U0371345

斯坦福大学奇幻地理

科学、艺术与想象

[法] 让-克里斯托夫·拜伊（Jean-Christophe Bailly）
让-马克·贝斯（Jean-Marc Besse）
菲利普·格朗（Philippe Grand）
吉尔斯·帕尔斯基（Gilles Palsky） 著　刘安琪 译

江苏凤凰科学技术出版社
·南京·

江苏省版权局著作权合同登记 图字：10-2021-13

图书在版编目（CIP）数据

斯坦福大学奇幻地理：科学、艺术与想象 /（法）让 - 克里斯托夫·拜伊等著；刘安琪译 . — 南京：江苏凤凰科学技术出版社，2021.8
ISBN 978-7-5713-1944-1

Ⅰ . ①斯… Ⅱ . ①让… ②刘… Ⅲ . ①自然地理图—世界—地图集 Ⅳ . ① P941-64

中国版本图书馆 CIP 数据核字 (2021) 第 093890 号

斯坦福大学奇幻地理：科学、艺术与想象

著　　者　［法］让 - 克里斯托夫·拜伊（Jean-Christophe Bailly）等著
译　　者　刘安琪
责任编辑　沙玲玲
特约编辑　刘仁军
助理编辑　张　程
责任校对　仲　敏
责任监制　刘文洋

出版发行　江苏凤凰科学技术出版社
出版社地址　南京市湖南路 1 号 A 楼，邮编：210009
出版社网址　http://www.pspress.cn
印　　刷　南京新世纪联盟印务有限公司

开　　本　620 mm × 1 156 mm　1/12
印　　张　17.33
字　　数　210 000
插　　页　4
版　　次　2021 年 8 月第 1 版
印　　次　2021 年 8 月第 1 次印刷

标准书号　ISBN 978-7-5713-1944-1
定　　价　168.00 元（精）

Le monde sur une feuille

Les tableaux comparatifs de montagnes et de fleuves dans les atlas du XIXe siècle

目录

丈量世界

让 – 克里斯托夫 · 拜伊

那个“醉心于地图和雕版”的孩子在看什么？在他眼中“灯光掩映下”显得如此宽广的世界又是怎样的？波德莱尔的《旅行》中的这几句诗反映出 19 世纪地图和版画中的内容。我们的脑海中不禁浮现出这样一幅画面：灯火通明的室内，一个孩子俯身凝视着桌上那幅勾勒出大千世界的图画，梦想着成为一名旅行者、学者或是画家。这样的例子数不胜数，我们不妨引用亚历山大·冯·洪堡（Alexander von Humboldt）早期的一句话，当他列举“可能激发自然科学研究的诸多原因”时，首先描述的是“当从地图上认出国家或海洋的轮廓时感受到的孩子般的快乐”。在书中，洪堡使用了大量图画，但不管是地图、版画还是图示都反映出一种永不满足的狂热的追求，就好像在不断激励旅行者前往梦想之地一样，将读者带入了一个令人愉悦的亲密空间。海岸凹陷的轮廓、岛群的走向、山体或城市的名称、城镇边缘的沙漠、河流旁的植被，每个细节、每个元素都既独具一格，又与周围的地貌浑然一体。沿着每个特定的视角都可以构建出一个世界，读者的手指可以沿河流而下，顺山峰而上，在短短几厘米间走过遥远的路程，通过这种方式他们就能探索广阔而未知的世界。整个世界被重新编译之后，浓缩在一纸书页上，供人们观赏和阅读。

在那个年代，想把自然界的所有元素整合到一页纸上的想法尽管虚无缥缈，却因为实在太令人印象深刻而得以顽强地开花结果。19 世纪风靡一时的地图集就是明证。要满足这种“汇编全世界”的渴望，全世界大部分的陆地和海洋都必须被探索完毕。这项工作早在 18 世纪就已基本完成。在欧美地图集出版业兴起的初期，收集和比较地理数据的热情无比高涨，使得整个行业突飞猛进。陆地虽然已被发现，但仍然充满未知，这就催生了很多虚构的景观描绘：一张图纸上可能汇集了天南海北的地理信息，比例尺不统一，绘图手法可能重技巧而轻写实——尽管存在这些问题，但实际测量数值始终是一个可用于规范的框架，山的海拔和河流的长度都是其重要指标。

希腊人使用“ametriton”一词来形容未知或遥远的海岸线，这个单词的意思是“未经测量的，尚未走过的”。西方人一边探索这些尚不为其所知的土地，一边绘图和测量，收集了大量数据。当时欧洲对这个世界还不那么了解，以致经过洪堡和邦普兰在美洲的赤道地区完成的漫长探索，地球上已知的动植物种类增加了 6%。收集到的信息虽然十分丰富，但也较为模糊，量化的测量数据是其中唯一确凿无误的指标。西方人花了一段时间的探索和调查才确认珠穆朗玛峰为世界最高峰。当探索到未知的土地时，必定需要提供海拔高度或河流长度的数值，作为这一次新发现的证据。这些资料就像是切实可依的数据土壤，滋养了当时大为流行的地理信息对比热、信息对比视觉化，进而引发了地理一览图的诞生。这其中包含了各种各样的驱动因素：探索世界的热情，盛极一时的实证主义哲学的启发，每个孩子童年时期都有的对“尽收眼底”的渴望。确实，拿起一张一览图的既有学者也有愚人，图纸背后既有儿童的好奇也有商人的利益，种种关联错综复杂。19 世纪地图集中常见的一览图正是建立在这些关系的基础上。在这些一览图上，我们既能看到遥远的未知土地，也能看到熟悉的人类城市空间。这些图画中也历历记载着那些充满事业心的出版商、好眼力又有耐心的绘图者，还有他们之间完美的合作。

有些人认为，这些一览图可能全是直观的数字、名称和图表，应该能够暂时缓解这个时代对知识的狂热渴求。但事实并非如此，这些一览图向我们展示的是由艺术想象构造的乌托邦，遥远的土地被重新设计为小小的模型，或是图形化的列表。其中的确有一些可以被归入图解的范畴，但这些图解侧重的仍然不是科学的客观事实，而是视觉享受——如何迎合人们对未知土地的幻想。有些一览图需要制作者展开想象，将来自不同大陆的地形数据整合在一起，更强化了这种幻想的力量。只有极少数图画局限于较小的地理区域，例如《苏格兰主要河流长度的比较视图》，这幅图令人惊叹：几条河流像群众游行一样平行排列，流向装点着帆船的海（见第 7 页图和第 183—185 页图）。这幅图很不寻常，它采用统一的比例，将山峰和河流结合成为一处完整的风景。而一般情况下，把山峰和河流安排在同一版面上时，仍应依据其在单幅图中的比例，即各自按照不同的比例呈现。相反，凸版印刷的图画则常常像风景油画那样，描绘出地平线的效果、山峰的线条、天空中飘浮的云彩，复杂的地形被分割开并呈现为连续的平面，甚至还会画出散落在四处的森林或村庄。而河流图却仍保留

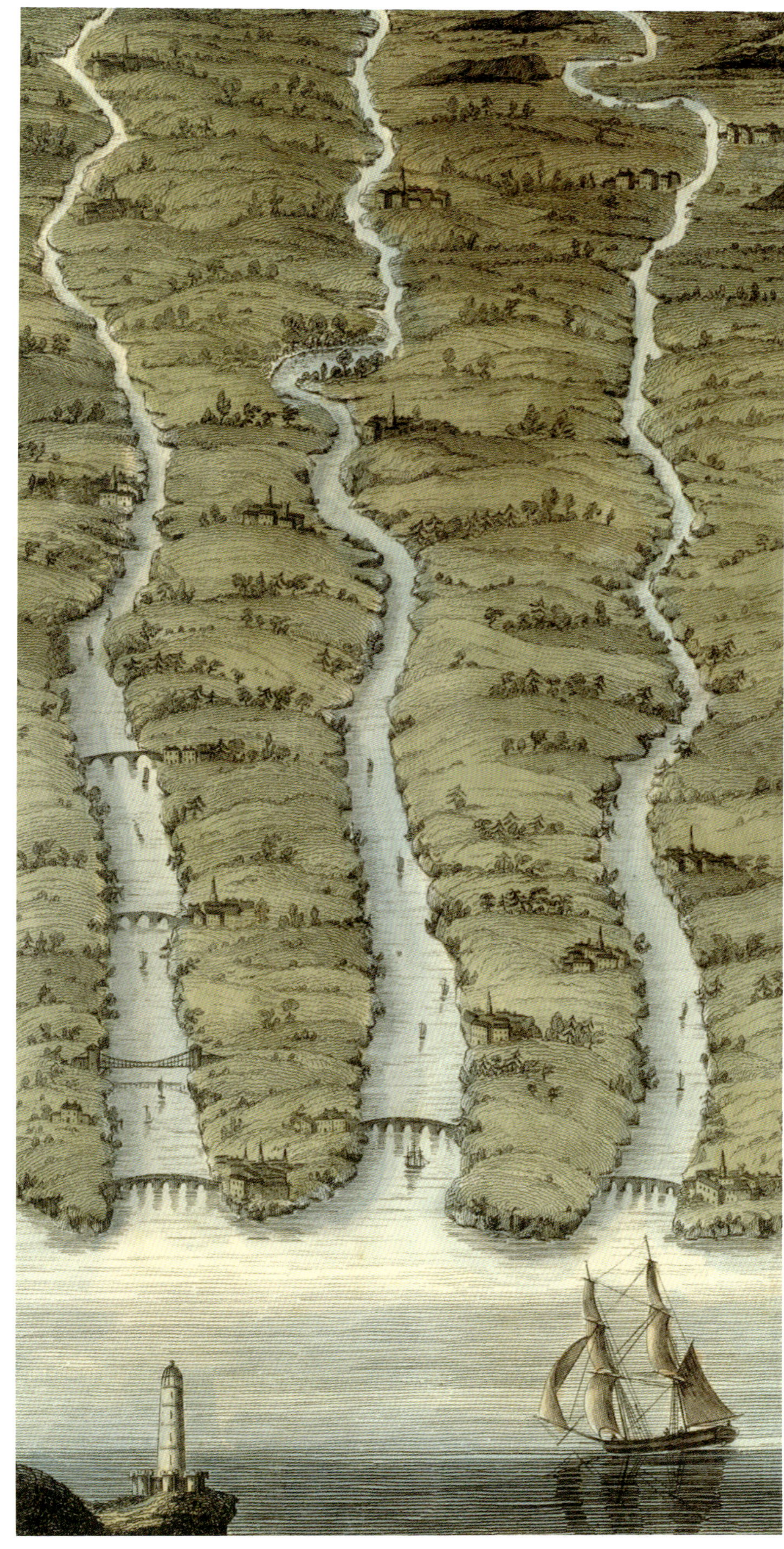

约翰 · 汤姆森
苏格兰主要河流长度的比较视图
细节图，1832 年

着地图的形式，正如这几页中描绘内陆湖泊、海洋和岛屿的图。无论山和水是否合并在同一画面中，插图描绘的是远景还是特写；每张版画都提供了一个前所未有的设计方案。依据出版商不同或版本不同，设计思路也各有千秋，相互借鉴的同时也灵活多变，催生出千奇百怪的创新花样。

尽管山脉被组合在一起产生了奇特的效果，但山体本身还是十分写实的，重峦叠嶂，光影交织，整个山谷和褶皱的景观跃然纸上。有时山体被涂上非现实的奇异色彩，或被描绘成一堆纯粹抽象的尖锥体（虽说锥体在自然界、尤其是火山中很常见），这种在现实和想象之间的来回切换令人十分愉悦。圆锥形风格的山峰也会出现在带有浪漫主义风格但更写实的画面上，如第 8 页这幅 1817 年出版于伦敦的黑白版画，埃特纳火山（在意大利西西里岛）冒烟的柱子矗立在喜马拉雅山脉前，山脉由一系列锥形的白色山峰组成，比派拉蒙电影公司标志上的还要尖。

无论被呈现为何种造型，重重山峰排列起来总是有点像风琴键盘上的阶梯，仿佛大自然是一个高妙的风琴手。河流则更多的以系列标本的形式出场，换句话说，像一整组收藏品一般集体亮相。只有一幅画比较特殊，作者将世界上的河流组织成一个围绕内海的圆圈，试图将这些河流样本重新组合成一张地图，这纯粹是凭空想象出来的。虽然采用这种构图便于更忠实地描绘各条河的流经路线，但也产生了几组相当奇妙的毗邻关系：拉普拉塔河旁边就是幼发拉底河，伏尔加河则成了波托马克河的邻居（见第 104—105 页）。将河流进行悬空呈现似乎已成了一条流行的标准，河流在一页纸上排列得满满当当，组成了一种斜边幕布，线的长度与每条河流的实际长短相匹配。这种设计反复出现，有时是竖直的，有时是水平的。竖直时则更令人惊叹，每条河流看起来都像是战利品一样在杆上高悬，河流和溪流以直线或波浪线表示，用细小的变形来表现弯曲和支流。水平排列所有河流可以更直观地比较它们的长度，除了一些河流的名称，一切地理参考信息都被抹去。

即使连制图也完全不考虑写实，画面上抽象简洁的线条仍多少表现出水的特征。河流图的微微弯曲，垂直方向上的张力和延长很容易让人联想到重力。

约瑟夫 · 康斯坦丁 · 施泰德勒
世界主要山脉比较高度视图，基于几何测量数据绘制
细节图，1817 年

尤其当河流与瀑布出现在同一张图表上时，这一点就更加明显了。瀑布正是文艺复兴时期的工程师所罗门 · 德 · 考斯（Salomon de Caus）及其追随者们所追求的壮观现象和掌握自然“运动力”的例子。水的存在，凸显了一种以陆地为代表的“满”与以湖泊和内海为代表的“空”之间的对比。这些元素组合成形状惊人相似的群岛，凸显出轮廓之美，令人赏心悦目。这些元素看起来像拼图碎片，可以被拼合起来构成整个世界。世界曾被看作是一盘被打翻后再也不能拼凑完整的拼图，有些碎片散落各处，甚至找不到了。这其实更像是我们这个时代的产物，不过当时的地图的确早已体现出这样的想法，这就证明了即使是时间也不能稀释一个时代的奇思妙想。

这些测量数据衍生出的画作有一种纯净而朴素的美感，有着探险传奇的流风余韵。这种美与严格意义上的风景画是很不一样的。正如我们将在本书的很多插图中看到的那样，究其根本就只有山、水以及它们蕴含的巨大能量。一面是矿山巍然屹立，一面是湖水粼粼、大海滔滔，即使我们仍然身陷数值量化这种西方特有的窠臼中，画面上的反差仍然直指人心。换句话说，我们可以体验到的是山水互动间的张力，这与远东的学者、画家推动的与地理相关的社会思潮不谋而合。正如 17—18 世纪中国风景画家石涛在他对绘画的评论中所解释的那样，“山川万物之具体，……此生活之大端也。”[①]我们翻开一册地图集，从一览图中看到的首先是这“大端”，而不是各项数值的比较或五花八门的设计。大量的一览图体现出的正是石涛的理念：山的巍峨守势与水的横无际涯[②]。

更有趣的是，这一层含义不仅来源于洪堡和歌德的学术著作，还来源于印刷行业在黄金时代初期推动的大众地理学。一个半世纪以后的今天，当我们欣赏这些想象中的景观，这些纸上的微型世界记录的是那个时代的梦想，也见证了那个时代如何用科学记录和游记的叙述方式，欢迎远方陆地传来的回响。

① 皮埃尔 · 里克曼斯 . 论《石涛画语录》[J]. 亚洲艺术，1966，14.
② 同①。

阿尔文·J. 约翰逊
（1827—1884）
约翰逊的非洲、亚洲、欧洲、南北美洲山峰相对高度和河流长度图表
细节图，1874 年

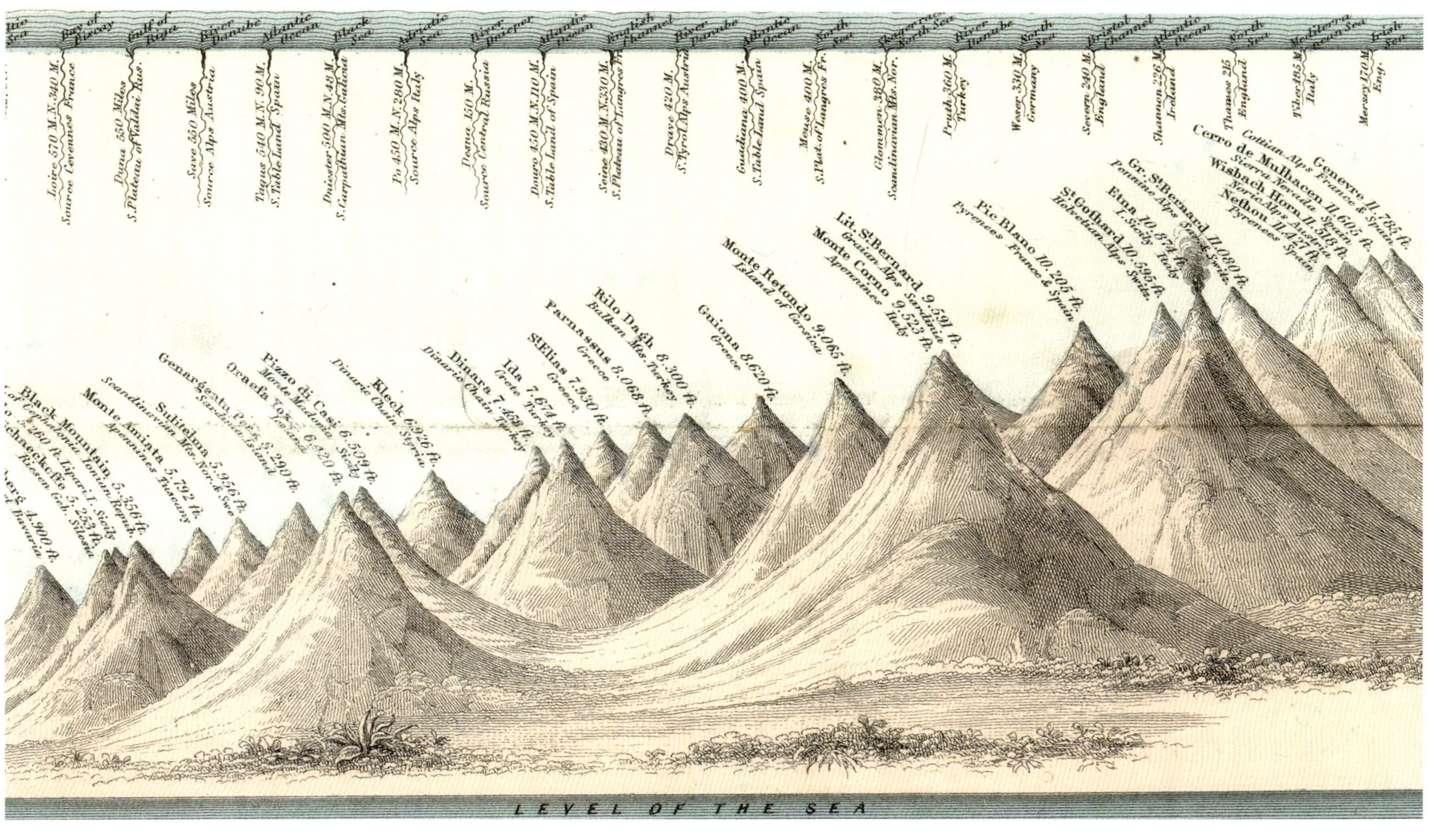

这就好比兰波在《醉舟》中所咏唱的“无情河水”[1]，而引导我们穿越水流的引路人正是悉心创作的插画家。我们仿佛可以看到他们弓着身子在满是墨香的狭小作坊里工作，就像画家巴尔特比（Bartleby），他其实从未旅行过，像他一样的画家一定是被完全包含在自己内心的关于世界的梦想所引导，被自己内心的奇观所淹没，才创作出这样的作品。

直到现在，这些活页纸上的奇观仍在向我们轻声诉说着外面世界的故事。有些图没有配文字，有些把文字挤到页边空白处，还有一些则直接写在山峰和河流图上。每个对地图感兴趣的读者都知道，地名是有魔力的。在这些比较图中，这些小小的名字不仅只是被谨慎地排列好，而且还体现出锦上添花的加工，采用斜体字，加上装饰性边框，还会附上许多可参考的数据以及精美图案。在这里举几个例子，都是从洪堡的游记中摘取出来的（洪堡可以说是本书的“守护神”）。在安第斯山脉、特内里费岛和钦博拉索山上，斜坡仿佛成了“种满词汇”的土壤。即使没写上地名，也会有地理概况、地质背景或与海拔高度相对应的植物等信息，就像一个无穷无尽的词汇花园，单词们从中破土发芽。诺瓦利斯（Novalis）提出“万物有言”的理念，可以说，一览图就相当于这个理念的图画版。例如，在 1874 年纽约出版的有阿尔文·J. 约翰逊（Alvin J. Johnson）签名的版画上，陆地被画得像月球表面一样，山峰的名字从山上升起，又像是一场语言的日出（见上图和第 133—135 页）。这些图画的真实意图就是创造一个阅读和遐想的空间，让今日的我们能够坐在台灯下，思绪万千，迸发出无限的灵感。

① 阿尔蒂尔·兰波．兰波作品全集[M]．王以培，译．北京：东方出版社，2000.

群像：19 世纪山高图与河流图

吉尔・帕尔斯基，让 – 马克・贝斯

山高图是地球上最高的那些山峰（包括火山）的概貌图，它将山峰集中呈现并重新排列，创造出一种虚拟的风景。作画者很少会考虑写实的需求。山高图在 1810 年后大获成功，越来越多地出现在地图集中，有时也作为版画单独售卖。虽然近期的学术著作中仍有山高图出现，但实际上它早在 19 世纪末就已逐渐衰落。除歌德 1807 年的手绘作品外，这种插图直到最近才获得关注。历史上，对山高图的整体研究很少，仅在一本经典的地图学著作和一篇地图目录学的文章中浓缩为薄薄几页。但是，这些图画至少使我们得以管窥 19 世纪初知识的丰富程度，以及诸多学科又是如何相互交叉结合，发展成为我们现在所说的地理学。它们也是科学著述中越来越多地应用视觉语言的明证，对于这一过程的研究更早是在统计学和地质学等其他学科中展开的。这些画作把科学理论与视觉表达相结合，以达到教育或美观方面的目的。此外，山高图还具有多重文化意义：它最初是以科学性的德国地理项目为基础，却最终成为描述性的大众地理学的典范，强调的是世界纪录、地理奇观和档案记载。

山高图的起源

最早的一批山高图出现于 19 世纪初，其年代先后已不可考究。早期的四幅绘画分别由德国地理学家卡尔・李特尔（Carl Ritter）、瑞士地理学家克里斯蒂安・冯・梅歇尔（Christian von Mechel）、英国画家罗伯特・安德鲁・里德尔（Robert Andrew Riddell）和约翰・冯・歌德（Johann von Goethe）完成。这些画大都是在 1806 年到 1807 年间雕刻并出版的，歌德的画虽也是在 1807 年绘制的，但直到 1813 年才与注释一起出版。这四个版本在整体设计和绘图特征上都有显著的不同，但是我们仍能假设这四幅画都是基于亚历山大・冯・洪堡的著作，尤其是洪堡 1805 年的《植物地理学论文集》(*Essai sur la géographie des plantes*)。有关这四幅画中哪一幅最早的问题还存在争议，但在此无关紧要，因为已知至少有一个比它们年代都要早的作品——由工程师兼地理学家弗朗索瓦・帕苏莫（Francois Pasumot）创作——可以追溯到 18 世纪末（会在后文中提到）。关于这四幅作品的出版顺序，唯一可以确定的是，歌德的这幅创作于 1807 年的作品，排在 1806 年出版的三幅作品之后。

大约在 1802 年，卡尔・李特尔就构思出了他的作品——《欧洲高山图》(见第 31 页)，并在 1804 年之后的某个时间制作了雕版。《欧洲高山图》是《欧洲六地图》地图集的第五页印版。该地图集于 1806 年首次出版，1820 年再版。尽管它的页数不多（根据版本不同，只有六页或七页），这本出版物仍可以被认为是第一本欧洲专题地图集。另外，它也可以用作教学用书。

这本地图集第一次出现一些图形特征，而这些特征也体现在许多后世的作品中。这些山在单一的视图中并排排列，山名标注在下面，海拔高度则写在山顶处。山脉的高度也可以通过垂直标尺看到，以英尺为单位，以海平面为起点向上攀升。这些山脉按所处大陆和所处经度被划分为不同的“谱系”：山峰从左到右依次穿过北欧、中欧和南欧，随后是非洲和南美洲；欧洲的火山则作为单独的“谱系”被放在欧洲和非洲之间。画面突出展现了几处值得记录的高度：1802 年，洪堡在钦博拉索山攀登到达 5 540 米高度；1804 年，盖 – 吕萨克（Gay–Lussac）乘坐热气球到达 7 000 多米高空。最后，图中还包括几种值得注意的对象的海拔高度，如湖泊、山口、矿山、城市，以及植被垂直分布线、雪线和冰川（见右页图）。

来自巴塞尔的克里斯蒂安・冯・梅歇尔是一名地图和印刷品的商人兼雕刻师，他最出名的作品是索绪尔攀登勃朗峰的插图以及阿尔卑斯山宽广的全景图。梅歇尔在柏林用法语出版了他的《基于精确测量数据的全球主要山峰高度图》(见第 32—33 页)。他采用的展示风格与李特尔的很相像，在同一平面上展示群山的高度，并将它们按“谱系”重新分组，用水彩颜色加以区分。以英尺和突阿斯[1]作为刻度，可以读出每座山峰的海拔高度。图上也显示了吕萨克的气球上升高度和洪堡的攀登高度。此外，它也有一些原创的特征。

梅歇尔并没有为植被区和动物区划定自然界限，只用箭头在页边标注出

① 突阿斯，法文为“toise”，长度单位，约等于 1.95 米，应用于早期地理测量中。

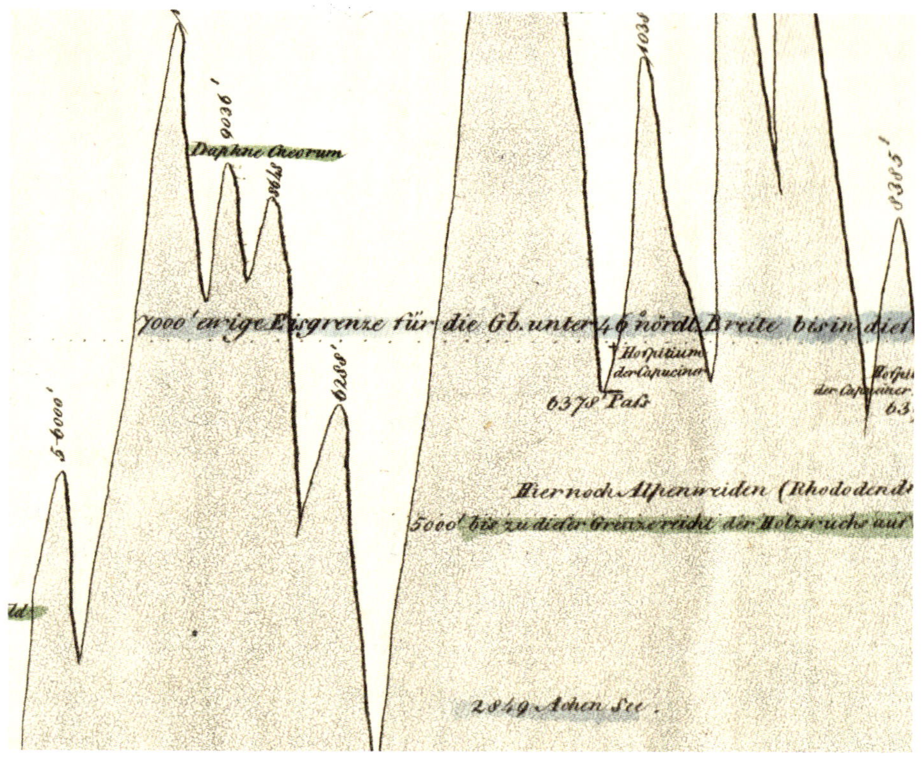

卡尔·李特尔
欧洲高山图
细节图，1806 年

欧洲和赤道以南地区的雪线（他称之为“永久雪线”）。他的图画比李特尔的更为详细，有 17 个“谱系”、144 座山，“其中许多从未被发表过”的数据是从许多科学权威那里借鉴来的，而李特尔的汇编中没有。梅歇尔还使用了一种全新的信息比较方式，用两个小箭头标示大金字塔和斯特拉斯堡大教堂的高度，体现出不同结构的人类建筑之间的比较。

第三幅画是由英国风景画家罗伯特·安德鲁·里德尔（Richard Andrew Riddell）创作的，于 1806 年 1 月单独出版，没有标题。一年后，这幅“如画的风景”作为插页在 J. 威尔逊（J. Wilson）的《山脉史》（*A History of Mountains*）一书中重新发行。里德尔致力于创造一种艺术效果，他选择的形状和颜色组合十分自然，令人赏心悦目。他偏爱使用多变的、不规则的轮廓，而不是严谨的几何线条，他认为前者才是“山景之美的真正来源”。画面以透视图的形式呈现：左边的前景是英国和爱尔兰的山脉，右边是欧洲其他国家的山脉；在它们后方则是美洲和非洲的山峰，再后面是亚洲的山峰。一条河流蜿蜒流过图中央的平原，周围环绕着一些世界上最伟大的古迹建筑：圣彼得大教堂、圣保罗大教堂、金字塔、斗兽场，等等。图中包括了山峰的名称，几个高海拔的城市或定居点，以及冰线和雪线。里德尔设计创造了一个介于现实与虚构之间的图像。

这种群山的构图其实是不现实的，如果要将它们组合到一页纸上，就必然会有一些“不协调之处”。同样不现实的，还有画中的文字说明和距离标准。尽管如此，里德尔还是画出了一幅看似合理的风景画，这幅画不能被视为严格意义上的科学图像。他采用了透视法，即使这使得对高度的比较变得更加困难，因为海拔高度实际上是从图画底边开始算的，这就造成了一种所有的山都被放置在前景中的错误印象。他没有提供高度的比例标准，似乎是想强调他的创作并不只是一张简单的数据图表。这幅图所附的斜边标尺中提供了所有高度数据。威尔逊记录道，“一座山的形状可能比自然界中任何对象都要变化多端，它会随视角而变”。“然而，”他满意地总结道，“既然已经尽了一切努力来获得最精确的轮廓，那么似乎所有可能的注意力都已集中在这一部分的设计上了。”在里德尔的画里可以辨认出一些有特色的山峰形状，如本内维斯山或钦博拉索山。但无论他怎么说，大多数山峰的轮廓描绘还是随机的。

歌德的作品从观念上与里德尔的相似，也是将美学与科学结合。这件作品具体的创作背景是众所周知的，即为了向洪堡致敬。歌德收到洪堡的《植物地理学论文集》时，发现并没有插图说明，他决定用文中提供的数据画一幅图作为替代。1807 年 4 月 3 日，他写信给洪堡：“这本书我饶有兴趣地读了好几遍，尽管没有看到预期的横截面地图，但我自己立刻想象出置身于这样一幅风景中：按照每页 7.8 千米的比例，欧洲和美洲的山峦肩并肩排列，图中也包括雪线和植被线。我半开玩笑地创作出一幅草图，并给您寄去其中一幅样品，请您写下您认为合适的修改意见，并尽快将此文件寄还给我。”

歌德的水彩画保存在魏玛古典基金会（Stiftung Weimar Klassik）的档案库中（见第 57 页）。它采取双联画的形式，平行的左右两联上分别绘出新旧两个世界的山脉，其对照一目了然。当时，钦博拉索山还被认为是世界上最高的山峰，被画在这一页的最右边。旁边还有一个人形的轮廓，象征着攀登者洪堡。左边画的则是勃朗峰，第二个人物形象是曾于 1787 年攀登并测量过勃朗峰的索绪尔。依照这样的描绘，洪堡看上去是索绪尔的继任者，因为他爬的是美洲的山脉。图片中新世界（指美洲）部分的几个细节让人想起了洪堡的旅行：画里提到了基多（厄瓜多尔首都），他是从基多出发前往安第斯山脉的；还有

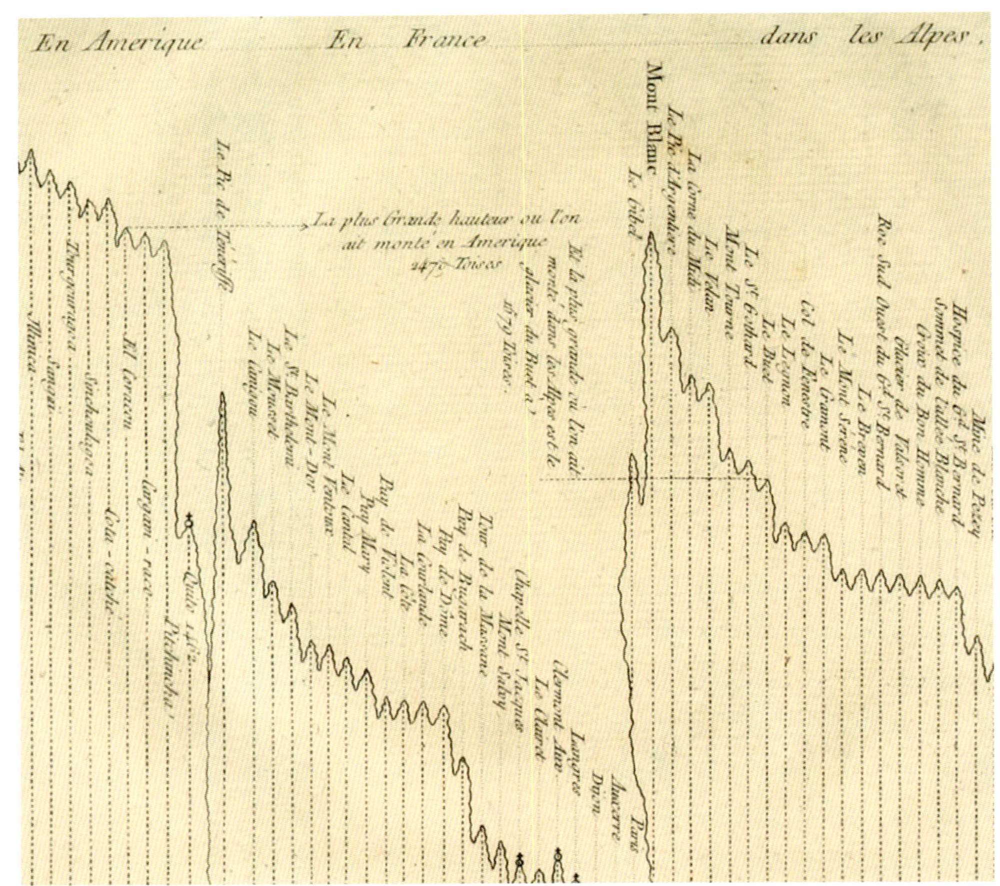

弗朗索瓦·帕苏莫
高度已被观测的主要山体
细节图，1783 年

墨西哥，他于 1803 年 4 月至 1804 年 1 月在墨西哥停留。根据洪堡的数据，歌德还画了一棵棕榈树来标记这个植物种类的海拔上限。旧世界（指亚洲、欧洲、非洲）这一边包括埃特纳火山、少女峰、圣哥达山口和布罗肯峰。歌德曾在这些地方积极投身自然科学事业，观察并研究植物，收集岩石样本。最后，他的图中不仅包括索绪尔、洪堡和盖－吕萨克征服高山的传奇故事，也有对他来说更具个人意义的地理元素，包括他见过、去过的地方，在洪堡的探索与他自己在欧洲山脉的经历之间创造出一种隐秘的对称关联。

山高图作为一览图表

依托地形学和气压测定法，海拔测量方法得以发展，山高图正是建立在用这种方法得到的数据基础之上的。几何水准测量法在 18 世纪下半叶得到广泛使用，布格（Bouguer）和拉孔达明（La Condamine）在安第斯山脉进行测量时就专门使用了此方法。17 世纪，托里切利和帕斯卡在实验中开始通过观察气压来计算海拔高度。又过了将近一个半世纪，一个可应用于实际操作的系统才最终完成，洪堡则是在去美洲旅行时成为第一个使用气压计系统地测量海拔高度的人。1770—1820 年，学术期刊中记录海拔数据的表格数量激增。在这样的大背景下，工程师兼地理学家弗朗索瓦·帕苏莫于 1783 年设想出了第一幅比较图。这第一张比较图看起来类似于柱状图，把三组、76 座用虚线描绘的山峰（美国的山峰、法国的山峰和阿尔卑斯山脉各一组）集于一图，由一条锯齿状的曲线连接（见上图和第 30 页）。

这张图表为理解这一类插图的功用提供了线索，帕苏莫的目的并非推动科学进程，而是利用概貌图这种形式为读者提供方便："当一个人希望比较那些已被测量或高度已知的主要山体时，他往往会迷失在众多学术资料中，因为他必须要分别找到这些不同的资料的所在地，同时参考，才能进行比较。我认为将所有这些观察结果汇集在同一个视图中并创建比较图是很有用的。"

帕苏莫的《高度已被观测的主要山体》不仅是视觉工具，也是思维工具，因为直观的汇总将有助于把数据分析上升到理论层面。从实用角度出发，图表可以将相关信息汇总到一个单独的视图中，否则这些信息会分散在几本书中，将它们在同一地点保存也会很麻烦。的确，这张图表为读者提供了分散的观测数据的整体图像，但是帕苏莫的论述不仅仅是追求便利，他认为图表同时也创造出一种全新的思维方式和认知模式。

的确，帕苏莫的作品用一条类似于示波图的线，建立了一种图形论证，他的作品可不仅是单纯的数据统计，他还有分析这些数据的雄心。纸上的格子线，根据象限整理有序的信息和编号，以及连续曲线上对不同高度的展示，丰富了分析地理学的图形遗产，并被应用于对山脉的观测。此外，山峰还按照海拔高度从低到高、从右到左依次排列。帕苏莫以这种方式按高度分布和排列山体，不考虑它们的实际位置和周边环境，从视觉上形成一种新的形式，并为地理学家开创了一个全新的研究领域。

帕苏莫的图表被认为是中立的、描述性的，展现了一种把全世界搬到纸上的技巧。这是由 18 世纪末的绘图传统发展而来的，当时就有普雷菲尔（Playfair）、克罗姆（Crome）和福尔克瓦（Fourcroy）绘制的基于数量、长度、距离和经济价值的比较图表。19 世纪中叶，图表依然沿着这个趋势发展，与

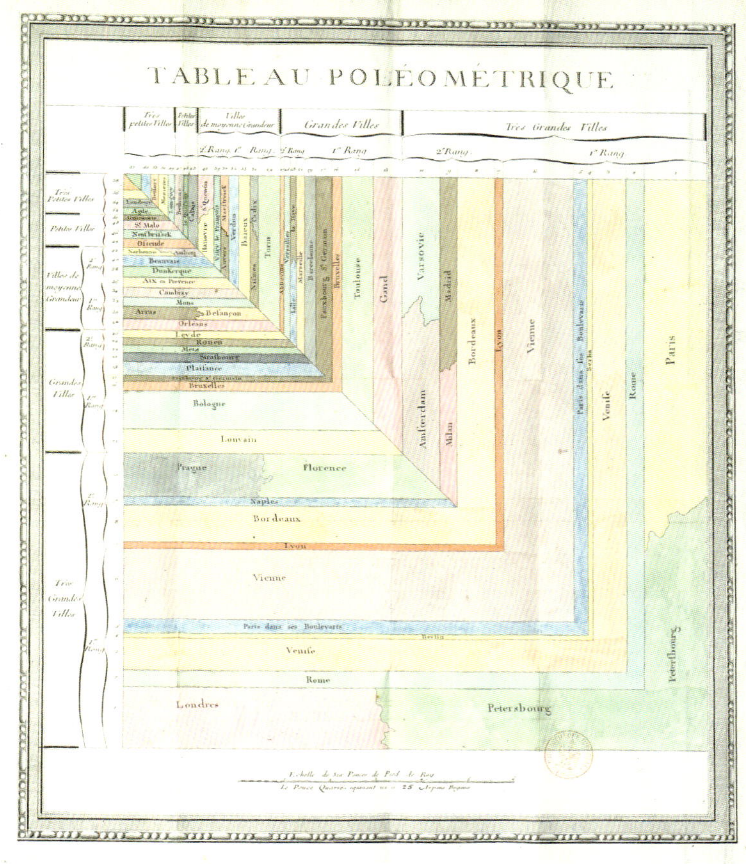

查尔斯·路易斯·德·福克罗伊
几何图形阵列
1782 年

统计数据的发展同步。米歇尔·福柯在《临床医学的诞生》（*The Birth of the Clinic*）一书中，将这种图表描述为一种“人造的共时空间，散布在不同时间点上的图像在这里重叠起来了”。在比较图表的作用下，不同空间中的物体在视觉上体现出同时性，使得比较图表逐渐成为科学表达的特殊标志。就这样，克里斯蒂安·冯·梅歇尔在他的《世界主要高度图》一文中，自豪地收录了大量测量数据，其唯一的目的就是实现“即时比较”。他还强调了这样一个事实：“我们由此有了更准确和更伟大的方法，用来描述博物学家在攀登比北方最高峰还要高四倍的高度时所表现出的勇敢和热情的故事”。梅歇尔属于那种坐在扶手椅里的地理学家，但通过收集和测量，赋予恰当的视觉形式，他取得的成就并不比探险者和旅行者少：他利用图表创造了全方面表现世界的图像，而不是像旅行家那样通过叙述；他强调画纸上的二维空间，而不是探险文学中的线性叙述。

博物学家博里·德·圣－文森特（Bory de Saint-Vincent）于 1827 年提到梅歇尔的绘画，他认为梅歇尔有一定的功劳，但他的画奇丑无比：“图上的山都用点来表示，群山组合起来看好像一把破旧梳子上的锯齿。”不过，用这种图比较山脉的确更容易，因为构图更加抽象，没有进行百分之百的写实。后来，一些地图集的作者会选择用几何语言来比较山脉，故意放弃形状上的模仿写实。

山高图作为世界山脉全景图

只有少数图像采用抽象的形状来代表全球山脉的相对高度。正如本书中收集的版画，大多数山高图展现的景象可以被认为是风景画或全景画。

这些山高图的作者（插图画家和雕刻师）深入挖掘了“画面”这个词的丰富语义。19 世纪的山高图不仅仅是一个有序安排的简单列表，它也是一个概览、一种奇观，甚至是一幅美术作品。这些出于学术意图的图像被赋予艺术性质，最早可能起源于歌德和洪堡设计的版画。大量的场景明显地受到洪堡在他的《植物地理学论文集》中创造的比较模型的启发，这些场景可以被认为是这个模型的变体。但是，更广泛地说，当看到这些图画时，更令人注意的是一种描绘风景的欲望，正是这种欲望催生出这些图画。即使这些山峰最常以一种刻板的方式出现，插画家们也希望能表现出它们在空间中的存在感。山不仅是符号，也可以是一种体验空间。通过这种方式，山高图把一系列实际上相距甚远的山峰拼凑成一条巨型山脉链，这样就为读者创造出想象中的景观。有时，由不同山峰组成的虚构山脉景观甚至有房屋和城市作点缀，就像《秘鲁地理地图集》（*Atlas geografico del Peru*）中展现的那样（见第 14 页和第 190—191 页）。有时，画家将山峰紧密地凑在一起，形成了一种群像，而忽视了它们各自的特征，显然这些特征中最重要的还是群山之间的类似感，或者说是一种整体的“家族相似性”。

山高图是 19 世纪发展起来的视觉文化的一部分。它们让人们在一页纸上看到世界、看到山脉的全景，就像巴尔扎克在他的小说《高老头》中调侃的那些全景画、透视画、地球图等一样，这些图画在当时遍布欧洲。值得一提的是，克里斯蒂安·冯·梅歇尔是最早的比较山高图的作者之一，同时也是几张全景图的作者和雕刻师（见第 15 页左图）。同样，山高图被认为可与世界博览会

马里亚诺·费利佩·帕兹·索尔丹
秘鲁海拔高度比较概况图
细节图，1865 年

的展品相提并论，因为它们都是 19 世纪的产物。这些山高图就像可以游览的地理大花园，从高高的观景塔上一眼就能看遍世界上的所有山峰。它们甚至可以被看作是一系列“山脉世博会”，就像那时真正的世博会展览人类工业产品一样，它们反映的正是贯穿那一整个世纪的人类对收集的渴望。

垂直探索

山高图并不仅仅是比较项目和数据项目的产物。因为在 1806 到 1807 年的四个例子中，有三个提到了 1804 年盖 – 吕萨克乘坐热气球到达的海拔高度；李特尔的插图则记录了人类测量的最深海洋深度；帕苏莫的图画附上的文章中列出了多处矿产的深度；梅歇尔在他的《月亮、金星、水星山地比较图》中按大小顺序依次描绘了月球环形山的坑深。

这些画作表现的是人类在已知或未知的领域（即使是不适宜居住的地方）进行攀登或下潜活动，流露出对高度和深度的征服欲。亚历山大·冯·洪堡在书中写道：“相较于探索新世界的幅员辽阔，从一个纬度跨越到另一纬度，观察者在垂直方向上离开地心的距离其实是非常短的，但是他可以获得更多有关土壤特性和大气变化的信息。”洪堡给地球表面水平方向上的探索又增添了新维度——纵向探索地形的高低起伏。山高图见证了人类已到达或已测量的海拔高度，相对的，世界地图记载的是横向探索的地貌特征，因此山高图和世界地图往往相伴出现。几本 19 世纪的地图册都以山高图和世界地图开头，也有把两者合二为一放在首页的情况出现。

在画比较山高图时，绘图者采用多种技巧来具象化垂直的感受，不仅要考虑画面内容，也要考虑选择哪些高度进行比较。比如，布雄的《世界主要山脉地图》的图下说明表达了展现自然和人为最高高度的首要诉求：“波波卡特佩特火山，墨西哥最高峰（实际上奥里萨巴火山是墨西哥最高峰）”“钦博拉索，安第斯山脉最高峰”“圣特丽，北美洲最高山”，还包括“安蒂萨纳农场，全球海拔最高的居住地”“1824 年 9 月 14 日吕萨克先生乘坐热气球到达的高度”“秃

克里斯蒂安·冯·梅歇尔
瑞士中部最高地区远景图
1786 年 6 月

弗里德里希·格奥尔格·魏奇（1758—1828）
亚历山大·冯·洪堡和艾梅·邦普兰在钦博拉索火山山脚下
1810 年（洪堡站着和一位美洲原住民进行对话，邦普兰坐在帐篷下）

鹰飞行的最高高度”等。以肖像画或风景画的构图来加工山高图，在视觉上强化了纵深感，这种体验感正是山高图要见证并推广的。山高图的视角一般设置得很低，低到海平面高度（有时候海洋也会被画进去，见《秘鲁地理地图集》），这样就能给读者一种山峰拔地而起的印象。绘图者想要借此为读者再现爬上山坡的体验，因此，不必高精度写实的去描绘山，营造对于高度的感受才是最重要的。

写实的顾虑

图像在多大程度上参与了科学理论的传播？著名高峰是否表达了某些自然主义的概念？在汇编群山时，梅歇尔强调道：“引起物理学家和地质学家兴趣的，不止一个方面”。后来，博里·德·圣－文森特从几次“不幸的尝试”中挑出两幅山高图，分别由佩罗（Perrot）和布吕吉埃尔（Bruguière）于 1826 年所绘，他说他“向地质学家衷心地推荐它们”。这些海拔高度，特别是当按照纬度排列时，结合考虑地球自转造成高度差的过时观点就会很有意义。这些观点认为，海拔最高的地方是赤道附近，因为那里的离心力更大。然而，在 19 世纪初，一系列测量削弱了这一假设，因此山脉在纬度上的呈现似乎更是为了描述上的方便。关于山的起源，海创说认为山是从海中来的，即在海洋逐渐后退的过程中，山脉依次显现，越先浮出水面的海拔越高。这就是为什么拉切别德（Lacépède）区分原生山脉和次生山脉，因为原生山脉的山峰比其他任何山脉都要早出现。尽管这一理论一直延续到 19 世纪上半叶，但似乎并没有出现相关的比较图，因为山体从来就不是单纯按照大小分类来组合的。

山高图的科学维度还可以找到别的印证，比如在德国地理学术界的传统中，海拔高度被认为是影响其他所有物理现象的首要物理现象。按照洪堡的说法，登顶的过程中可以看到物理现象一路发生惊人的变化，包括植物、动物、土壤的性质、温度和压力、湿度和电压、电引力和电辐射。为了说明这一观点，洪堡设计了那张著名物理表格——也就是歌德没能及时收到的那一张。这张表格是他于 1803 年 2 月开始的旅行途中完成的，描绘了钦博拉索山和科托帕希山，记录了至少 14 种与海拔相关的物理现象（见第 20—23 页）。为便于比较，该表还记录了在温带地区测量的许多海拔高度，可以说是综合记载了洪堡和邦普兰整个远征期间的所有观察结果（见右图）。该表格需要在读者的脑海中引出“组合和比较”的概念，并介绍其发挥作用的一般规律，即“伟大的因果链”。洪堡的论文无疑在随后的山高图热潮中扮演了奠基人的角色，因为他总结了众多权威科学家所观察到的高度数据。把洪堡的文章理解为一个资料来源是很有用的，尤其是那些有关新大陆的数据，因为在 19 世纪初美洲已知的 60 个海拔高度中，有三分之二是出自洪堡。但这位德国博物学家也在他的物理表中提出了一个启发式模型，强调了图形方法的实用性。在后来的工作中，从绘制等温线到对统计图表的设想，洪堡多次强调这一点。接下来，他比较了赤道地区和温带地区的海拔高度。最后，他将高度与各种自然现象联系起来，这些现象或是被详细地记录在相邻的栏目上，或是直接被画在山的图像上。

李特尔在他的版画中把海拔高度与几种植物特征、气候特征结合起来展示。他对洪堡传播不同领域知识表示赞同，这种“构图统一”的观念滋养了19 世纪德国的科学。里德尔、梅歇尔和歌德也都在他们的作品中收录了几个物理界限，即使他们并不是很关心如何阐明一条物理定律。

精确与审美

里德尔和歌德显然都在追求美学品质。他们的山高图是在纸上重建的大自然奇观，逼真、悦目。这些图画都具有风景画（尤其是山地风景画）浪漫敏感的特性。但它们与德国浪漫主义绘画相去甚远，后者表达了一种隐藏的现实，用无限神圣的回响唤起一种崇高感。最重要的是，这些比较图见证了科学与艺术的结合。它们的作者想把情感和知识联系起来，与歌德的科学浪漫主义一脉相承。不存在形而上的风景，只有实际存在的风景。逼真性仍然是一个基本的维度，现实的替代品要和现实本身一样真实。

洪堡似乎又一次在他的论文中预言到这种类型的科学阐释。“我想，”他写道，“如果我的图画能够让那些研究其细节的人联想到出乎意料的类比组合，那么它也能够与想象力对话，能够让读者在思考大自然的慷慨与庄严时深感快乐。”这幅插图唤醒了人们对风景的喜爱，也锻炼了人们的智力。

这幅图表里既有随意发挥，又有精细描摹，是混合了视觉效果和几何严谨的奇特产物。钦博拉索山的背后是科托帕希火山的轮廓，而实际上，它们之间的距离并没有那么近。洪堡指出，如果用卡瑞胡亚雷佐火山来代替，可能会更好。但是，“卡瑞胡亚雷佐火山在今天并不是很有趣……我选择科托帕希有一个非常强大的理由。当我在瓜亚基尔港描绘这一场面的第一张草图时，我听到了这座火山发出来自地下的轰鸣声”。在承认这种对科学事实的加工的同时，洪堡又保证说科托帕希火山顶的烟柱的粗细并不是随机的，而是与 1738 年拉孔达明的观测结果相一致。最后，洪堡试图将美学和准确性结合起来，但他也承认，要表现出如画美景，还要在尺度和几何精度上做到客观，是很困难的。在随后的比较山高图中，洪堡也一直在寻找艺术创作和科学严谨这两极之间令人满意的平衡地带。一幅比较图表更倾向哪个极端，取决于图中是否有足够多的刻度、虚线和说明文字等用来传达精确性和科学性的元素。

图解模式

在早期的四幅对比图中，歌德的作品是加注后由德国魏玛的一位编辑贝尔图什（Bertuch）在 1813 年制作成蚀刻画出版的。作品一经发售，广受好评，很快又推出了法文版（于 1813 年）和英文版（于 1816 年），同样大获成功。其视觉设计像星星之火般流行蔓延开来，在 19 世纪欧美的地理图像领域收获了众多效仿者。随着这种设计的传播，流派逐渐多样化，产生了一系列既相似又不同的非凡图像，散发着无穷无尽的想象力。

首先多样化的是山峰名录。随着探险和测量活动越来越多，世界上的山脉又增添了“新的高峰”。帕苏莫在 1783 年列出了 76 个高峰；维兰德（Weiland）在他为魏玛地理研究所制作的 1820 年的版画里包括了 187 个高峰；而到了 1851 年，特劳戈特·布罗姆（Traugott Bromme）记录的高峰已达 363 个。1815 年后，根据英国旅行者的观察记录，亚洲山脉开始被包括在内，在高度上超过了美洲的山峰。一般情况下，出版商更愿意使用他们的旧版本，并在旧世界的样本旁边额外雕刻大量的山峰。其中一些新的峰顶甚至超出了旧版本的边缘，如查尔斯·史密斯（Charles Smith）（见第 62—65 页）1816 年的作品或詹姆斯·雷诺兹（James Reynolds）的版画（见第 94—95 页）。

数据量的增加也导致了图册规格的变化。一些图画开始把重点缩小到一个国家、一个地区或一座山脉上，如维克多·雨果的兄弟亚伯·雨果（Abel Hugo）的《风景如画法兰西》（*France Pittoresque*，1835 年）中有一幅《法国主要山脉和海平面以上一些引人注目的地方的比较图》（见第 186 页）。托

N° 42. — 21 MARS 1874. LA NATURE. 241

LA TOUR AMÉRICAINE DE MILLE PIEDS DE HAUT

La tour de 1,000 pieds à l'Exposition universelle de Philadelphie. — Sa hauteur comparée à celle des principaux monuments du monde.

Pour célébrer le centenaire de la fondation de la République des États-Unis, les Américains ont un projet grandiose. Ils veulent consacrer leur existence par l'érection d'un monument formidable, d'une tour qui, construite à l'occasion de l'exposition universelle de Philadelphie, dépassera du double en hauteur tout ce que les hommes ont bâti jusqu'ici.

Le *Scientific American* se fait l'apôtre de cette idée originale et hardie. Nous lui empruntons l'article et les documents qu'il publie à ce sujet.

2ᵉ année. — 1ᵉʳ semestre. 16

美国千尺塔
出自《自然》，第 42 期，第 241 页，1874 年

马斯·穆勒（Thomas Moule）在表现英国诸山时十分谦虚地命名为《主要山丘比较视图》（见第 186 页）。德国和瑞士、萨克森王国和秘鲁都有类似的主要山峰图，安第斯山脉、阿尔卑斯山脉和比利牛斯山脉同样也有类似的主题图。另有一些图画与其他两种类型——侧面图（profile）和全景图（panorama）混合在一起，如布罗姆在《自然地图集》（*Physical Atlas*，1851 年）中把几座山的轮廓叠加在一起，不同的大陆用不同色彩的线条加以区分（见第 173 页）。在 1832 年《苏格兰地图集》的一页中，约翰·汤姆森（John Thomson）把苏格兰山脉壮丽的想象全景与格兰扁山脉的写实全景联系起来（见第 178—181 页）。最后，在 1849 年，埃米利恩·弗罗萨（Émilien Frossard）创作了比利牛斯山脉的地形图，虽然夸大了高度，但保留了山峰之间的相对位置，就好像从皮埃蒙特山脉的法国一侧看过去一样。

在 1806 年，梅歇尔创造了一个单一视角的地球高山的版画，画面中还包括金星和水星上的山峰，以及月球主要陨石坑的高度和深度，这在 19 世纪是独一无二的。不过，许多其他地理要素也开始被添加到山高图中。很快，水文学的知识和河流长度的比较也被加进了山高图中。这种并列关系是不可避免的，因为大地与水在物质世界中自然相辅相成。就像陆地和海水一样，山脉与河流在自然地理学中始终是不可分割的。西尔维斯特·拉克鲁瓦（Sylvestre Lacroix）在他 1811 年的论文中系统地描述了对各大陆的河流盆地和山脉的分析。所以，就像海拔表一样，18 世纪末以后，对世界河流长度的汇编开始在地理文献中传播开来。

在伦敦出版商查尔斯·史密斯 1817 年出版的版画中，河流被拉直，按照长短顺序并排排列，似乎从纸面上流入了共同的海洋（见第 98 页）。其中五条河太长了，史密斯没法把它们放在版画的顶部。他只好将它们截短，把上游部分放进一个额外的框中。这张图从数学角度来讲并不精确，许多长度都是估算的。

河流图虽然比山地画少见，但有着独具新意的创作。一些作者采用了非常统计学的风格，用直线表示河流（怀尔德的作品见第 98 页，伍斯特的作品见第 99 页）。其他人似乎也遇到了和史密斯一样的困难，很难用同一比例表现这些长度间差距巨大的河流。巴尔的摩的出版商菲尔丁·卢卡斯（Fielding Lucas）为了把密西西比河和亚马孙河放进图中，不得不把它们折叠起来（见第 103 页）。最后，伦敦一家致力于教育普及和改革的组织“有用知识传播协会”（the Society for the Diffusion of Useful Knowledge）设计了一幅壮观的版画，图中河流呈圆形排列，汇聚流向在构图中心的内海（见第 104—105 页）。

有那么几次，汇集并比较信息的狂热甚至激发了对最高瀑布、主要湖泊和最大岛屿的汇编工作。比较高度的概貌图出现了一种奇特的最终版本：世界主要人造建筑物图。其实，在早期里德尔和梅歇尔的插图中，这些虚构的景观都装饰着引人注目的景点，既是为了便于读者比较，也是为了将读者的注意力从自然奇观转移到人造建筑上。工程师兼地理学家阿里斯蒂德·米歇尔·佩罗在他 1826 年的作品中从每个大陆各挑选了几个建筑来描绘（见第 42—43 页）。同年，他决定在《世界主要纪念建筑的高度比较图》中集结 71 座人造建筑（见第 163 页）。几年后，专门从事教学石版画制作的出版商布阿斯－雷贝尔（Bouasse-Lebel）在百科全书中再次使用了这幅图像。1889 年，也就是佩罗

不列颠群岛山脉及地点的相对高度图表
出自《不列颠群岛测量地名志》（*Survey Gazetteer of the British Isles*），约翰·巴塞洛缪公司，1904 年

“Hauteur”词条对应的插图版画
出自《20 世纪拉鲁斯词典》，第 3 卷，第 973 页，拉鲁斯书店，巴黎，1932 年

去世后 10 年，他的插图重出江湖，和之前的原版几乎一模一样，只是把埃菲尔铁塔也加上了。无论是为 1876 年的费城世博会设计的最终未完工的 300 米高塔，还是为 1889 年巴黎世博会建造的埃菲尔铁塔，只要是与世博会有关的图册，对人造物高度的比较都是一个反复出现的主题。

画面的多样性还体现在多种地理对象的并置上，有单独出现的山峰，也有与河流、半球、瀑布和湖泊等扯上关联的山峰。本书中的插图比我们的文字更能证明作者或出版商使用的形式安排和美学设计的惊人变化。在这琳琅满目的众多图示中，我们注意到，贯穿整个 19 世纪，山高图逐渐演变成一种奇特古怪的表现形式，其装饰性和壮观性变得更加突出。伯格豪斯（Berghaus）、约翰斯顿（Johnston）和布罗姆（Bromme）的自然地图集中仍然流露出对阐明自然法则的渴望，但在 19 世纪下半叶，风景如画显然变得比符合地理逻辑或物理原理更加重要。山地概貌图从科学插图的领域移到了大众图解的领域，这一现象在美国地图集中体现得尤为明显，它们是为受过教育的广大群众准备的。

地理绘图的衰落

正如我们在导言中提到的，山高图在 1900 年以后变得越发罕见。然而，这种形式并没有完全消失，在英国巴索洛缪公司（Bartholomew）出版的地图册中仍然可以找到它们。1900 年前后的学校地图册以及 1904 年出版的《不列颠群岛测量地名志》（见第 18 页左图）中，经常出现《不列颠群岛山脉及地点的相对高度图表》。在法国，《拉鲁斯词典》（*Larousse Dictionary*）的后续版本中“hauteur”一词是以山脉和人造建筑物的版画为插图，1910 年的版本甚至还记录了几个热气球所达到的高度。20 世纪 30 年代初，克莱斯勒大厦（the Chrysler Building）的轮廓开始出现在人造建筑高度图中，盖过了埃菲尔铁塔的风头（见第 18 页右图）。在两次世界大战之间，山高图被加入世界地图或地理概览版画中，在几个常见的地图册中都有出现，如阿歇特出版社[①]（Hachette）的地图集，又如英语出版商乔治·菲利普（George Philip）出版的比较地理地图集。尽管如此，1900 年以后，山高图的出版明显大不如从前。1959 年，德国自然地理学家卡尔·特罗尔（Carl Troll）在洪堡南美研究的基础上进一步发展了垂直分层的科学，他似乎对这一传统的消逝表示遗憾。

地理绘图的衰落有以下几个原因。首先，即便是在鼎盛时期，地势表现也都只是近似而非精确。许多世界地图只把山脉表示成或孤立的，或有分支的长长山脊，而没有体现出任何海拔或坡度值上的差异。19 世纪末，这些之前被忽视的信息通过分层设色法（用不同颜色表示不同海拔高度，通常按照黄绿棕白的顺序表示）和印刷技术的改进得以有效传递，添加阴影就可以产生极好的视觉效果，自然不再需要用垂直的方式来表现地势。

第二个原因则是从科学角度出发。地理学作为一门学科的发展是一个提出解释的过程，需要兼采自然领域与人文领域的数据信息。作为一门科学，地理学不再关注过于奇特或例外的现象，转而研究普遍的概念。与此同时，早期描述地理学的那些研究范式、命名法、数据积累、奇观名录等，都渐渐被现代地理学抛弃了。

最后，山高图是 19 世纪视觉文化的一个关键要素，就像全景画等其他壮观的工具一样，其衰落一定也与更现代的表现方式的出现有关，如摄影或电影。后者渐渐开始成为主流的视觉表达方式，不论是单纯好奇的大众，还是专业人士，甚至科研工作者，都已习惯了在影像中建构知识体系，畅想地理景观。

总之，这一画种并没有完全消失。近代史上甚至出现过这样的情况：各大都市争相建造最高的摩天大楼的时候，收录这些巨塔的一览图红极一时。当代的社交网络正需要这些独特的图像及其病毒式的传播潜力，2014 年 5 月大众科学网站上出现了一幅比较太阳系最高峰的信息图表，想必克里斯蒂安·冯·梅歇尔这位第一幅地外山峰一览图的绘制者也会乐见的。

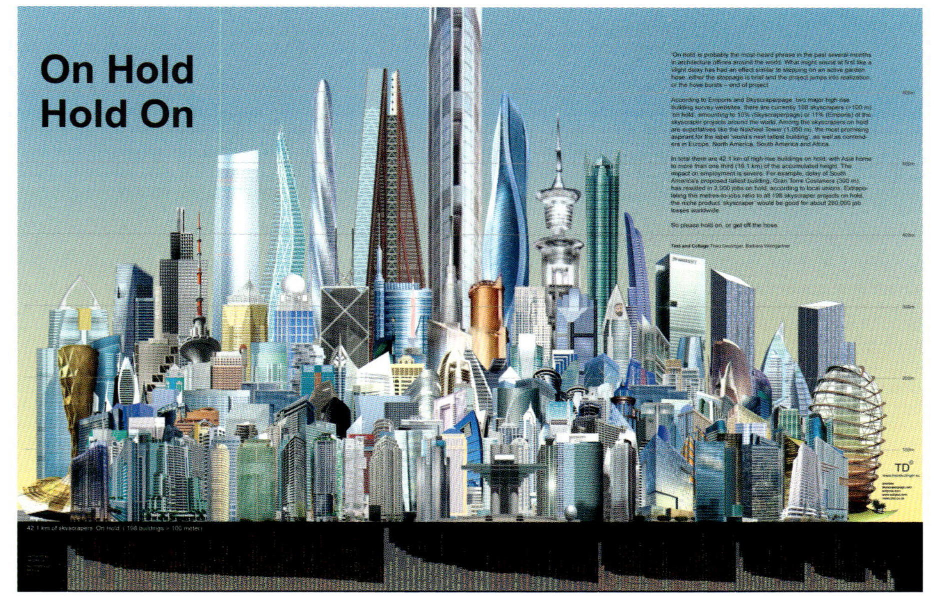

联合设计公司

设计信息图表创作发表在 *Mark* 杂志上

图中有 200 座摩天大楼，其中包括纳赫勒港湾大楼（位于迪拜）和科斯塔内拉塔（南美洲最高的建筑）

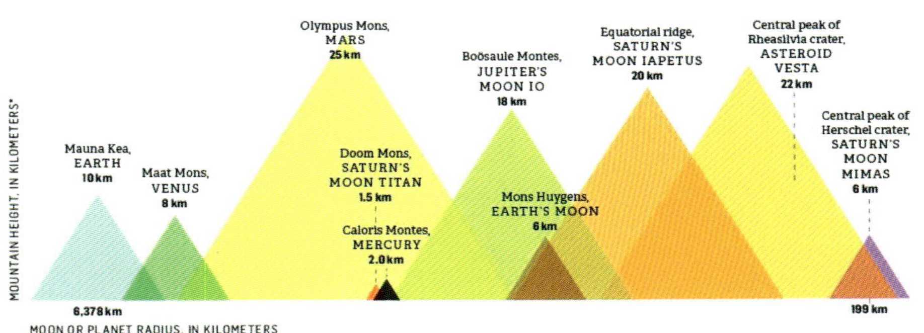

莉莉安·史汀布利克·黄

太空群山

在线发表于澳大利亚大众科学网站上（网址：http://www.popsci.com.au/），2014 年 5 月 5 日

火星拥有太阳系中最大的火山——奥林匹斯山（Olympus Mons），比火星基准面高出 21 千米以上，宽约 600 千米，占地约 30 万平方千米

① 法国综合性出版公司，法国最大的出版集团，主要出版教科书、青少年读物、工具书。其在英国的分公司通过收购大量出版公司在英国大众和教育图书出版领域占据领先位置。

Gipfel des Chimborazo
Höhe des Chimborazo, zu welcher Bonpland, Montufar und Humboldt mit Instrumenten gelangt sind d. 23 Jun. 1802 Bar. 0m.5771 (13z. 11l/2) Therm. – 1°.6.
Höhe des Popocatepetel
Höhe des Corazon zu welcher Bouguer und la Condamine gelangt sind im Jahr 1738.
Höhe des Pico de Teyde
Bromus
Valeriana quit.
Espeletia frailexon
Region der Chuquiragua
Frailexon, von
Gruppen von baumartigen Syngenesen am Pichincha
Basella mix
Stellaria
Weissia
Aster Mutisii
Baccharis
Melast. m. viol. Blumen
Region der Wintera u. der Escallonia (Parame)
Perdicium
Acæna elongata
Swertia quadr.
Pitcarnia
Obere Grenze der Cinchona
Styrax
Escallonia myrtill
Symplocos Alstonia
Nierembergia
Solanum
Columella
Castelleja integrifol
Passiflora cuprea
Ceroxylon andicola
Piper
Piper paras
Clusia tetendra
Cinchona lanceifolia Mut.
Chenopodium
Weinmanniæ
(Orangenfarb. China)
Hydrocotile
Quercus granat
Lich. melanoleucos
Loasa
Citrosma
Viburnum
Cinchona condaminea
(China von Loxa)
Passifl. pinnatisp. Cav.
Sesuvium
Grenze der reitzbaren Mimosa
Pinguicula loxensis
Gunnera
Achyranthes
Melastomen mit blauen Blumen
Psidium
Morus
Fragaria vesca
Juglans granat
Colletia
Epidendrum in Menge
Bocconia
Lisianthus
Oxalis
Freziera nervosa
Symplocos rosea
Salviæ
Hypericum cayen
Rapanea

洪堡的绘图：
心灵和想象力的对话

GÉOGRAPHIE DES PLANTES ÉQUINOXIALES.

Tableau physique des Andes et Pays voisins

Dressé d'après des Observations & des Mesures prises Sur les Lieux depuis le 10.e degré de latitude boréale jusqu'au 10.e de latitude australe en 1799, 1800, 1801, 1802 et 1803.

PAR

ALEXANDRE DE HUMBOLDT ET AIMÉ BONPLAND.

亚历山大·冯·洪堡（约 1769—1859），
艾梅·邦普兰（1773—1858）
1805 年

赤道地区植物地理学：安第斯山脉及相邻国家物理图
高 44.5 厘米，宽 63 厘米
出自《植物地理学论文集》，附上赤道地区物理信息表，根据 1799 年、1800 年、1801 年、1802 年和 1803 年在北纬 10° 到南纬 10° 间的测量结果所绘，勒夫罗出版公司、舍尔和西出版公司，巴黎，1805 年

左页图：该版画的两个法国版本。
第 20—21 页图：德国版细节图

在此提供的这一幅图是出自我本人和邦普兰先生共同的观察结果。我们共事六年，产生了亲密的友谊，共同面对旅行者在未开化土地上必然遇到的困难。由于以上原因，我们决定将这次远行中所创作的所有作品都以我们俩的名字共同署名。

——亚历山大·冯·洪堡《植物地理学论文集》

严格来讲，这幅图并不是一幅世界山脉比较图。图中单独出现的岩石山峰正是在 1802 年亚历山大·冯·洪堡和艾梅·邦普兰共同攀登的钦博拉索山。不过图中也出现了其他几座已知山峰的海拔高度（波波卡特佩特火山、科托帕希火山、勃朗峰、维苏威火山、奥里萨巴火山等），后世很多以正式和科学的方式表现地理海拔的尝试都是以此为基础的。洪堡试图在这幅图中集中展现他在攀登安第斯山脉时收集的数据。安第斯山脉在当时被认为是世界上最高的山脉（实际上喜马拉雅山脉是世界上最高的山脉）。

这次攀登本身就是一次不可思议的壮举（即使探险者在到达峰顶前不得不回头）。此外，这还是一次多角度科学观察，这些观察结果在图中也得到概括：植物种类及其海拔限制，矿物特性，水下地形。

某些资料显示，一位奥地利风景画家洛伦茨·阿道夫·舍恩伯格（Lorenz Adolf Schoenberger，1768—1847）与一位著名的植物学家、插画家皮埃尔·图尔平（Pierre Turpin，1755—1840）根据洪堡的草图和指示创作了这幅版画。

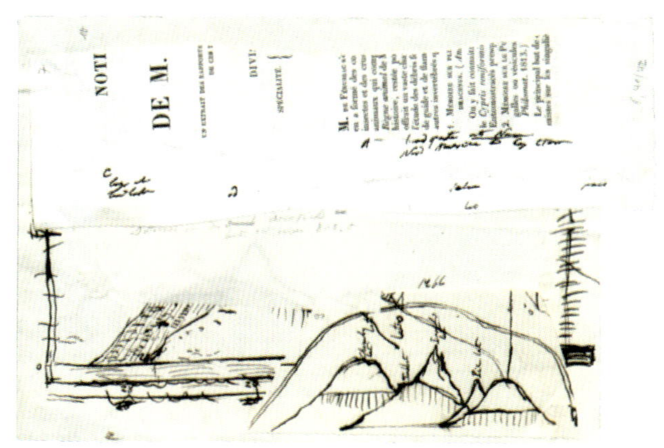

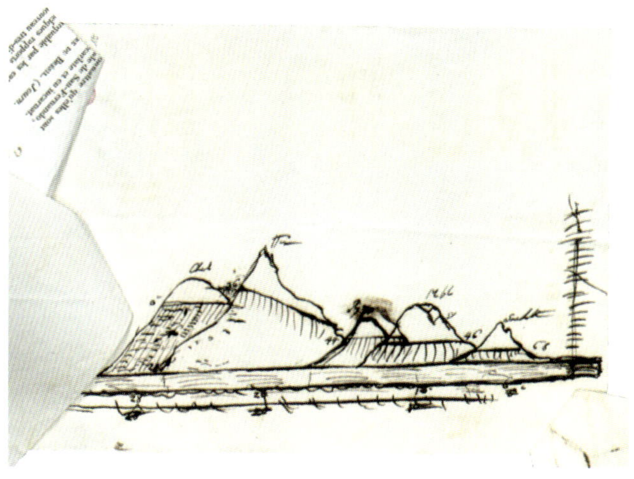

上图：洪堡，1803 年草图

中图和下图：收藏于柏林国家图书馆
馆内收藏了许多用墨水手绘的地理草图，并附有后代人的注释（1820—1830 年）。

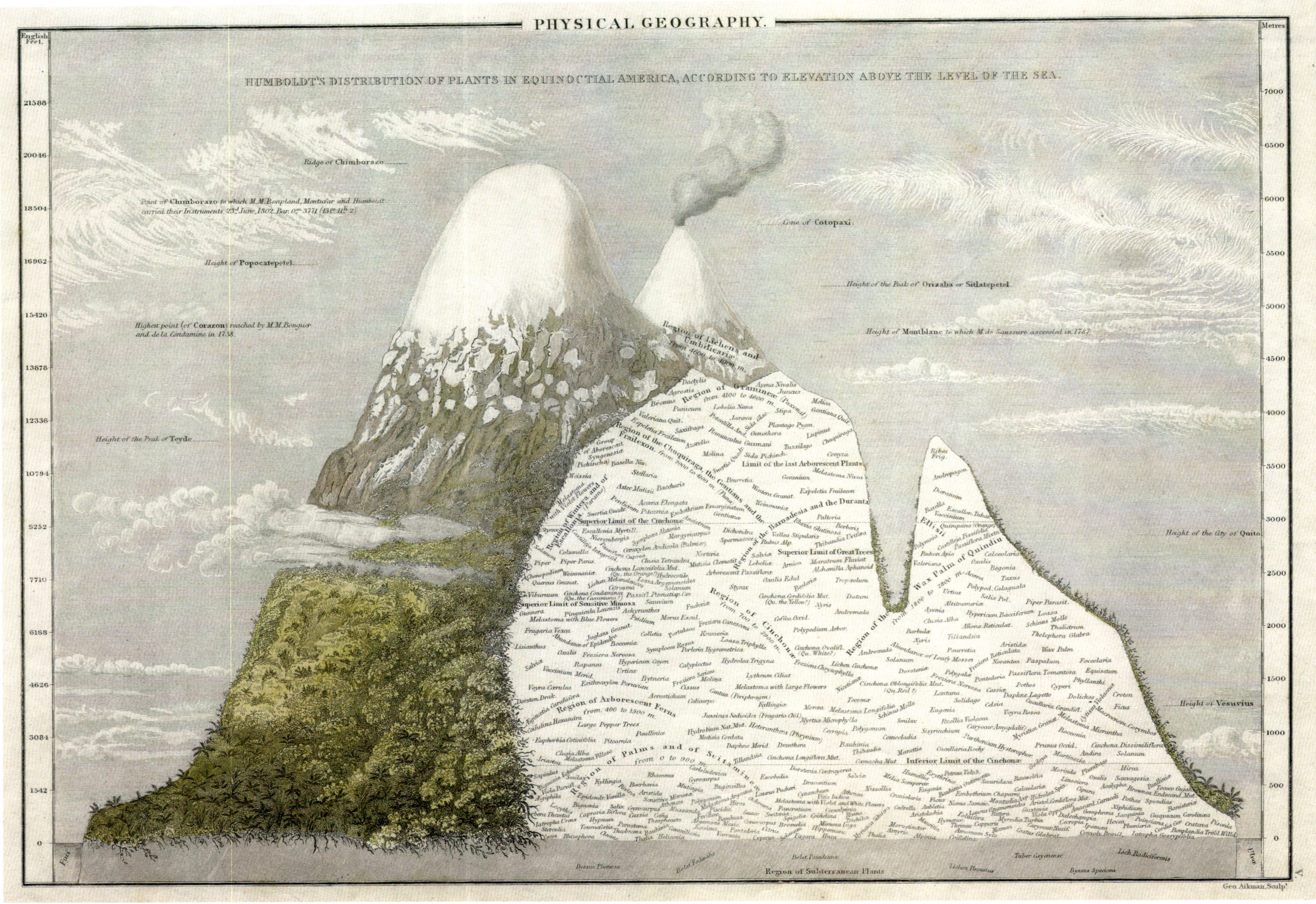

亚当·布莱克（1784—1874），查尔斯·布莱克（1821—1906）
1839 年

自然地理学：洪堡的美洲赤道地区植物随海拔高度分布图
高 26.7 厘米，宽 36.8 厘米
出自《通用地图集：54 幅最新最真实的系列图》，亚当和查尔斯·布莱克出版社，爱丁堡，1839 年
雕版：乔治·艾克曼（1788—1865）

图中对安第斯山脉的描绘基于亚历山大·冯·洪堡于 1805 年出版的版画创作。

亚历山大·冯·洪堡
1824 年

亚历山大·冯·洪堡、艾梅·邦普兰和卡洛斯·蒙图法尔于 1802 年 6 月 23 日试图登顶钦博拉索山

高 56 厘米，宽 62 厘米

出自《新大陆赤道地区地理和自然地图集》，吉德书店，巴黎

1824 年（第一版于 1814 年）

雕版：尼古拉—玛丽·奥扎内（1728—1811）

亚历山大·冯·洪堡
1817 年

加那利群岛地形以及特内里费岛山峰植物图
高 41 厘米，宽 55 厘米
出自《新大陆赤道地区地理和自然地图集》，亚历山大·冯·洪堡，舍尔出版公司，1817 年
绘画：L. 马尔歇
雕版：L. 库当

泰德山（Mount Teide）是洪堡旅行的重点。1799 年，洪堡登陆特内里费岛，这是他涉足的第一个亚热带地区，泰德山也是他观察到的第一座火山。这次旅行对洪堡的计划意义重大。

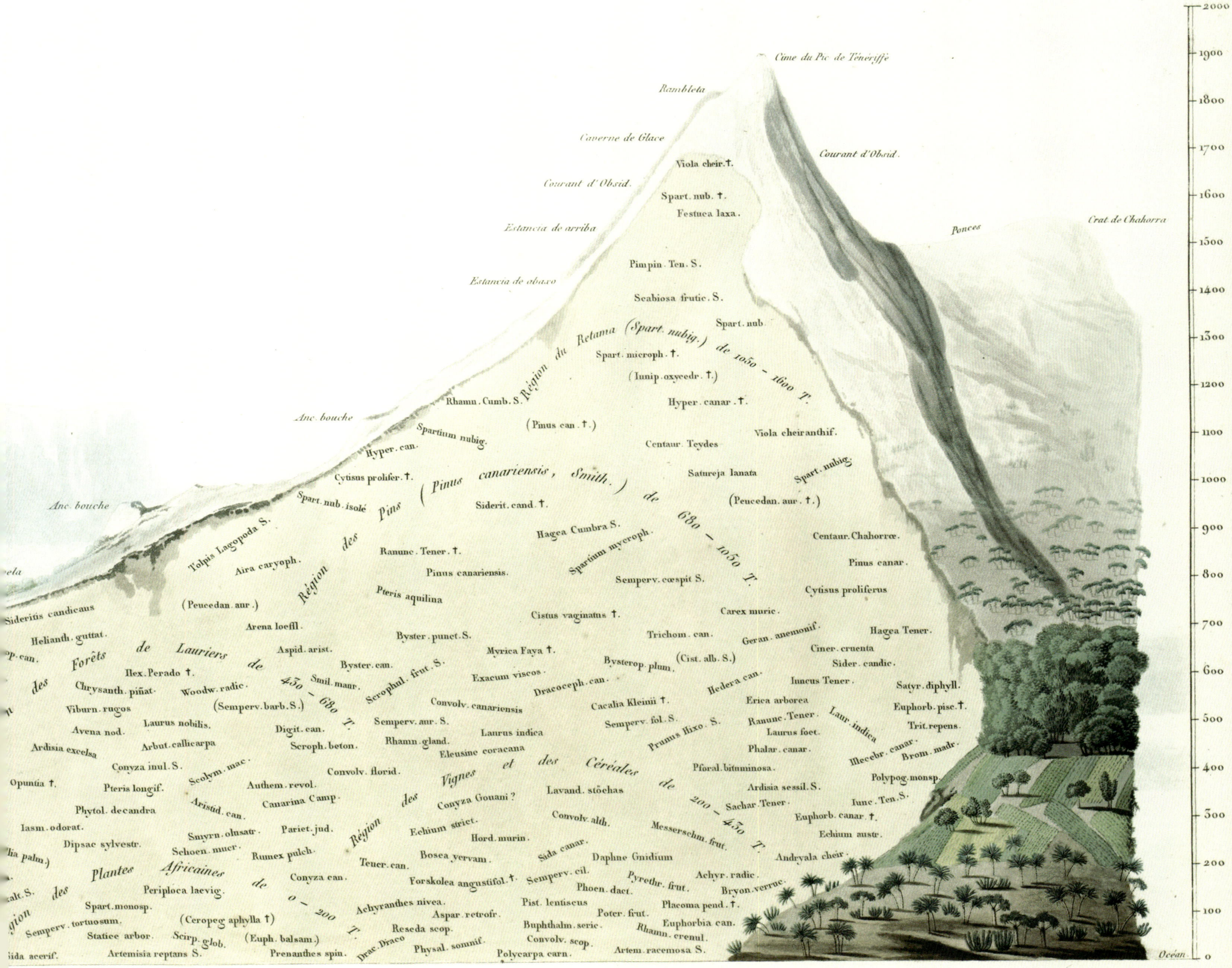

Toises.
2000
1900
1800
1700
1600
1500
1400
1300
1200
1100
1000
900
800
700
600
500
400
300
200
100
0

Cime du Pic de Ténériffe
Rambleta
Caverne de Glace
Courant d'Obsid.
Viola cheir. †.
Courant d'Obsid.
Spart. nub. †.
Festuca laxa.
Ponces
Crat. de Chahorra
Estancia de arriba
Pimpin. Ten. S.
Estancia de abaxo
Scabiosa frutic. S.
Spart. nub
Région du Retama (Spart. nubig.) de 1050 – 1600 T.
Spart. microph. †.
(Iunip. oxycedr. †.)
Rhamn. Cumb. S.
Hyper. canar. †.
Anc. bouche
(Pinus can. †.)
Spartium nubig.
Viola cheiranthif.
Centaur. Teydes
Hyper. can.
Cytisus prolifer. †.
Satureja lanata
Spart. nubig.
Région des Pins (Pinus canariensis, Smith.) de 680 – 1050 T.
Spart. nub. isolé
Siderit. cand. †.
(Peucedan. aur. †.)
Anc. bouche
Hagea Cumbra S.
Tolpis Lagopoda S.
Spartium myeroph.
Centaur. Chahorræ.
Ranunc. Tener. †.
Aira caryoph.
Pinus canariensis.
Pinus canar.
ela
Semperv. cœspit S.
Pteris aquilina
Cytisus proliferus
(Peucedan. aur.)
Sideritis candicans
Cistus vaginatus †.
Carex muric.
Arena loeffl.
Helianth. guttat.
Byster. punct. S.
Trichom. can.
Hagea Tener.
n des Forêts de Lauriers de 450 – 680 T.
p. can.
Aspid. arist.
Myrica Faya †.
Geran. anemonif.
Ciner. cruenta
Byster. can.
Bysterop. plum.
(Cist. alb. S.)
Sider. candic.
Ilex. Perado †.
Smil. maur.
Scrophul. frut. S.
Exacum viscos.
Dracoceph. can.
Hedera can.
Iuncus Tener.
Chrysanth. piñat.
Woodw. radic.
Satyr. diphyll.
Convolv. canariensis
Cacalia Kleinii †.
Erica arborea
(Semperv. barb. S.)
Euphorb. pisc. †.
Viburn. rugos
Ranunc. Tener.
Laur. indica
Semperv. aur. S.
Semperv. fol. S.
Laurus foet.
Avena nod.
Laurus nobilis.
Digit. can.
Laurus indica
Prunus Hixo. S.
Trit. repens.
Ardisia excelsa
Arbut. callicarpa
Scroph. beton.
Rhamn. gland.
Phalar. canar.
Illecebr. canar.
Brom. madr.
Eleusine coracana
Région des Vignes et des Céréales de 200 – 450 T.
Conyza inul. S.
Scolym. mac.
Convolv. florid.
Psoral. bituminosa.
Polypog. monsp.
Opuntia †.
Pteris longif.
Authem. revol.
Lavand. stœchas
Ardisia sessil. S.
Aristid. can.
Canarina Camp.
Conyza Gouani ?
Sachar. Tener.
Iunc. Ten. S.
Phytol. decandra
Euphorb. canar. †.
Convolv. alth.
Messerschm. frut.
Iasm. odorat.
Smyrn. olusatr.
Pariet. jud.
Echium strict.
Echium austr.
Dipsac sylvestr.
Hord. murin.
lia palm.)
Schoen. mucr.
Sida canar.
Rumex pulch.
Daphne Gnidium
Andryala cheir.
Teucr. can.
Bosea yervam.
gion des Plantes Africaines de 0 – 200 T.
Conyza can.
Achyr. radic.
Forskolea angustifol. †.
Semperv. cil.
Pyrethr. frut.
alt. S.
Periploca laevig.
Phoen. dact.
Bryon. verruc.
Spart. monosp.
Achyranthes nivea.
Pist. lentiscus
Placoma pend. †.
(Ceropeg. aphylla †)
Aspar. retrofr.
Poter. frut.
Semperv. tortuosum.
Euphorbia can.
Statice arbor.
Scirp. glob.
Reseda scop.
Buphthalm. seric.
Rhamn. crenul.
(Euph. balsam.)
Drac. Draco
Physal. somnif.
Convolv. scop.
Sida acerif.
Artemisia reptans S.
Prenanthes spin.
Polycarpa carn.
Artem. racemosa S.
Océan

ne de l' Hymalaya
23,045
Cosaingthan
Swetagerh
22,000'
21,392
S. Patrik
21,105
Tuchigang
21,289'
21,036'
Cunias Pik
19,800'
Hindu-Kuh
18,000'
Bokhla-Oota
18,000'
Belour-tagh
Passage de
Karakorum
Thibet
Passage
Mancrang
Thibet
16,400'
le grand Ararat
14,924
Deba ville du Thibet
Village dans la Vallée
de Soulj
14,700
Défilé de Roll ou Chatol
en Thibet
15,000
15,000'
Trone de Salomon
(Thian-Chan)
15,000'
Asferah
15,000'
Mour-tagh
15,000'
Kuen-lung
14,400'
Sogout-tagh
(Taurus)
14,400
Pt Culminant
de l'Ile
Formose
I E T O C
Lac Manasarovar
Sources du Ganges
12,800'
Souffaid-Koh
Kedranath Village dans le Thibet
Plateau oriental du Thibet 8,300'
12,200'
Lac Palte
12,000
Damavend
12,000
Pechan
Kamsch

世界上最高的山峰

Klintschemska
14,698'
Mauna-Roa
15,000'
15,000'
Points Culminans
de la Papouasie
nouvelle Guinée
14,082
Gounong Kasumba
(Sumatra)
15,600'
14,280
14,748
Zambi
Afrique Portugaise
13,080
Mauna Koah
Hawaii (Sandwich
12,996'
Ophir
13,200
12,193
Berapi
(Sumatra)
12,000
11,500

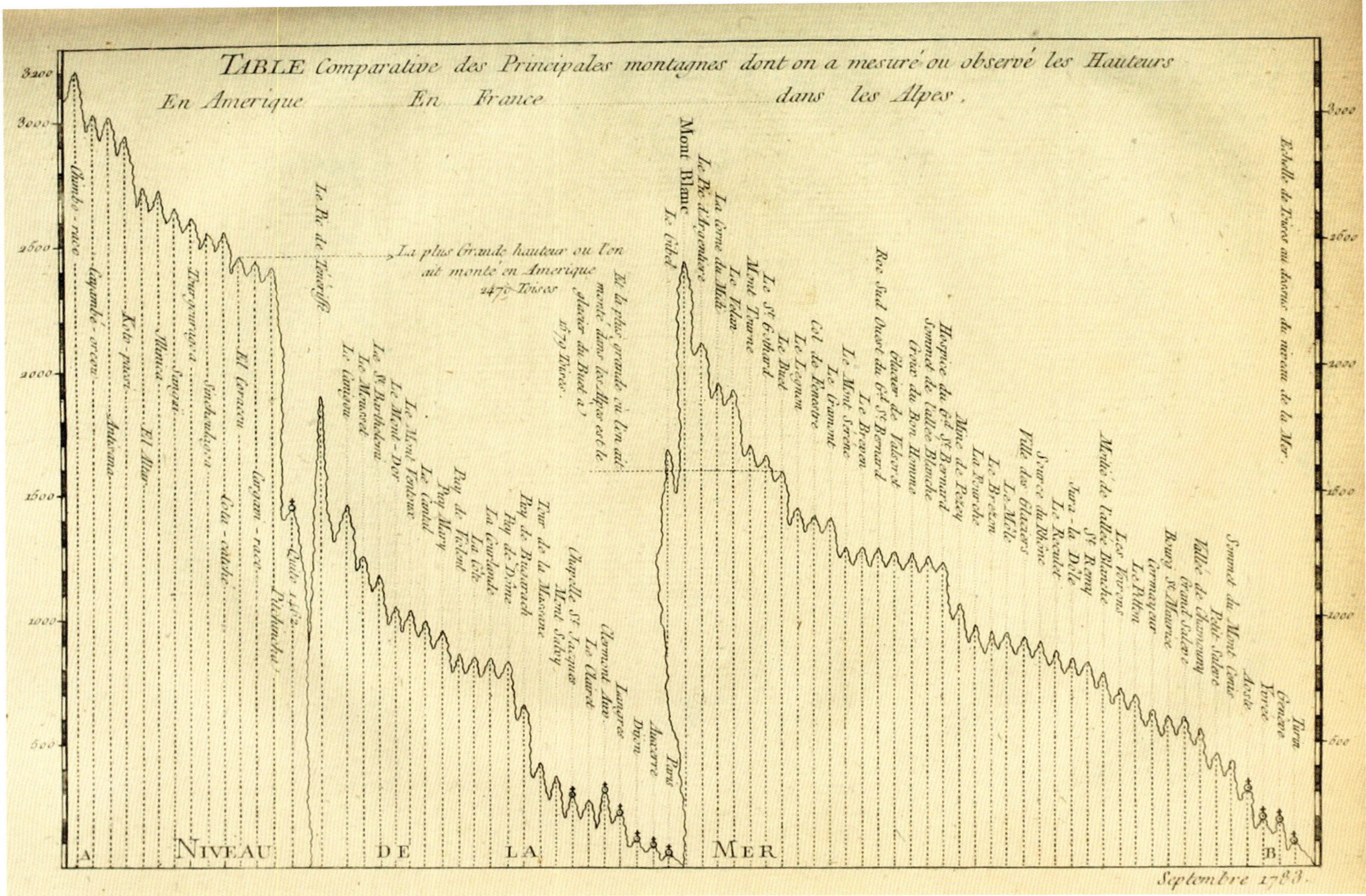

弗朗索瓦·帕苏莫（1733—1804）
1783 年

高度已被观测的主要山体

出自《物理学、自然史、工艺美术观察集与回忆录》，弗朗索瓦·罗齐耶，《物理学期刊》，第 23 期，第 240 页，1783 年 9 月

该图表的相同副本也被收于约翰·乔治·特拉勒斯的《给自然科学和艺术爱好者的物理学手稿》，哥廷根，1786 年。

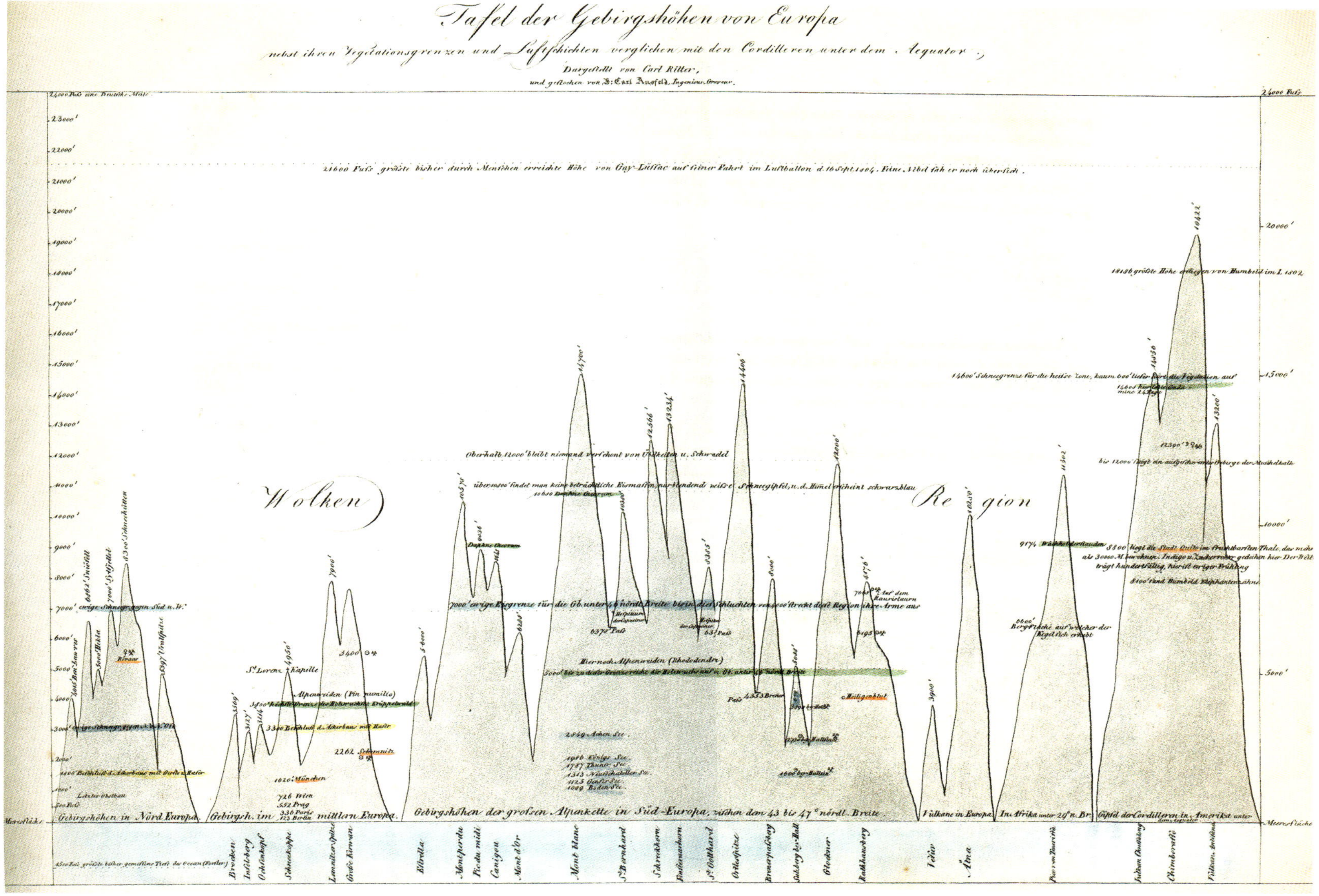

Tafel der Gebirgshöhen von Europa
nebst ihren Vegetationsgrenzen und Luftschichten verglichen mit den Cordilleren unter dem Aequator,
Dargestellt von Carl Ritter,
und gestochen von J: Carl Ausfeld, Ingenieur Graveur.
Wolken
Region
Gebirgshöhen in Nord Europa
Gebirgsh. im mittlern Europa
Gebirgshöhen der grossen Alpenkette in Süd-Europa, zwischen dem 43 bis 47° nördl. Breite
Vulkane in Europa
In Afrika unter 29° n. Br.
Gipfel der Cordilleren in Amerika unter
Mont blanc
Chimborasso
Meeresfläche

卡尔 · 李特尔（1779—1859）
1806 年

欧洲高山图

出自《欧洲六地图》，施内普恩塔尔出版社，1806 年

右为草图。

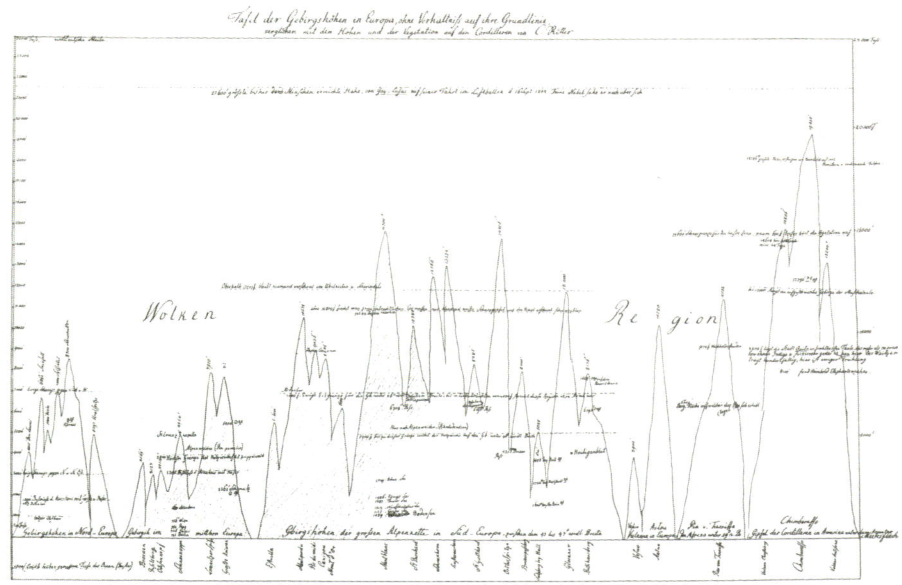

克里斯蒂安·冯·梅歇尔（1737—1817）
1806 年

基于精确测量数据的全球主要山峰高度图
高 50 厘米，宽 92 厘米
西姆施罗普等公司，柏林，1806 年

克里斯蒂安·冯·梅歇尔出生于瑞士巴塞尔，是一名雕刻师，1806 年在柏林成为一名艺术出版商。在同年出版的这幅图表中，欧洲山峰占据了超过四分之三的版幅（亚洲只有三座山峰，非洲有五座）。

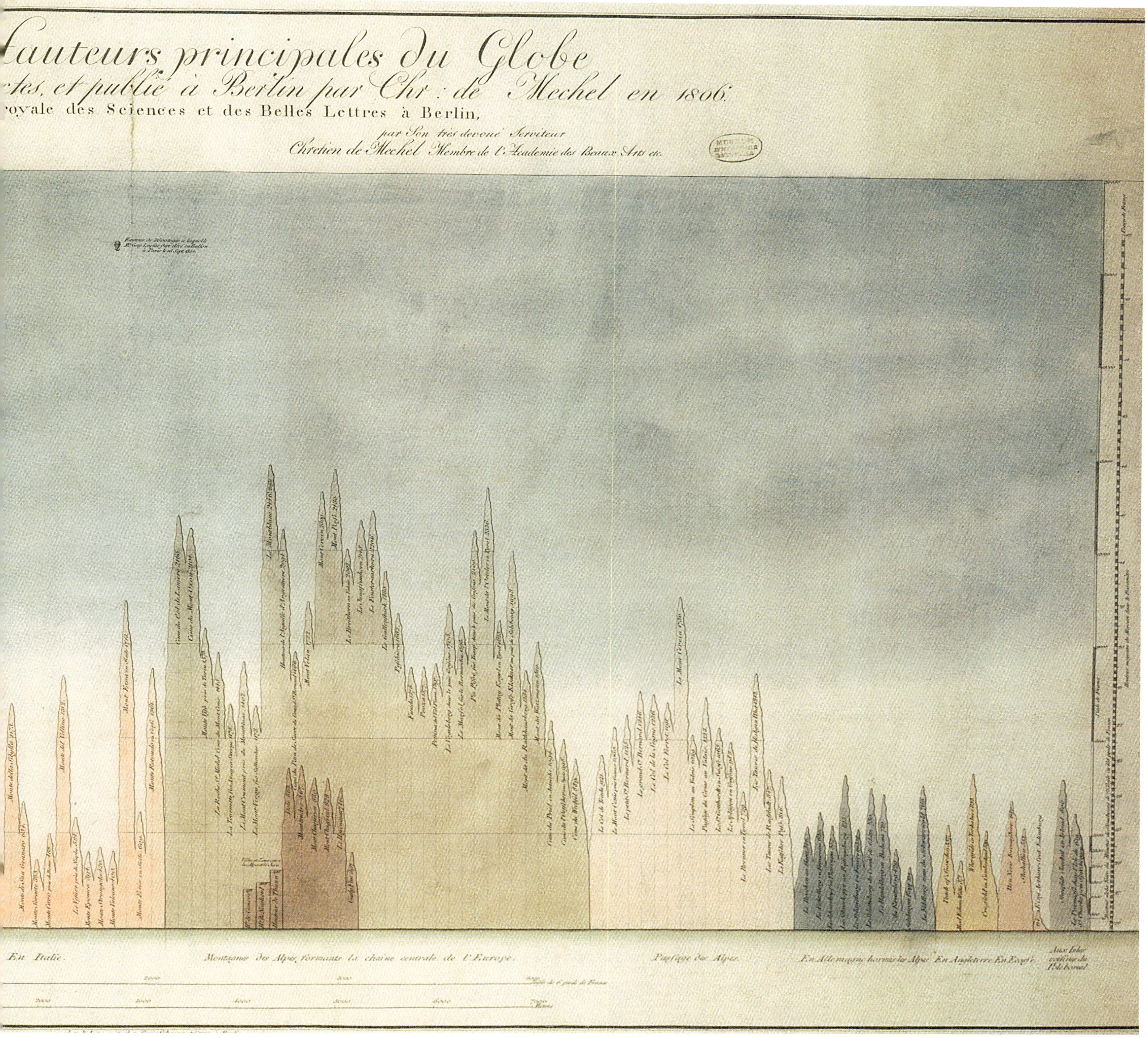

…auteurs principales du Globe

…tes, et publié à Berlin par Chr: de Mechel en 1806.

…royale des Sciences et des Belles Lettres à Berlin,

par Son très devoué Serviteur

Chretien de Mechel Membre de l'Academie des Beaux Arts etc.

En Italie. Montagnes des Alpes, formants la chaine centrale de l'Europe. Passage des Alpes. En Allemagne hormis les Alpes. En Angleterre. En Ecosse. Aux Isles voisines du Pole boreal.

历史文献中有两处提到了梅歇尔的这幅画（见第 32–33 页）：

“梅歇尔先生现居柏林，正在雕刻一幅世界最高山脉的概貌图。著名的旅行家洪堡先生和布赫先生，还有数学家特拉勒斯先生以及天文学家博德先生都协助了这项工作。这项工作值得学术界的注意。这幅画的最初灵感来源于一位德累斯顿的画家，他自称根据旅行记录对主要山脉做了近似的描绘，使梅歇尔先生看到后深受启发。梅歇尔先生的版画将包括 150 座最高山峰，并根据现有最精确的测量结果标出它们的海拔高度。绘画和雕版由梅歇尔先生完成，而洪堡将撰写一段简明的说明文字附上。在这张图中，美洲因其山脉之高而尤为引人注目。”

——奥班·路易·米林，《百科全书》杂志，第五期
德兰斯出版社，巴黎，1806 年

“……为了使大量测量出的高度数据在视觉上易于理解，人们做了几次尝试。第一个创造出相当有价值的比较图的是 1806 年在柏林的梅歇尔。其作品中有 144 座山峰，以突阿斯为刻度，其中气压计中水银的高度用英寸来表示。图中包括著名的盖 – 吕萨克在热气球中上升到 7 000 多米高度的形象，代表了当时人类达到的最高高度。梅歇尔的画面布局清晰，但是不够美观，因为山脉被描绘得就像旧梳齿。受梅歇尔的启发，几位雕刻师重新绘制了比较图，地形和山脉的截面图在某位学者的支持下得到了公众的认可，若是在今天这位学者肯定得承认它们的缺点，正如我们在《简明西班牙地理》一书中所指明的那样。在许多不同的尝试中，我们必须注意到路易斯·布吕吉埃尔的作品（见第 80—81 页）、佩罗的作品（见第 42—43 页），由安布罗伊丝·塔迪欧雕刻，做得很好。这两本别出心裁的汇编出版于 1826 年。我们衷心地向那些想要一眼就能评价世界上主要山脉的地质学家推荐它们。佩罗的版画囊括的山峰数量最多，但我们也发现了一些在梅歇尔的作品中已经提到过的缺陷，以及几个名称拼写错误。布吕吉埃尔非常巧妙地避开了这些不雅观的缺点，赋予每座山峰以真实的形状。他的作品创造了一幅极具艺术感的山脉帷幕，雪线在规定的高度，每座火山以喷出的烟雾为标识……”

——博里·德·圣 – 文森特的文章《群山》
收录于《自然史经典》，第 11 卷，第 173 页，雷伊和格拉维尔出版社，巴黎，1827 年

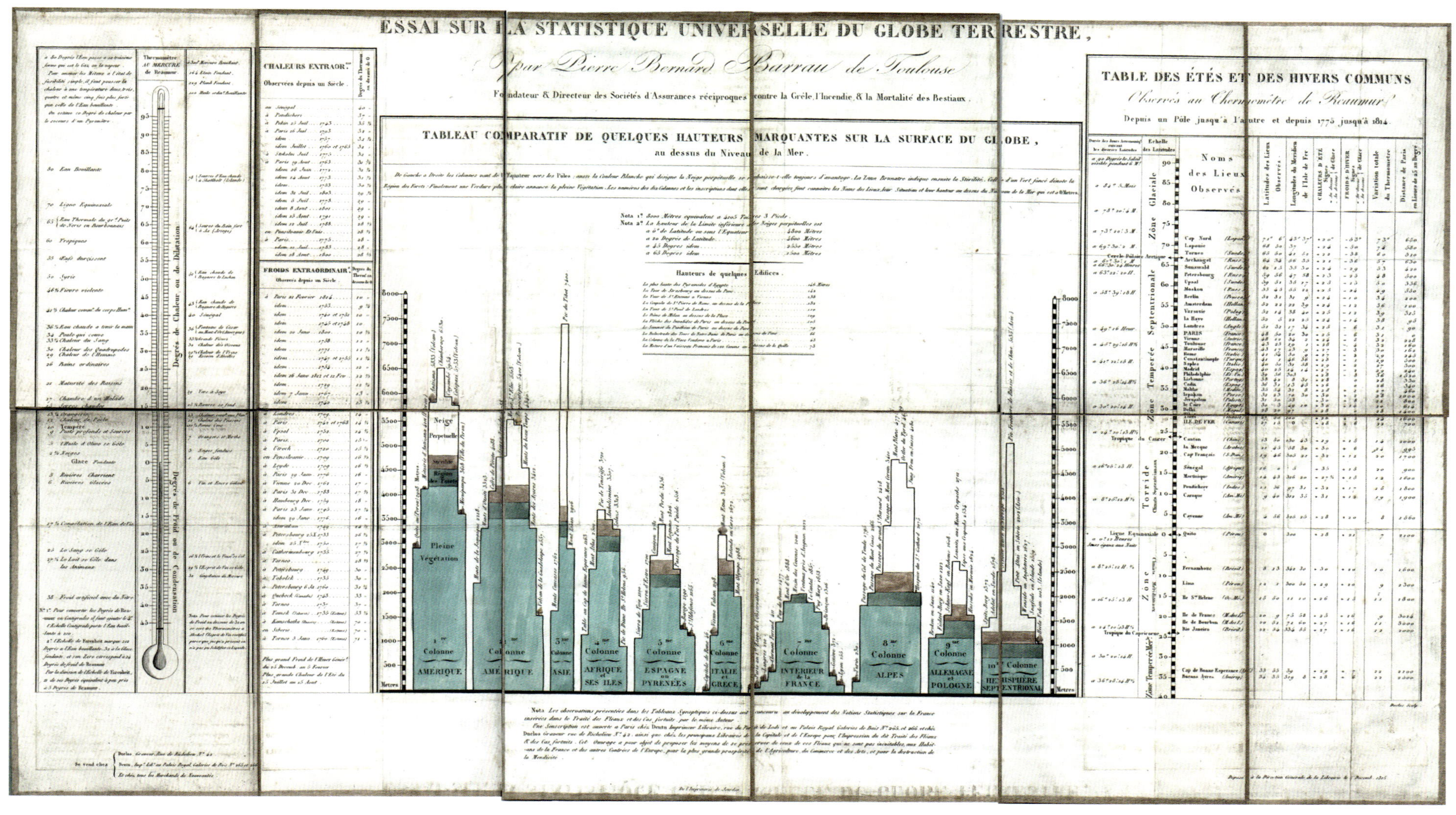

皮埃尔 – 伯纳德 · 巴罗（1767—1843）
1815 年

世界陆地统计数据——地球表面海拔以上几处重要高度比较图

高 43 厘米，宽 75 厘米

出自《各阶级有产者实用手册，或论瘟疫及突发事件处理》，巴黎，1816 年

雕版：杜克劳斯

皮埃尔 – 伯纳德 · 巴罗，又称图卢兹的巴罗，是 18 世纪末农业保险基金的创始人。他的图表将山峰从左到右排列，从赤道开始，向两极移动。像洪堡一样，他也标出了植被信息和雪线高度。这幅图便于从视觉上理解作者在 1816 年手册中的气候观察数据。

第三栏（亚洲）是最窄的，但却是最高的，中国西藏的山峰以 7 400 米高度超过美洲诸峰。

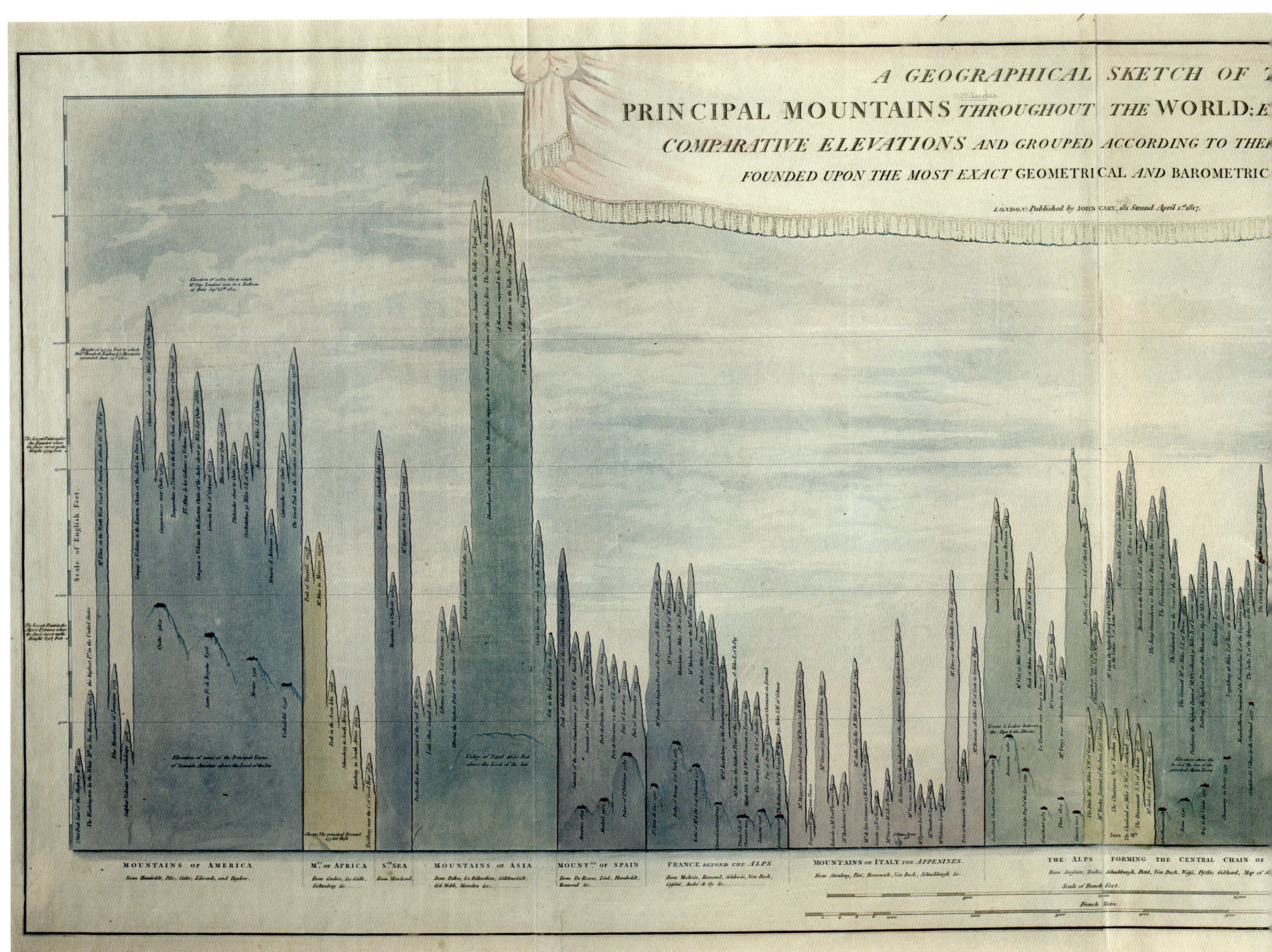
A GEOGRAPHICAL SKETCH OF T
PRINCIPAL MOUNTAINS THROUGHOUT THE WORLD; E
COMPARATIVE ELEVATIONS AND GROUPED ACCORDING TO THE
FOUNDED UPON THE MOST EXACT GEOMETRICAL AND BAROMETRIC
LONDON: Published by JOHN CARY, 181 Strand April 1st 1817.
Scale of English Feet.
MOUNTAINS OF AMERICA
MTS OF AFRICA
STH SEA
MOUNTAINS OF ASIA
MOUNTS OF SPAIN
FRANCE BEYOND THE ALPS.
MOUNTAINS OF ITALY THE APPENINES.
THE ALPS FORMING THE CENTRAL CHAIN OF
Scale of French Feet.
French Metres

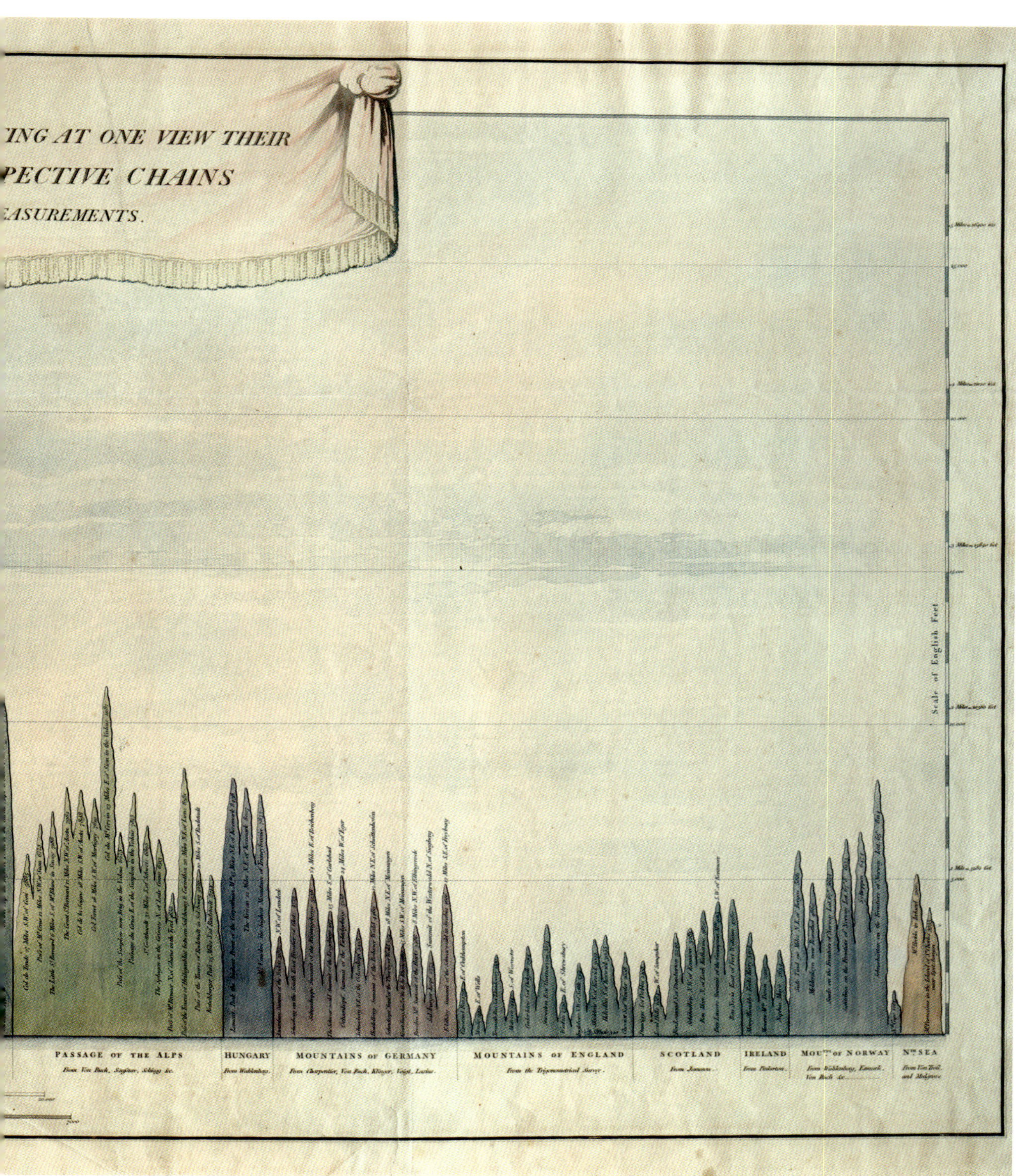

约翰·卡里（1754—1835）
1817 年

世界各地主要山峰的地理简图相对高度一览图，以山脉分组，基于最精确的几何和气压测量
高 53 厘米，宽 118 厘米
约翰·卡里出版社，伦敦
1817 年

1826 年，佩罗在他的《群山高度图表笔记》中引用了这幅图作为资料来源（见第 42 页）。

就像梅歇尔十一年前的图画一样，这幅图展现的主要是欧洲山峰。

然而，值得注意的是，亚洲在这里得到了更好的表现（非洲却没有），喜马拉雅山脉已经出现。卡里似乎转移了亚洲的位置，以突出它们长长的山脊线。而在梅歇尔的画面中，亚洲是挤在左边边界上的。

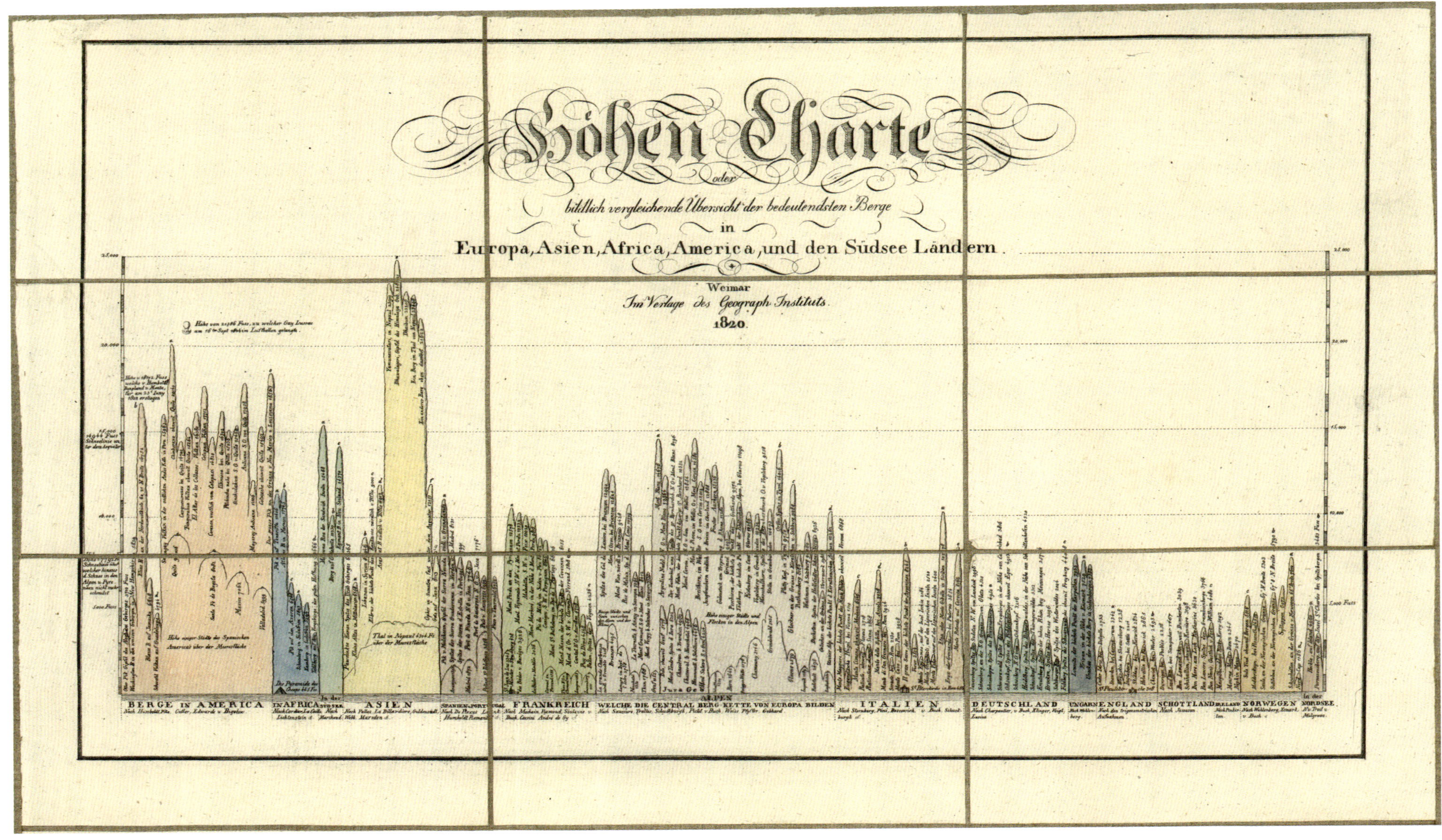

卡尔 · 斐迪南 · 维兰德（1782—1847）
1820 年

欧洲、亚洲、非洲、美洲和南太平洋国家（地区）最主要的山脉高度概览图
高 50 厘米，宽 63 厘米
地理研究所出版社，魏玛，1820 年
单独出版的版画，在这里分为两部分展示

这是卡尔版画的德语版本，不同的颜色将不同的大陆和国家区分开来，着色标准与这幅版画底部的世界地图中的一致，以方便人们寻找山脉。

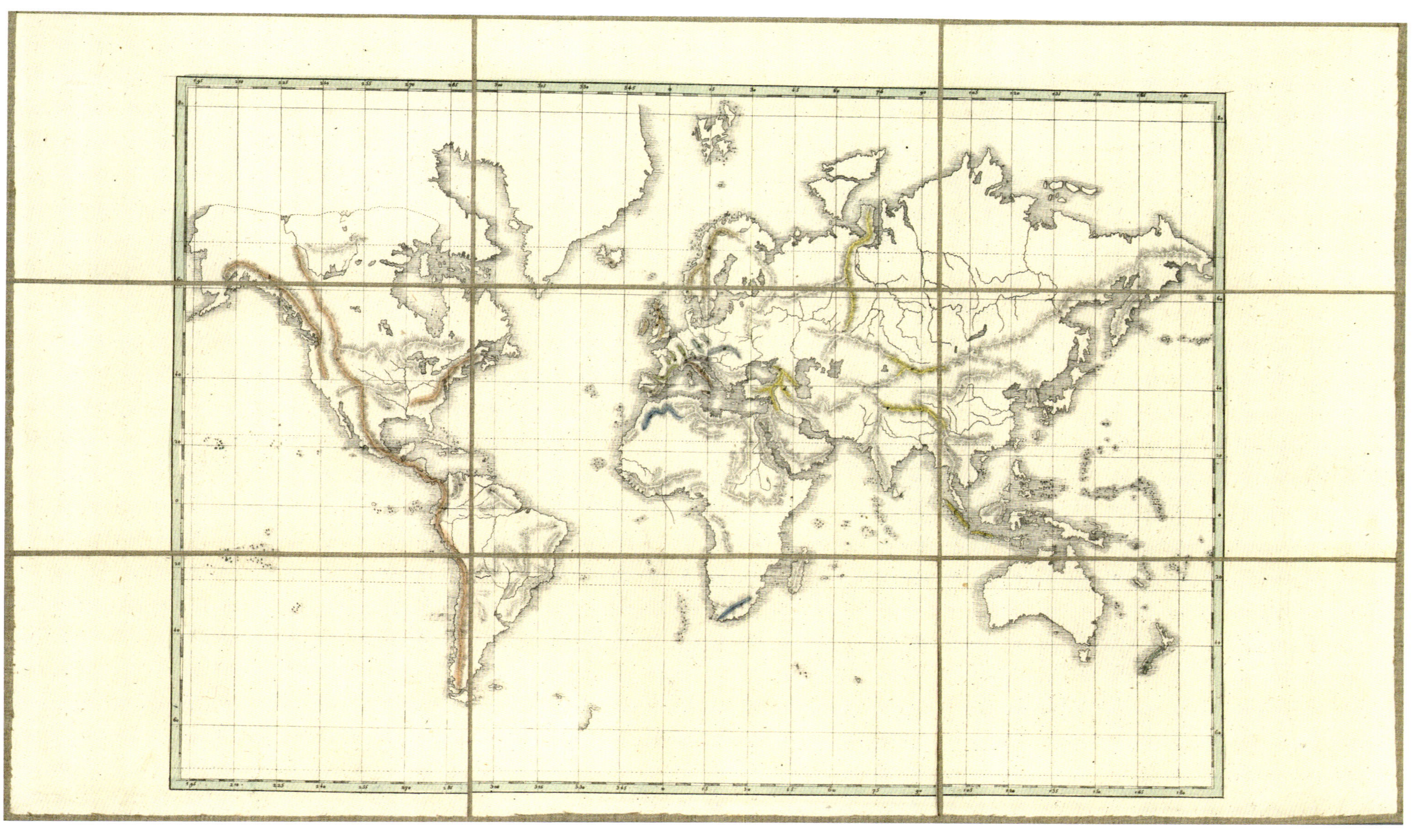

3.

TABLEAU COMPARATIF DE LA HAUTEUR DES PRINCIPALES MONTAGNES DE LA TERRE.

Mètres

9000 · 8000 · 7000 · 6000 · 5000 · 4000 · 3000 · 2000 · 1000

EUROPE

- 4775 Mont Blanc. *Alpes*.
- 4736 Mt Rose. *Alpes*.
- 4799 Ortler. *Tirol*.
- 4362 Fisterahorn. *Suisse*.
- 4180 Jung Frau. *Suisse*.
- 3436 Mt Perdu. *Pyrenées*.
- 3426 Col du Géant. *Alpes*.
- 3356 Vignemale. *Pyrenées*.
- 3332 le Cylindre. *Pyrenées*.
- 3237 Etna. *Sicile*.
- 2935 Pic du Midi. *Pyrénées*.
- 2652 Canigou. *Pyrenées*.
- 2500 Mt Rotondo. *Corse*.
- 1988 Olympe. *Grèce*.
- 1895 Mt d'Or. *France*.
- 1857 Cantal. *France*.
- 1774 le Mezen *France* (*Dépt de la Hte Loire*)
- 1512 Mt des Géans. *Bohême*.
- 1477 Puy-de Dôme. *France*.
- 1403 le Ballon. *France* (*Vosges*)
- 1198 Vésuve. *Naples*.
- 1194 Mt Pernasse. *Spitzberg*.
- 1039 Sheheleum. *Ecosse*.
- 1013 Hekla. *Islande*.
- 160 Mt Valerien. (*Seine*)

AMÉRIQUE

- 6530 Chimborazo. *Pérou*.
- 5954 Cayambé. *Pérou*.
- 5833 Antisana. *Pérou*.
- 5753 Cotopaxi. *Pérou*.
- 5513 Mt St Elie. *Cote N.E.*
- 5400 Popocatepec. *Mexique*.
- 5295 Pic d'Orisaba.
- 4621 Novado de Toluca. *Mexique*.
- 4549 Mt du beau Tems. *Cote N.O.*
- 2218 Mgnes Bleues. *Jamaïque*.

ASIE

- 7821 Pic du Thibet
- 5155 Pic. *Sur la frontière de la Chine et de la Rsie*
- 3950 Ophyr. *Ile de Sumatra*
- 2906 Mt Liban.
- 2202 Petit-Altaï. *Sibérie*.
- 1762 Elburs. *Sommet du Caucase*.

AFRIQUE

- 3710 Pic de Ténériffe.
- 3507 Mgne de Ambotisméne. *Madagascar*.
- 2412 Pic des Acores.
- 2515 Mt Salaze. *Ile de Bourbon*.
- 1163 Mgne de la Table. *Au Cap de bonne Espérance*.

Gravé par les frères Malo.

A.M. Perrot 1822.

阿里斯蒂德·米歇尔·佩罗（1793—1879）
1822 年

地球主要山峰高度比较图
高 13.5 厘米，宽 17.5 厘米
出自《古今地理学概况地图集》，奥达出版社，1822 年
雕版：马洛兄弟

阿里斯蒂德·米歇尔·佩罗是一名军事工程师兼地理学家，1820 年后开始从事商业制图。他在这幅图中采用了另一种地理划分：从左到右分别是欧洲、美洲、亚洲、非洲。

这幅画中“鲨鱼牙齿”般的轮廓似乎是受到帕苏莫的“比较图表”（见第 30 页）和维兰德的“地理草图”（见第 38—39 页）的直接影响。

阿里斯蒂德·米歇尔·佩罗
1826 年

全球主要山脉及地表海平面上重要地点海拔高度比较图
高 52 厘米，宽 90 厘米
夏尔·西莫努出版公司，巴黎，1826 年
文字：亚伯·马洛
雕版：E. 霍克亚

佩罗清楚地知道自己在这个大画幅版本中做的地形处理有多夸张，他在《群山高度图表笔记》中指出："我把每个山峰的精确高度放在了图表底部，以突阿斯和米为单位。我认为小幅增加或减少画中的高度是可行的。因为比例尺的问题，它们的差异在视觉上并不明显。"

这本小册子里还包括另外一条信息：这幅画黑白版卖 10 法郎，彩色版卖 15 法郎。

"在创作这幅图时，我参考了所有我注意到的包括高度测量数据的作品，以及旅行记录和回忆录等。我检查并比较了不同观察者的观测结果，才最终选出我觉得最可信的那些数据。我常常需要在不同观测数据中建立一个平均值。我最初的想法是，在每一个高度数据后面写上观测者的名字、所使用的方法和对同一山峰的不同测量结果。但由于这幅作品的框架不够大，不足以容纳这些有趣的知识拓展，我决定在这里标明我引用的画面元素的主要来源，以及一些我觉得有用的附注。

我参考了以下文献：

《世界主要高度图》，梅歇尔，1806 年；

《两大洲主要高度示意图》，歌德，1813 年；

《世界各地主要山峰的地理简图相对高度一览图，以山脉分组，基于最精确的几何和气压测量》，约翰·卡里，1817 年；

《世界主要山脉和河流的综合景观图，附高度和长度数据表格》，威廉·罗伯特·加德纳，1825 年；

《经度学会年鉴》等。"

——阿里斯蒂德·米歇尔·佩罗《群山高度图表笔记》
夏尔·西莫努出版公司，巴黎，1826 年

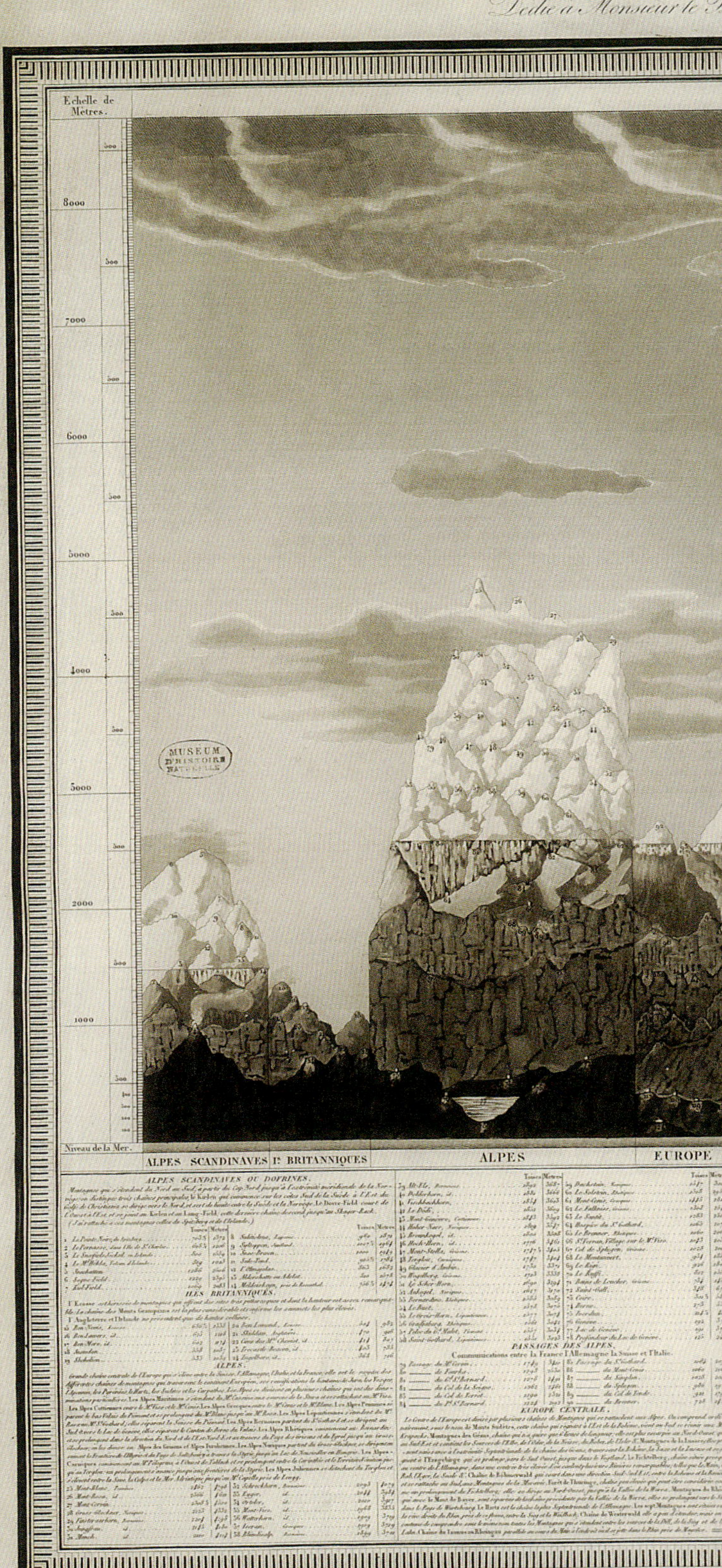

TABLEAU COMPARATIF

MONTAGNES ET LIEUX REMARQUABLES DU GLOBE AU DESSUS DU NIVEAU DE LA MER ,

lexandre de Humboldt par son très humble Serviteur A. M. Perrot, Géographe membre de plusieurs sociétés savantes &c. (1826.)

菲利普 · 范德马伦（1795—1869）
1827 年

全球主要高度比较图，受阿里斯蒂德 · 米歇尔 · 佩罗先生启发
高 49 厘米，宽 66 厘米
出自《世界自然地理、政治地理、统计地理和矿物地理地图集》，
比例尺为 1：1 641 836，布鲁塞尔
平版印刷：亨利 · 奥德
绘画：佩罗

著名的比利时地理学家和制图师菲利普 · 范德马伦是使用最新发展的平版印刷技术来为地图集印刷的第一人。这部作品一经发布就大获成功，得到了国际社会的认可。

这幅版画是由佩罗绘制的，与 1822 年那幅有类似的构图（见第 40—41 页），但更为极端。左边的部分汇集了欧洲的各大山脉（阿尔卑斯山脉、亚平宁山脉、比利牛斯山脉等），而右边的部分展示了亚洲、大洋洲、非洲和美洲的山脉。在群山之上，云层之外，耸立着喜马拉雅山脉的峰顶。

这幅画还描绘了盖 – 吕萨克的气球，并标出了它在 1804 年达到的高度：7 000 多米。每座山对应着地图底部的一串数字，是其精确的海拔高度，以米为单位。由于珠穆朗玛峰还没有被发现，这里所确定的最高峰仍然是道拉吉里山（8 556 米）。在美洲，智利和阿根廷的山峰还不为人知；非洲的乞力马扎罗山和肯尼亚山也是如此，吉什山（在今天的埃塞俄比亚）被列为非洲大陆最高的山峰。

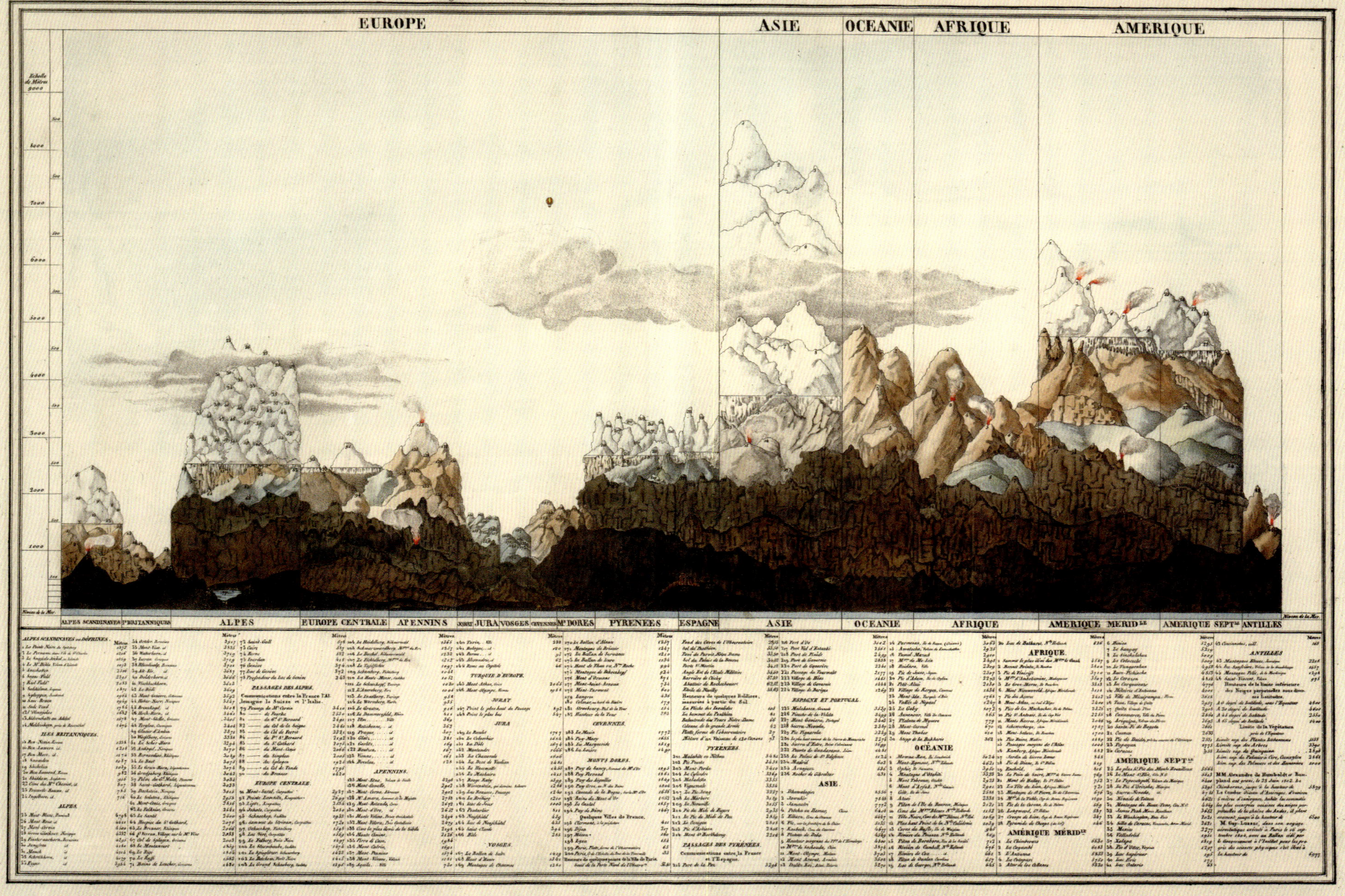
Tableau comparatif des principales Hauteurs du Globe.
(D'après A. M. Perrot.)
EUROPE
ASIE
OCEANIE
AFRIQUE
AMERIQUE
ALPES
EUROPE CENTRALE
APENNINS
JURA
VOSGES
PYRENEES
ESPAGNE
ASIE
OCEANIE
AFRIQUE
AMERIQUE MERIDLE
AMERIQUE SEPTLE
ANTILLES

UROPE CENTRALE
APENNINS
JORAT
JURA
VOSGES
CEVENNES
Mᵗˢ DORES
PYRENEES
ESPAGNE

ASIE
OCEANIE
AFRIQUE
AMERIQUE MERIDLE

卡尔 · 约瑟夫 · 迈耶（1796—1856），L. 伦纳中尉
1840 年

欧洲、亚洲、大洋洲、非洲、美洲已知山脉海拔高度图

高 26.5 厘米，宽 32 厘米

出自《最新新旧大陆通用地图集》，迈耶，书目研究所，希尔德堡豪森、阿姆斯特丹和纽约，1840 年

钢版雕刻：B. 梅泽罗斯，C. 埃利希特

卡尔·约瑟夫·迈耶把四百多座山峰列入了这个非常密集的比较图中，这幅图出现在他于 1830—1840 年出版的《全球地图集》和迈耶随后出版的《报刊地图集》(1849—1852 年) 中。

山峰是并排排列的，大陆的划分并没有使这幅图更容易阅读；这幅插图显然是受到了佩罗和德·范德马伦的启发。

在这个近乎抽象的大土堆底部，印刷着需要使用超强放大镜才能看到的名称和高度。

在《芬尼地图集》(1834—1841 年) 上发表的非常小的版本采用了简化图形风格，在这里以 1:1 的比例复制，数据的可读性并没有增加，看起来就像一群鬼魂在和努力辨识的读者玩恶作剧。

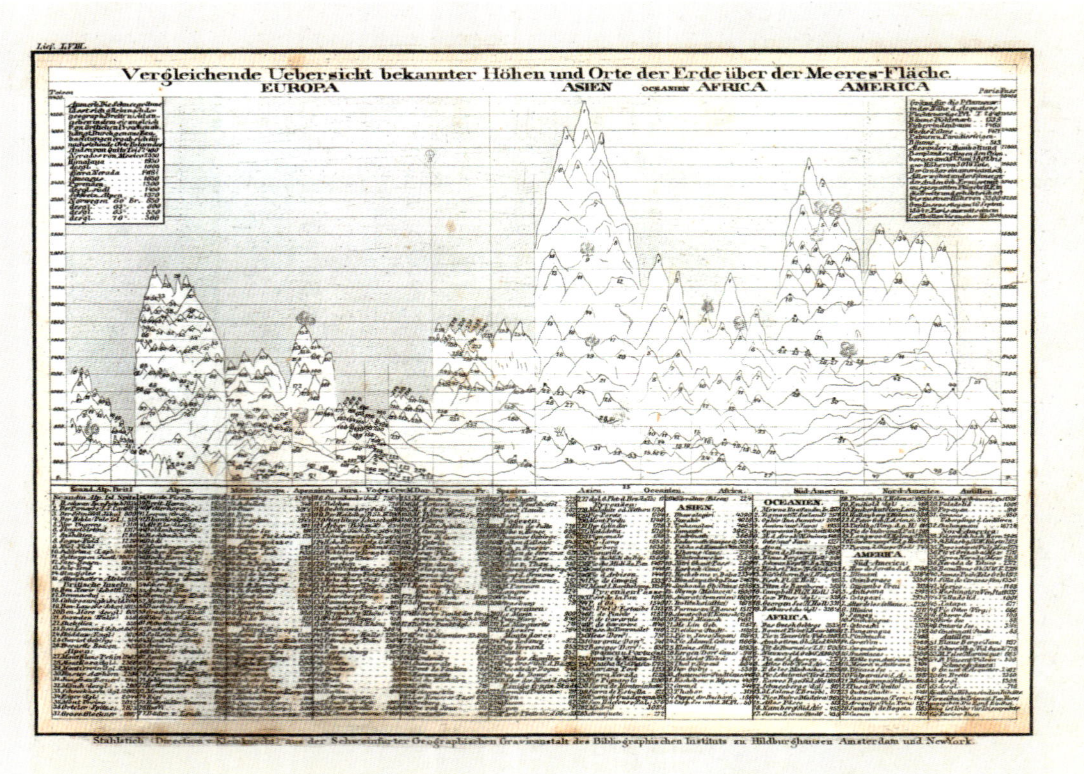

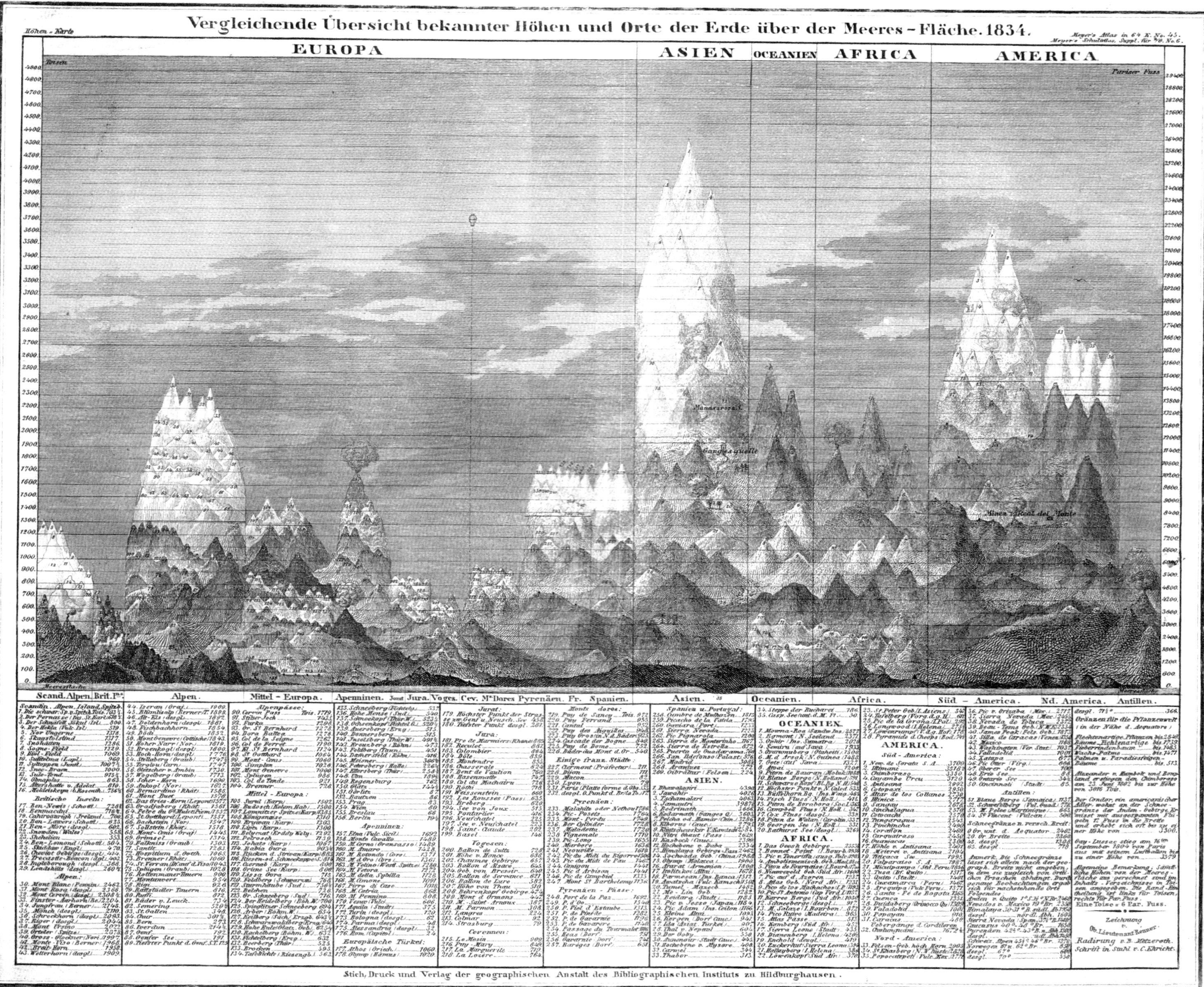
Vergleichende Übersicht bekannter Höhen und Orte der Erde über der Meeres-Fläche. 1834.
Höhen-Karte
EUROPA
ASIEN
OCEANIEN
AFRICA
AMERICA
Toisen
Pariser Fuss
Scand. Alpen
Brit. I^ns.
Alpen.
Mittel-Europa.
Apenninen.
Jura.
Voges.
Cev.
M^ts Dores
Pyrenäen.
Fr. Spanien.
Asien.
Oceanien.
Africa.
Süd-America.
Nd. America.
Antillen.
Stich, Druck und Verlag der geographischen Anstalt des Bibliographischen Instituts zu Hildburghausen.

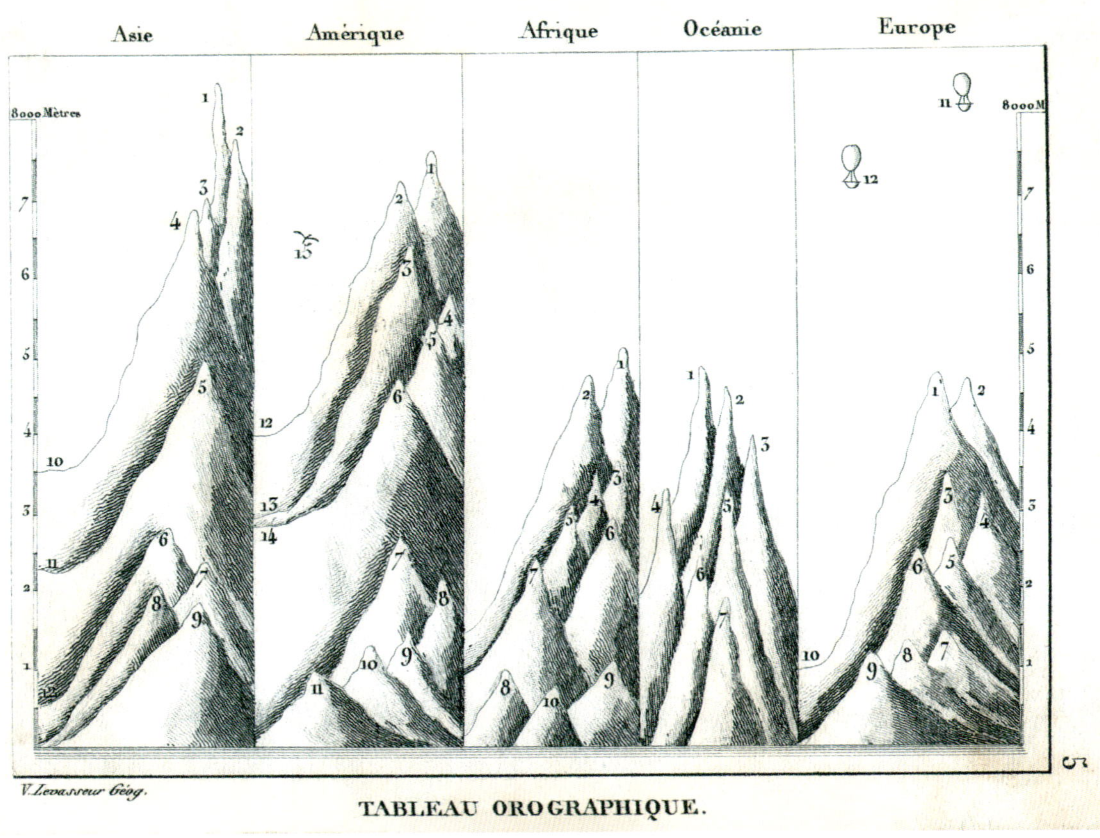

维克多·勒瓦瑟（1800—1870）
1833 年

地形学图表
高 11 厘米，宽 15 厘米
出自《实用知识报》的《古今地理学通用经典地图集》，法国国家协会，巴黎，1833 年
绘画：勒瓦索
雕版：弗雷德里克·拉吉勒米

这幅《地形学图表》采用了新的排序方式，从左至右是：亚洲、美洲、非洲、大洋洲、欧洲。山脉的名称在作品中被进一步记录。这幅图是按照 1：1 的比例复制的。

约翰·格奥尔格·赫克（1795—1857），戈德弗鲁瓦·昂热尔曼（1788—1839）
1834 年

欧洲大陆以外高度表

高 30 厘米，宽 43 厘米

出自《地理、天文和历史地图集》，用于研究古代史、中世纪史、现代史和阅读最新的游记，约翰·格奥尔格·赫克出版社、昂热尔曼公司，伦敦、巴黎、米卢斯

1834 年

戈德弗鲁瓦·昂热尔曼从 1836 年开始将平版印刷和彩印引入法国。该图为 1830 年第一版。

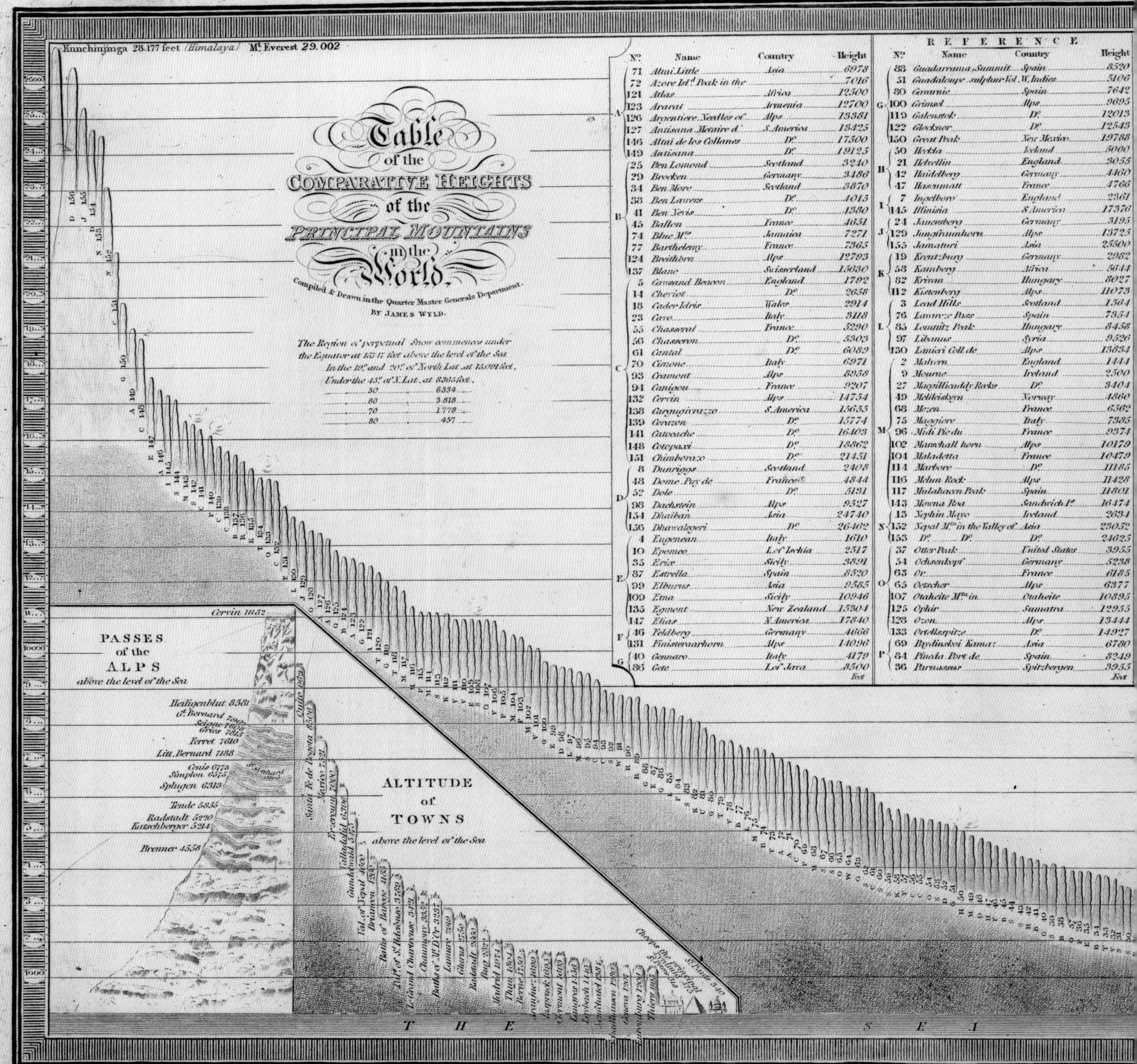

REFERENCE

	No.	Name	Country	Height
A	71	Altai Little	Asia	6978
	72	Azore Isld. Peak in the		7016
	121	Atlas	Africa	12500
	123	Ararat	Armenia	12700
	126	Argentiere, Needles of	Alps	13381
	127	Antisana Metaire d'	S. America	13425
	146	Altai de los Collanes	Do.	17500
	149	Antisana	Do.	19125
B	25	Ben Lomond	Scotland	3240
	29	Brocken	Germany	3486
	34	Ben More	Scotland	3870
	38	Ben Lawers	Do.	4015
	41	Ben Nevis	Do.	4380
	45	Ballon	France	4651
	74	Blue Mts.	Jamaica	7271
	77	Barthelemy	France	7365
	124	Breithorn	Alps	12793
	137	Blanc	Swisserland	15630
C	5	Cawsand Beacon	England	1792
	14	Cheviot	Do.	2658
	18	Cader Idris	Wales	2914
	23	Cavo	Italy	3118
	55	Chasseral	France	5290
	56	Chasseron	Do.	5303
	61	Cantal	Do.	6089
	70	Cimone	Italy	6971
	93	Cramont	Alps	8958
	94	Canigou	France	9207
	132	Cervin	Alps	14754
	138	Cargugivrazzo	S. America	15655
	139	Corazon	Do.	15774
	141	Catocache	Do.	16403
	148	Cotopaxi	Do.	18862
	151	Chimborazo	Do.	21451
D	8	Dunriggs	Scotland	2408
	48	Dome Puy de	France	4844
	52	Dole	Do.	5131
	98	Dachstein	Alps	9527
	154	Dhaiban	Asia	24740
	156	Dhawalegeri	Do.	26462
E	4	Eugenean	Italy	1610
	10	Epomeo	I. of Ischia	2517
	35	Erix	Sicily	3891
	87	Estrella	Spain	8520
	99	Elburus	Asia	9585
	109	Etna	Sicily	10946
	135	Egmont	New Zealand	15304
	147	Elias	N. America	17840
F	46	Feldberg	Germany	4666
	131	Finisteraarhorn	Alps	14096
G	40	Gennaro	Italy	4179
	86	Gete	I. of Java	8500
				Feet

	No.	Name	Country	Height
G	88	Guadarrama, Summit	Spain	8520
	51	Guadaloupe, sulphur Vol.	W. Indies	5106
	80	Gavarnie	Spain	7642
	100	Grimsel	Alps	9695
	119	Galenstok	Do.	12013
	122	Glockner	Do.	12543
	150	Great Peak	New Mexico	19788
H	30	Hekla	Iceland	5000
	21	Helvellin	England	3055
	42	Haidelberg	Germany	4460
	47	Hasenmatt	France	4766
I	7	Ingelboro'	England	2361
	145	Illinisia	S. America	17376
J	24	Jauersberg	Germany	3195
	129	Jungfraunhorn	Alps	13725
	155	Jamaturi	Asia	25500
K	19	Kreutzbury	Germany	2982
	58	Kamberg	Africa	5644
	82	Krivan	Hungary	8027
	112	Kistenberg	Alps	11073
L	3	Lead Hills	Scotland	1564
	76	Lavarze Pass	Spain	7354
	85	Lomnitz Peak	Hungary	8458
	97	Libanus	Syria	9526
	130	Lanieri Coll de	Alps	13834
M	2	Malvern	England	1444
	9	Mourne	Ireland	2500
	27	Macgillicuddy Reeks	Do.	3404
	49	Melldeiskyn	Norway	4860
	68	Mezen	France	6562
	75	Maggiore	Italy	7385
	96	Midi Pic du	France	9374
	102	Marschall horn	Alps	10179
	104	Maladetta	France	10479
	114	Marbore	Do.	11185
	116	Melun Rock	Alps	11428
	117	Mulahacen Peak	Spain	11801
	143	Mowna Roa	Sandwich Is.	16474
N	13	Nephin Mayo	Ireland	2634
	152	Nepal Mtn. in the Valley of	Asia	23052
	153	Do. Do.	Do.	24625
O	37	Otter Peak	United States	3955
	54	Ochsenkopf	Germany	5238
	63	Or	France	6185
	65	Oetscher	Alps	6377
	107	Otaheite Mtn. in	Otaheite	10895
	125	Ophir	Sumatra	12955
	128	Ozon	Alps	13444
	133	Ortellsspitze	Do.	14927
P	69	Pavdinskoi Kamaz	Asia	6780
	84	Pinela Port de	Spain	8249
	36	Parnassus	Spitzbergen	3955
				Feet

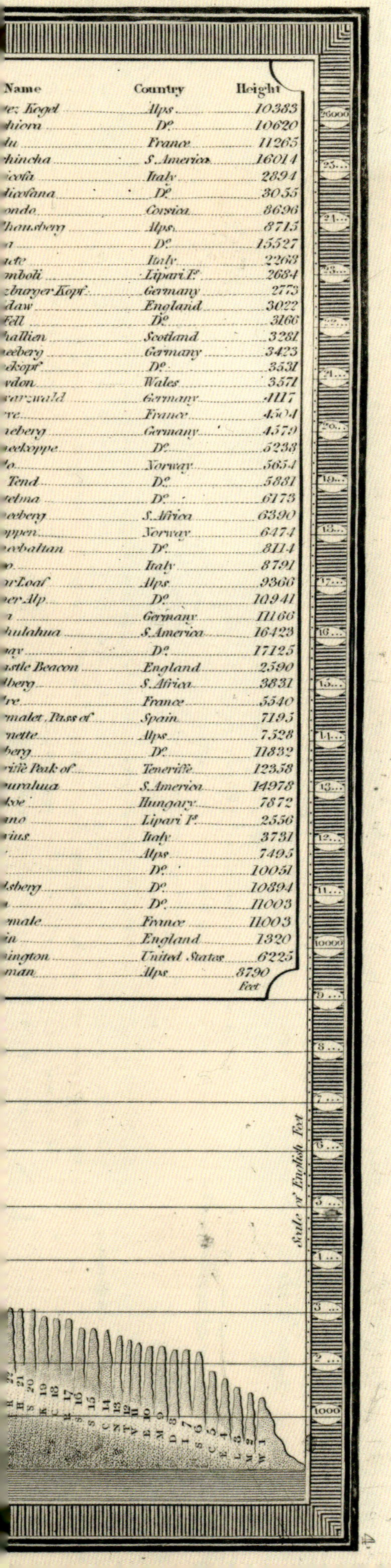

詹姆斯·怀尔德（1812—1887）
1864 年

世界主要山脉相对高度表
高 27 厘米，宽 33 厘米
出自《世界地图集》，包括各个国家的独立地图，由最新的天文和地理观测数据构成和绘制，詹姆斯·怀尔德出版社，伦敦，1864 年

这是 1836 年首次出版的地图集的再版。这幅图上没有“虚构的风景”，它更像是一个图表。图中的山体不论属于哪个大陆或地区，一概按照大小分类。

约翰·沃尔夫冈·冯·歌德（1749—1832）
1807 年

新旧世界高度图

高 24 厘米，宽 30.6 厘米

1807 年，当歌德收到洪堡的《植物地理学论文集》时，发现缺少了做解释说明用的表格。洪堡的表格是 1807 年 5 月 5 日才送来的，那时，歌德早已自己创作了插图。他在 4 月 3 日寄给洪堡的感谢信中讲述了这幅插图创作背后的故事："这本书我饶有兴趣地读了好几遍，尽管没有看到预期的横截面地图，但我自己立刻想象出置身于这样一幅风景中：按照每页 7.8 千米的比例，欧洲和美洲的山峦肩并肩排列，图中也包括雪线和植被线。"歌德寄给洪堡一份他画的草图，表示想让洪堡在展示作品的同时，把自己的插图也"展示给我们亲爱的公爵夫人、公主和其他几位女士"。

正如《歌德谈话录中》所证实的那样，歌德早在 4 月 1 日就把洪堡的作品寄给这些女士，并把他自己的素描展示给她们看，这引起了她们极大的兴趣。正如夏洛蒂·冯·席勒（1766—1826）曾说："……在一个虚构的景观中，歌德巧妙地表现出各种山峰，既有旧大陆的，也有新大陆的，并标明了它们的高度。"

图的右下角画着一条鳄鱼，用来标记海平面。

图中也画了几个人像：在勃朗峰的左边是博物学家贺拉斯－本尼迪克特·德·索绪尔（1740—1799），右边是亚历山大·冯·洪堡，天空中是路易斯·约瑟夫·盖－吕萨克。

弗里德里希·贾斯廷·贝尔图什（1747—1822）
受约翰·沃尔夫冈·冯·歌德启发
1813 年

从视觉上比较旧世界和新世界的高度
高 31 厘米，宽 38.6 厘米
出自《德国地理历史》第 41 卷，国家工业出版社，魏玛，1813 年

亚历山大·冯·洪堡，约翰·沃尔夫冈·冯·歌德
1813 年

歌德先生根据洪堡先生于 1807 年出版的《植物地理学论文集》画的两大洲主要高度草图
1813 年在巴黎印刷和图书管理局注册

德国编辑弗里德里希·贾斯廷·贝尔图什正在寻找新的图形表现形式，他成功地说服了他的朋友歌德出版了他的素描。因为他觉得歌德这幅素描比铜版雕刻师克里斯蒂安·冯·梅歇尔创作的大图“更有用，更令人愉悦”。1813 年，他受歌德作品的启发，出版了一幅画，附上歌德写的简短的说明文字和注释，并把它献给了洪堡。该画获得了极大成功，以致贝尔图什将它作为两个单独的版画出版，一版是棕褐色印刷（上图），另一版是彩色印刷。同年，一本彩色的法国版在巴黎出版，页边空白处还标注了洪堡的几处修改建议（见第 57 页）。

1821 年，贝尔图什出版了《儿童图页册》，这张版画在经过调整之后也被收录进去（见第 60 页）。版画中添加了英国探险家 R. 克劳福、W.S. 韦伯和 H.T. 科勒布鲁克等人的观察结果。这些观察结果取自科勒布鲁克于 1818 年发表在《亚洲研究》上的一篇长文章，他写道：“我认为现在有足够的证据来声明以下这一观点：喜马拉雅山脉是迄今为止人们所认知到的最高的山脉，其最高峰高度远远超过了安第斯山脉的最高峰。”

Ancien Continent
Toises 4000
Nouveau Continent
4000 Toises
Dédié à Mr de Humboldt par Mr de Göthe
ESQUISSE DES PRINCIPALES HAUTEURS DES DEUX CONTINENS
dressée par
Mr de Göthe, Conseiller intime du Duc de Saxe Weimar
d'après l'ouvrage de Mr de Humboldt, publié en 1807 sous le titre d'Essai sur la Géographie des plantes.
Note: Cette esquisse est copiée sur celle que renferme le 41me volume des Éphémérides géographiques de Mr Bertuch à Weimar. On y a ajouté quelques sites importants. Les neiges perpétuelles, dont la limite inférieure sous l'équateur est de 2460 toises (4794 mètres), descendent en Suisse et dans les Pyrenées jusqu'à 1350 toises (2630 mètres) et en Norwège jusqu'à 700 toises (1364 mètres) de hauteur au dessus du niveau de l'Océan. Tout ce qui a rapport à la Géographie des plantes et aux phénomènes géologiques et météorologiques se trouve indiqué dans le Profil de la Cordillère des Andes que Mr de Humboldt a fait graver sous le titre de Tableau physique des régions équatoriales
Déposé à la Direction Gle de l'Imprimerie et Librairie Paris 1813.
Griffe de l'Éditeur

Dédié
à
Monsieur
De humboldt.

J.-S. 德维兹·德·夏布里约勒（1792—1842）
1814 年

两大洲主要高度示意图
水墨作画，1814 年

夏布里约勒的灵感来自歌德于 1813 年在贝尔图什的作品中发表的绘画。

Ver: Gegenstaende CCLXI.
Melanges CCLXI.

弗里德里希·贾斯廷·贝尔图什
1821 年

新旧世界山峰高度图

高 18 厘米，宽 23 厘米

CCLXI 号版画，出自《儿童图页册》，包括动物、植物、花卉、水果、矿物、服装、古董等，寓教于乐，选用最高质量的原图刻制，附有符合儿童理解能力的简明科学注释，第 10 卷，工业出版社，魏玛，1821 年

和歌德 1807 年的画一样，新世界被放在右边，而以突阿斯为单位的高度并没有被精确地标出。版画配有德语和法语的描述性文字：

“这幅版画的目的是对地球上最著名的山脉的高度进行风景化呈现。陆地部分从海平面以上算起，部分平坦，部分由丘陵和山脉构成。这些山的高度以突阿斯为单位，构成了一套标尺，在附图中对应着左边的旧世界山峰和右边的新世界山峰。从上往下看这套标尺，第一个显著的区别是雪线，即永久积雪的界限，往上不再有任何植被。而在图右手边的美洲山脉部分，雪线明显比左手边要高得多，左手边温带地区的雪线经过测量仅有 2 340 米高。在赤道以南，这条线只出现在 4 800 米的高度。严格来讲，当从赤道向两极移动时，雪线高度竟然随纬度增高而降低。博物学家通常根据植物特性把海拔垂直分为六个区域。果实区是最低的区域。紧随其后的是山毛榉区或山区，海拔似乎达到了 1 170 米。亚高山区位于山毛榉区和松树区之间，是第三个区。下阿尔卑斯区是第四个，它从松树区的边缘开始，与松树区、喀尔巴阡山脉、阿尔卑斯山脉相接，在大约 1 760 米处结束。这里也是阿尔卑斯区的起点，盛产美味的植物。之后是上阿尔卑斯区，海拔 2 150 米左右，有着世界上最美丽、最稀疏的植被，再往上就是雪域。

图中有一个在 7 000 多米处的热气球，这个高度是法国物理学家盖－吕萨克成功到达的高度。右边是钦博拉索山，当时被认为是南美洲的最高峰（实际上南美洲的最高峰是阿空加瓜山）。亚历山大·冯·洪堡与他的两个伙伴——邦普兰和蒙图法尔，一起上升到 5 540 米的高度，后来由于前方危险山洞的阻拦，他们不得不停下来，他们离峰顶还剩 420 多米。

从这座大山下来的人将在气候上经历从柏林到罗马的变化。钦博拉索山后面是安蒂萨纳火山，海拔 5 470 米，图下方文字中提到的农场可能是世界上人类居住的最高的地方。著名的科托帕希火山高达 5 897 米。通古拉瓦火山是位于基多附近安第斯山脉东部的一座火山，据说高达 4 740 米。基多和墨西哥城的海拔比维苏威火山高得多。

在画面的左侧，可以看到瑞士的少女峰，有 4 158 米高。1802 年，鲁道夫夫人和来自阿劳的杰罗姆·迈耶历经千险第一次登上少女峰。勃朗峰是西欧最高峰，海拔 4 810 米。雅克·巴尔马特用时 18 小时第一个爬上了这座山峰，后来索绪尔也做到了。

以上就是当时我们对新旧大陆山脉的所有了解。直到柯克帕特里克、科勒布鲁克、克劳福、韦伯等几个英国人一同宣布，当时名为艾诺都斯（Einodus）的山脉处在尼泊尔和中国西藏之间，它的几座山峰达到 7 620 米以上的高度。这条山脉现在被称为喜马拉雅山脉，在我们图画中央的背景中也有描绘它。这里的雪线比钦博拉索山高得多，直到 5 180 米高才有积雪，比我们这里高 380 米。西藏高原种着一种品种极好的小麦，和我们的小麦、大麦非常相似。根据目前公布的数据，大亚朋（Dhayabung）海拔高度为 6 080 米，其他不知名的山峰高度为 5 980 米和 6 130 米，尼泊尔王国（Nepaul）的乌达嘎汐（Yamunawatri）高度为 7 290 米，道拉吉里峰（Dhavalageri）海拔高达 7 570 米（实际为 8 172 米）。”

——弗里德里希·贾斯廷·贝尔图什

查尔斯·史密斯（？—1852 年），威廉·罗伯特·加德纳 1816

世界主要山脉高度比较视图
高 49 厘米，宽 64 厘米
手工上色，单独出版的版画
查尔斯·史密斯出版社，1816 年 8 月 1 日，伦敦
雕版：加德纳

这个版画的上半部分有一行数字，标示着在此虚拟景观中对山峰的分类。这种分类法是此类型的第一例。

请注意，喜马拉雅山脉并没有出现在第一版（见第 63 页）中，但出现在第三版（出版日期未知）中，附有文字说明（见下图）。

加德纳很可能是受到歌德插图的启发，但两者间也有显著的差别：两个半球位置左右颠倒，这意味着整个构图都有所改变。

Western Hemisphere
Eastern Hemisphere
AUTHORITIES.
COMPARATIVE VIEW
OF THE HEIGHTS OF THE
PRINCIPAL MOUNTAINS &c.
IN THE
WORLD.
EXPLANATION.

29
34
35
14
25
24
33
46
28
36
48
27
19
20
30
94
90
87

雅各布 · 艾博特 · 卡明斯（1772—1820），
威廉 · 希利亚德（1778—1836）
1820 年

世界主要山脉高度比较视图
高 50 厘米，宽 62 厘米
卡明斯和希利亚德出版社，波士顿，1820 年
雕版：摩尔斯

美国第一版，改编自史密斯的版画。比起后者，图中山脉数量增加了，每座山都有一个序号以便识别。通过对比左边的放大图和史密斯地图上相同区域的放大图可以辨认出费尔韦瑟山（第 46 位）。

约翰·汤姆森（1777—约 1840）
1817 年

世界主要山脉高度以及其他高度的比较视图

高 51 厘米，宽 64 厘米

出自《汤姆森通用地图集新版》；乔治·拉姆齐出版公司，爱丁堡；鲍德温和克拉多克以及乔伊公司，伦敦；约翰·卡明公司，都柏林；1817 年

雕版：W. D. 利扎斯（1788—1859）

约翰·汤姆森的这幅版画不仅列出了山的海拔高度，还标出了城市（包括墨西哥城、基多、加拉加斯）、最高的建筑、植被和动物的出现边界。

这幅画被分为两部分：左边是新世界，右边是旧世界。

左边，厄瓜多尔的钦博拉索山被认为是安第斯山脉的最高峰；当时智利、阿根廷最高的山峰还没有被发现。就在钦博拉索山下面，一只飞行中的秃鹰被画在 6 400 米的高空，而稍低一点的人类形象则象征着亚历山大·冯·洪堡所到达的最高点。右边则是使西方群山相形见绌的高大山峰，道拉吉里峰（位于尼泊尔）当时被认为是世界上最高的山，高达 8 440 米（实际为 8 172 米，为世界第七高峰）。珠穆朗玛峰和其他喜马拉雅山脉的高峰还没有被发现。

WESTERN HEMISPHERE
EASTERN HEMISPHERE
A COMPARATIVE VIEW
OF THE HEIGHTS OF THE PRINCIPAL
MOUNTAINS AND OTHER ELEVATIONS
IN THE
WORLD.
EXPLANATION.
The sloped figures at the sides of the view annexed to the names of objects mark their height above the Level of the Sea. The other figures along side of these refer to corresponding numbers at the top and bottom of the View and which also point out where any object is to be found.
EXPLANATION.
This is done by placing a thread or straight edge on the corresponding numbers above and below which will touch the object required. The altitudes are all measured from the line marking the Level of the Sea and not from the termination of the work at the bottom of the Plate.
Drawn & Engraved for Thomson's New General Atlas by W. & D. Lizars Edinburgh.

鲁道夫·阿克曼（1794—1832），约瑟夫·康斯坦丁·施泰德勒（1780—1822 年）
灵感来自托马斯·赫利（1798—1817）
1817 年

世界主要山脉比较高度视图，基于几何测量数据绘制
高 17 厘米，宽 19 厘米
伦敦，1817 年
铜版画雕刻

在这片风景的前景中，一条河围绕着喜马拉雅山脉雪峰的起伏地形流淌而过。我们可以看到这条河的两岸有一个尖顶教堂、一个带圆顶的建筑和三个金字塔。在图中心，一缕烟从埃特纳火山上方升起。

A VIEW OF THE PRINCIPAL MOUNTAINS THROUGHOUT THE WORLD

Shewing their Comparative Heights.

亨利·查尔斯·凯瑞（1793—1879），艾萨克·雷亚（1792—1886）
1822 年

世界主要山脉图注

高 42 厘米，宽 53 厘米

出自《1822 年及之前的美国历史、年代、地理绘图全集，北美、南美和西印度群岛历史指南……》参考勒塞吉地图集的大纲，该版本为勒塞吉地图集的拉瓦辛修订本附本，凯瑞和雷亚出版社，费城，1823 年

其他作者：C.V. 拉瓦辛，埃马纽埃尔·德·拉斯·加斯（1766—1842），勒塞吉

绘画：J. 芬莱森，菲尔丁·卢卡斯，S.H. 朗

雕版：扬和德勒克，J. 伊格，博伊德，科内阿斯，P.E. 哈姆，萨姆尔·赫夫提，B. 坦纳

出自美国第一本仿照勒塞吉《历史地图集》形式的图集，文本环绕着地图。

这个对比图的灵感来自 6 年前汤姆森的图表。

布雄的法文版本于 1825 年出版（见第 76—77 页），1823 年的英文版本有所节略，1824—1828 年的德文版本由 C.F. 维兰德出版。

菲尔丁·卢卡斯绘制了大部分地图，并于 1823 年出版了他自己的《通用地图集》（*General Atlas*），里面的地图和这本类似，但是缺少文本（见第 73 页）。

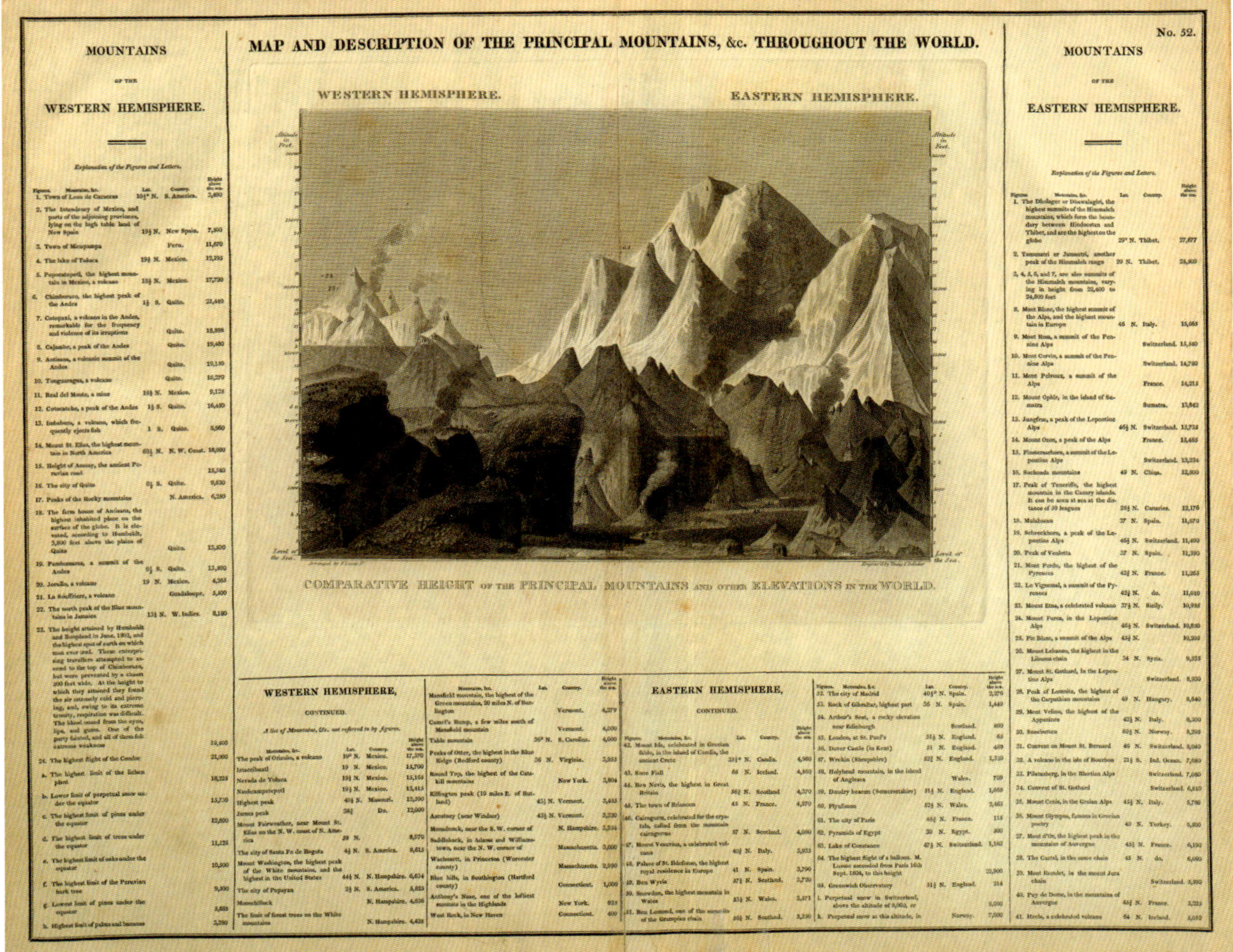

菲尔丁·卢卡斯（1781—1854）
1823 年

世界主要山脉和其他高度比较图

高 32 厘米，宽 39 厘米

出自《通用地图集》，根据最新权威数据汇编，菲尔丁·卢卡斯出版社，巴尔的摩，1823 年

雕版：J. 科恩

这幅版画质量很高，有着非常细致的细节和优雅的色彩。它的灵感来自汤姆森的图表（出版于 1817 年）、凯瑞和雷亚的图表（出版于 1822 年），但比它们更胜一筹。

图表及其图例，见第 74—75 页。

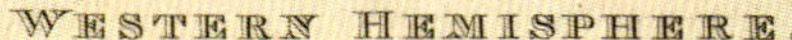

WESTERN HEMISPHERE. EASTERN HEMISPHERE.

Altitude in Feet
30,000
25000
20,000
15000
10,000
5000
Level of the Sea
J. Cone Sc.

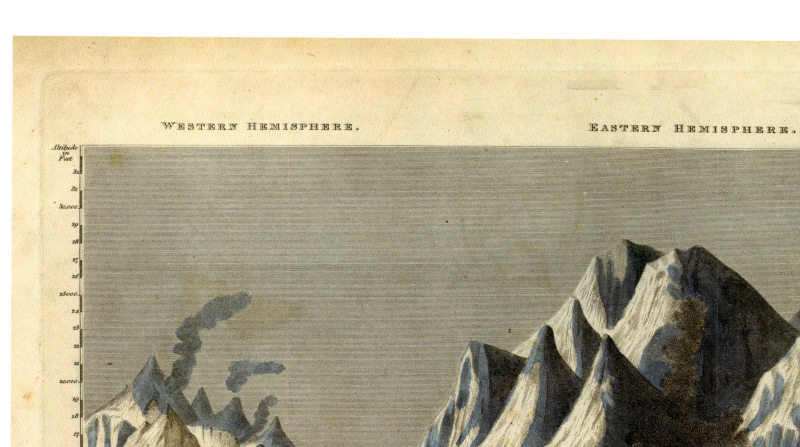

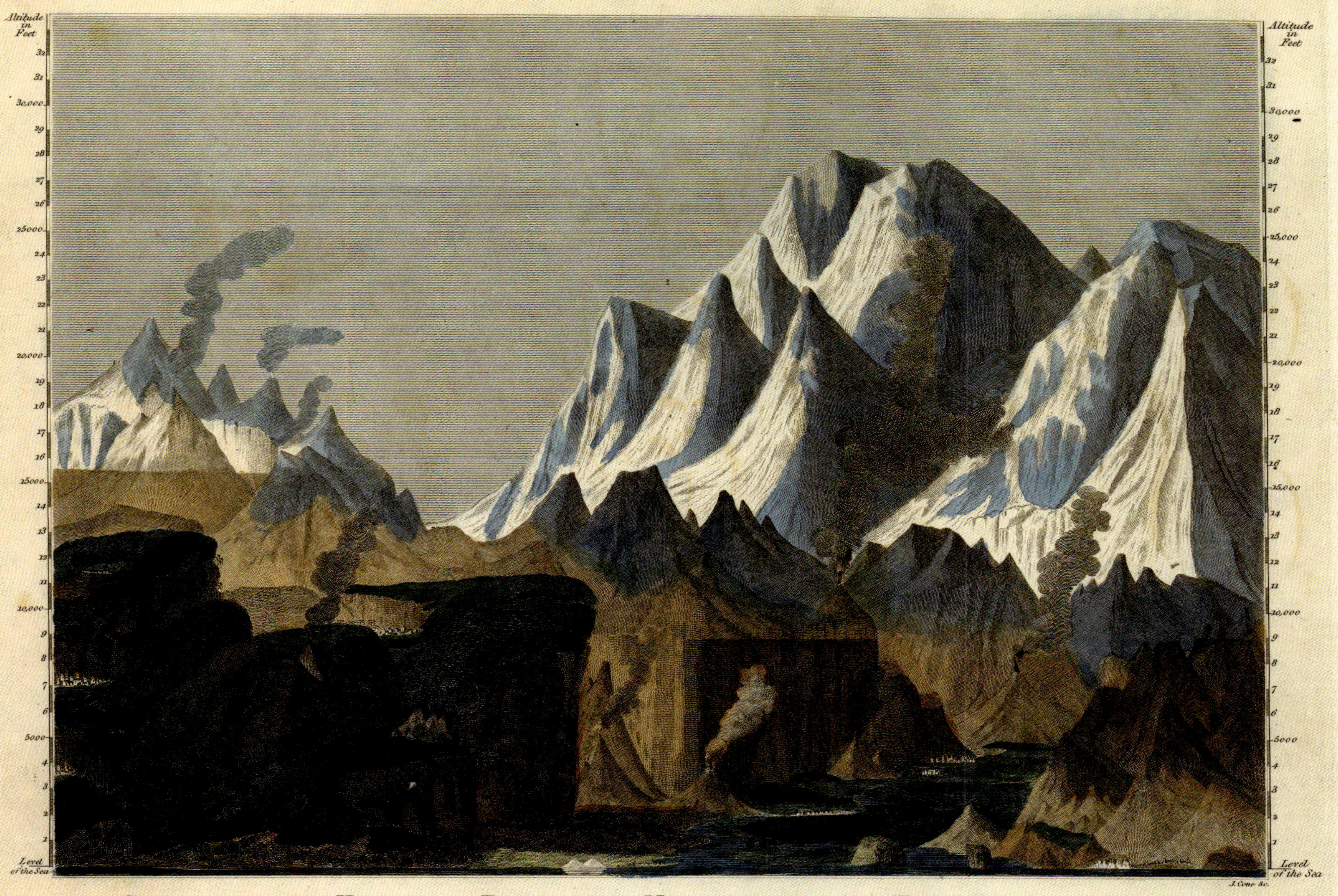

COMPARATIVE HEIGHT of the PRINCIPAL MOUNTAINS and other ELEVATIONS in the WORLD.

Published by F. Lucas Jr. Baltimore.

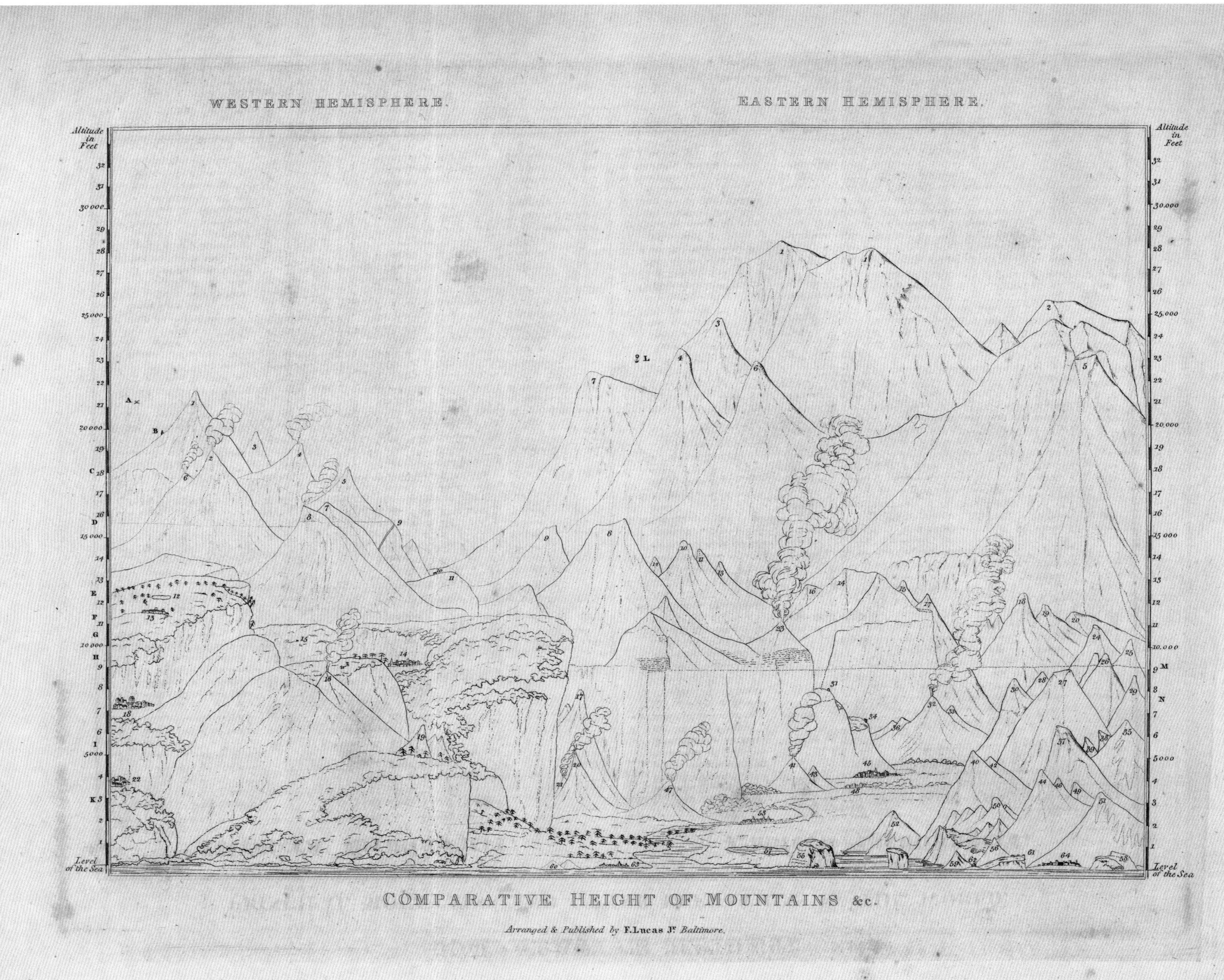
WESTERN HEMISPHERE.
EASTERN HEMISPHERE.
Altitude in Feet
Level of the Sea
COMPARATIVE HEIGHT OF MOUNTAINS &c.
Arranged & Published by F. Lucas Jr. Baltimore.

COMPARATIVE HEIGHTS

OF THE

PRINCIPAL MOUNTAINS AND OTHER ELEVATIONS IN THE WORLD.

Western Hemisphere.

Figures.	Mountains, &c.	Country.	Feet above the sea.
1.	Chimborazo, the highest peak of the Andes.	Quito.	21,440
2.	Cotopaxi, a volcano in the Andes remarkable for the frequency and violence of its eruptions.	Quito.	18,898
3.	Cajambe, a peak of the Andes.	Quito.	19,480
4.	Antisana, a volcanic summit of the Andes,	Quito.	19,150
5.	Mount St. Elias, the highest mountain in N. America,	N. W. Coast.	18,090
6.	Popocatepetl, the highest mountain in Mexico, a volcano.	Mexico.	17,720
7.	Cotocatche, a peak of the Andes.	Quito.	16,450
8.	Tonguaragua, a volcano.	Quito.	16,270
9.	Height of Assuay, the ancient Peruvian road.		15,540
10.	The Farm House of Antisana, the highest inhabited place on the surface of the globe; it is elevated, according to Humbolt, 3,800 feet above the plains of Quito.	Quito.	13,500
11.	Pambomarca, a summit of the Andes.	Quito.	13,500
12.	The Lake of Toluca.	Mexico.	12,195
13.	Town of Micupampa.	Peru.	11,670
14.	The City of Quito.	Quito.	9,630
15.	Real del Monte a Mine.	Mexico.	9,125
16.	Imbabura, a volcano which frequently ejects fish,	Quito.	8,960
17.	The North Peak of the Blue Mountains in Jamaica.	West Indies.	8.180
18.	The Intendancy of Mexico, and parts of the adjoining provinces, lying on the high table land of New Spain.	New Spain.	7,500
19.	Peaks of the Rocky Mountains.	N. America.	6,250
20.	La Souffriere, a volcano.	Guadaloupe.	5,500
21.	Jorullo, a volcano.	Mexico.	4,265
22.	Town of Leon de Caraccas.	S. America.	3,490
A.	Highest flights of the Condor.		21,000
B.	The height attained by Humbolt and Bonpland, in June, 1802, and the highest spot of the earth, upon which man ever trod; they attempted to ascend to the top of Chimborazo, but were prevented by a chasm 500 feet wide; the air was intensely cold and piercing, respiration was difficult; the blood oozed from the eyes, lips, and gums.		19,400

Figures.	Mountains, &c.	Country.	Feet above the sea.
C.	The highest limit of the lichen plant.		18,225
D.	Lower limit of perpetual snow under the equator.		15,730
E.	The highest limit of pines under the equator.		12,800
F.	The highest limit of trees under the equator.		11,125
G.	The highest limit of oaks under the equator.		10,500
H.	The highest limit of the Peruvian bark tree.		9,500
I.	Lowest limit of pines under the equator.		5,685
K.	The highest limit of palms and bananas.		3,280

A list of Mountains, &c. not referred to on the Plate.

Mountains, &c.	Country.	Feet above the sea.
The Peak of Orizaba, a volcano.	Mexico.	17,370
Iztaccihuatl.	Mexico.	15,700
Nevada de Toluca.	Mexico.	15,162
Nauhcampatepetl.	Mexico.	13,415
Highest Peak	Missouri.	12,500
James's Peak.	Missouri.	12,000
Mount Fairweather, near Mt. Saint Elias, on the north-west coast of N. America.		8,970
The City of Santa Fe de Bogota.	S. America.	8,615
Mount Washington, one of the White Mountains, and the highest in the United States.	N. Hampshire.	6,634
The City of Popayan.	S. America.	5,825
Moosehillock,	N. Hampshire.	4,636
The limits of forest trees, on the White Mountains.	N. Hampshire.	4,428
Mansfield Mountain, highest of the Green Mountains.	Vermont.	4,279
Camel's Rump.	Vermont,	4,000
Table Mountain.	S. Carolina.	4,000
Peaks of Otter, the highest in the Blue Ridge.	Virginia.	3,955
Round Top, the highest of the Catskill Mountains.	New York.	3,804
Killington Peak.	Vermont.	3,455
Ascutney, near Windsor.	Vermont.	3,320
Monadnock Mountain.	N. Hampshire.	3,254
Saddleback Mountain.	Massachusetts.	3,000
Wachusett Mountain.	Massachusetts.	2,990
Blue Hills, in Southington, Hartford County.	Connecticut.	1,000
Anthony's Nose.	New York.	935
West Rock, in New Haven.	Connecticut.	400

Eastern Hemisphere.

Figures.	Mountains, &c.	Country.	Feet above the sea.
1.	The Dholager or Dhawalagiri, the highest summits of the Himmaleh Mountains, which form the boundary between Hindoostan and Thibet, and are the highest on the globe.	Thibet.	27,677
2.	Yamunatri or Jamautri, a peak of the Himmaleh range.	Thibet.	25,500
3, 4, 5, 6, and 7,	are also summits of the Himmaleh Mountains, varying from 22,400 to		24,600
8.	Mont Blanc, highest summit of the Alps, and the highest mountain in Europe.	Italy.	15,665
9.	Mont Rosa, the summit of the Pennine Alps.	Switzerland.	15,540
10.	Mont Cervin, a summit of the Pennine Alps.	Switzerland.	14,780
11.	Mont Pelvoux, a summit of the Alps.	France.	14,215
12.	Mount Ophir, Island of	Sumatra.	13,842
13.	Jungfrau, a peak of the Lepontine Alps.	Switzerland.	13,735
14.	Mount Ozon, a peak of the Alps.	France.	13,465
15.	Finsteraarhorn, a summit of the Lepontine Alps.	Switzerland.	13,234
16.	Sochonda Mountains.	China.	12,800
17.	The Peak of Teneriffe; can be seen at sea at the distance of 50 leagues.	Canaries.	12,176
18.	Mulahacan,	Spain.	11,670
19.	Schreckhorn, a peak of the Lepontine Alps.	Switzerland.	11,490
20.	Peak of Venletta.	Spain.	11,390
21.	Mont Perdu, the highest of the Pyrenees.	France.	11,265
22.	Le Vignemal, a summit of the Pyrenees.	France.	11,010
23.	Mount Ætna, a volcano.	Sicily.	10,955
24.	Mount Furca, in the Lepontine Alps.	Switzerland.	10,850
25.	Pic Blanc, a summit of the Alps.	Switzerland.	10,205
26.	Mount Lebanon, the highest in the Libanus Chain,	Syria.	9,535
27.	Mount St. Gothard, in the Lepontine Alps.	Switzerland.	8,930
28.	Peak of Lomnitz, the highest of the Carpathian Mountains.	Hungary.	8,640
29.	Mont Velino, the highest of the Appenines.	Italy.	8,300
30.	Sneebutten.	Norway.	8,295
31.	Convent on Mount St. Bernard.	Switzerland.	8,040
32.	A volcano, Isle of Bourbon.	Indian Ocean.	7,680

Figures.	Mountains, &c.	Country.	Feet above the sea.
33.	Pilatusberg, Rhœtian Alps.	Switzerland.	7,080
34.	Convent of St. Gothard.	Switzerland.	6,810
35.	Mount Cenis, Grecian Alps.	Italy.	6,780
36.	Mount Olympus, famous in Grecian poetry.	Turkey.	6,500
37.	Mont D'Or, the highest peak in the Mountains of Auvergne.	France.	6,190
38.	The Cantal, in the same chain.	France.	6,090
39.	Mont Reculet, in the Mount Jura chain.	Switzerland.	5,590
40.	Puy de Dome, in the Mountains of Auvergne.	France.	5,225
41.	Hecla, a celebrated volcano.	Iceland.	5,010
42.	Mount Ida, celebrated in Grecian fable.	Candia.	4,960
43.	Snœ Fiall,	Iceland.	4,560
44.	Ben Nevis, the highest peak in Great Britain.	Scotland.	4,370
45.	The Town of Briançon.	France.	4,270
46.	Cairngorm, celebrated for the Crystals, called from the Mountain, Cairngorms.	Scotland.	4,060
47.	Mount Vesuvius.	Italy.	3,935
48.	Palace of St. Ildefonso, the highest royal residence in Europe.	Spain.	3,790
49.	Ben Wyvis.	Scotland.	3,720
50.	Snowdon, the highest mountain in Wales.	Wales.	3,571
51.	Ben Lomond, one of the summits of the Grampian chain.	Scotland.	3,250
52.	Plynlimon.	Wales.	2,463
53.	City of Madrid.	Spain,	2,276
54.	Dundry Beacon, Somersetshire.	England.	1,668
55.	Rock of Gibraltar, highest part.	Spain.	1,440
56.	Wrekin, Shropshire.	England.	1,320
57.	Lake of Constance.	Switzerland.	1,162
58.	Arthur's Seat, near Edinburgh.	Scotland.	800
59.	Holyhead Mountain, Island of Anglesea.	Wales.	709
60.	Pyramids of Egypt.	Egypt.	500
61.	Dover Castle, Kent.	England.	469
62.	Greenwich Observatory.	England.	214
63.	City of Paris.	France.	115
64.	City of London, at St. Paul's.	England.	65
L.	Highest flight of a Balloon, M. Lussac ascended from Paris, in 1804,		22,900
M.	Perpetual snow in Switzerland above 8,000, or		9,000
N.	Perpetual snow at this altitude, in Norway.		7,000

Toy, *print.*

18. La Ferme d'Antisana, l'habitation la plus élevée sur la surface du globe. Elle s'élève, selon M. de Humboldt, de 8,300 pieds anglais ou de 1,155 mètres 200 millimètres au-dessus du bassin de Quito. . . .		Quito.	13,500	4,104	»
19. Pambomarca, sommité des Andes.	0	S. Quito.	13,500	4,104	»
20. Jorullo, volcan.	19	N. Mexique.	4,265	1,296,560	
21. La Soufrière, volcan. . .		Guadeloupe.	5,500	1,672	»
22. Le pic septentrional des montagnes bleues dans la Jamaïque	13	N. Indes occ.	8,180	2,486,720	
23. La hauteur atteinte par MM. Humboldt et Bonpland, au mois de juillet 1802, est le sol le plus élevé que jamais ait foulé le pied de l'homme. Ces intrépides voyageurs avaient dessein de gravir jusqu'à la cime du Chimborazo; mais ils furent arrêtés par un abîme de 152 mètres de profondeur. A la hauteur qu'ils atteignirent, ils trouvèrent l'air extrêmement froid et subtil, et par suite de son excessive ténuité, la respiration était difficile, le sang coulait des yeux, des lèvres, des gencives. Un des compagnons de voyage s'evanouit, et toutes éprouvèrent une extrême faiblesse.			19,400	5,897,600	
24. Le vol le plus élevé du condor.			21,000	6,384	»
a. La plus haute limite du lichen.			18,225	5,540,400	
b. La plus haute limite des neiges perpétuelles. . . .			15,730	4,781,920	
c. La plus haute limite des pins.			12,800	3,891,200	
d. La plus haute limite des autres arbres.			11,125	3,382	»
e. La plus haute limite du chêne.			10,500	3,193	»
f. La plus haute limite de l'arbre à quinquina. . .			9,500	2,888	»
g. La plus basse limite des pins.			5,685	1,728,240	
h. Les plus hautes limites des palmiers et bananas.			3,280	997,120	

让 · 亚历山大 · 布雄（1791—1846），J. 卡雷兹（？—1850）
1825 年

世界主要山脉地图与主要山脉高度比较图

高 47 厘米，宽 65 厘米

M. D CCC XXV 号版画，出自布雄和卡雷兹的《南北美洲及邻近岛屿的地理、统计、历史和编年地图集》，由美国出版的仿照勒塞吉的地图集翻译而来，经过布雄多处改动和补充；卡雷兹出版社，奥特弗伊街 18 号；韦迪埃出版社，奥古斯丁河岸 25 号；博桑戈出版社，黎塞留街 60 号

该图是凯瑞和雷亚于 1822 年出版的地图集的法国版，前文中已引用过。两个版本对旧大陆和新大陆的划分相同、虚构景观相同，其中城市和植被边界的信息与山脉混合在一起。法国版还有一个类似于原版的参考表，不同之处在于法国版同时使用了英制和公制单位。图中，尼泊尔的道拉吉里峰仍是世界上最高的山峰，高达 8 440 米（实际为 8 172 米），数据与汤姆逊的比较图（出版于 1817 年）相同，但比 1820 年卡明斯和希利亚德版的 8 190 米要高（见第 67 页）。

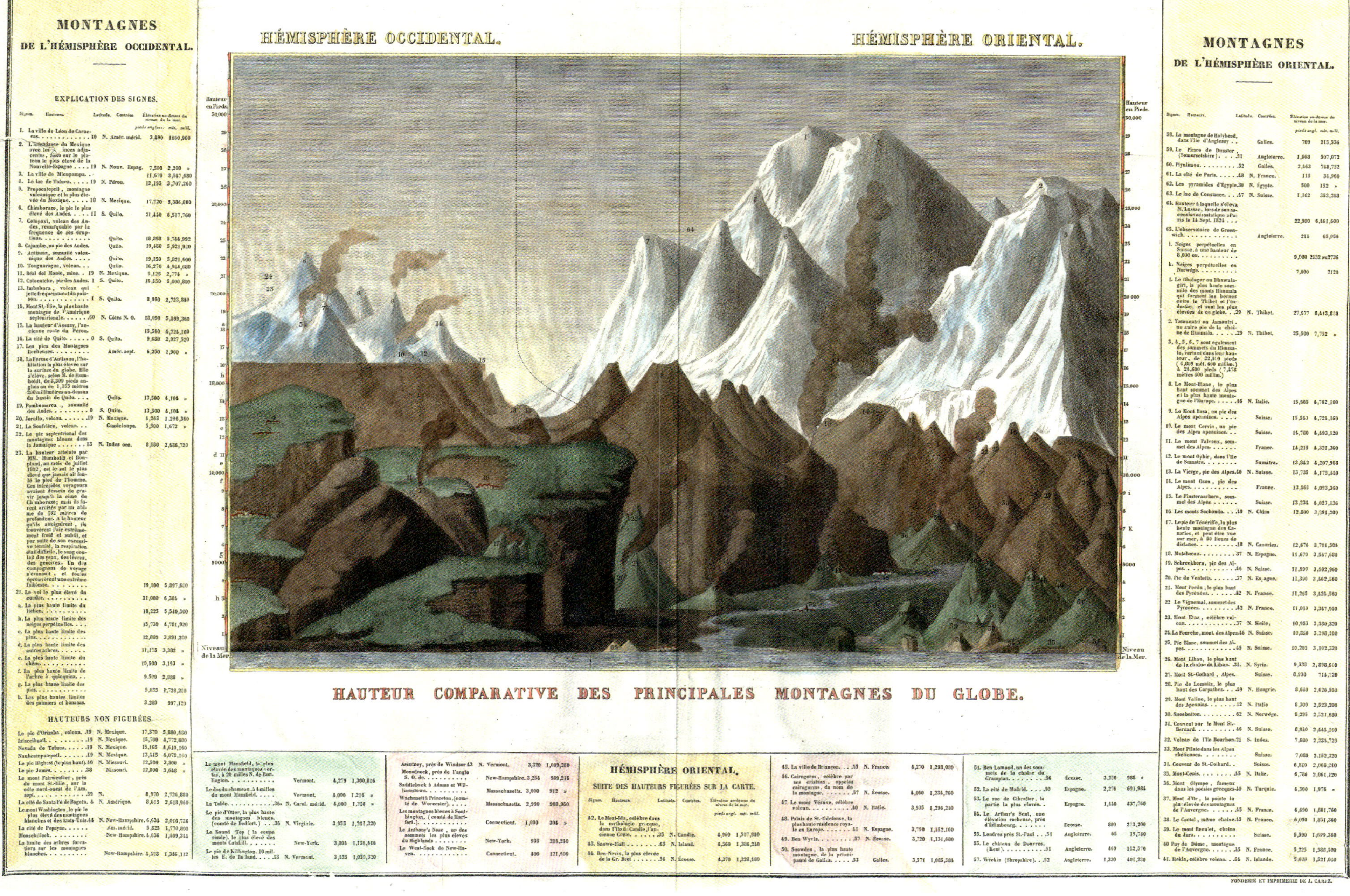

CARTE DES PRINCIPALES MONTAGNES DU GLOBE.
(Nº. LXII.)
MONTAGNES
DE L'HÉMISPHÈRE OCCIDENTAL.
EXPLICATION DES SIGNES.
HÉMISPHÈRE OCCIDENTAL.
HÉMISPHÈRE ORIENTAL.
MONTAGNES
DE L'HÉMISPHÈRE ORIENTAL.
Hauteur en Pieds.
Niveau de la Mer.
HAUTEUR COMPARATIVE DES PRINCIPALES MONTAGNES DU GLOBE.
HAUTEURS NON FIGURÉES.
HÉMISPHÈRE ORIENTAL.
SUITE DES HAUTEURS FIGURÉES SUR LA CARTE.

阿奇博尔德·富拉顿（1809—1868），布莱奇父子
1832 年

世界主要山脉高度比较视图
高 34 厘米，宽 39 厘米
出自奥利弗·戈德史密斯（1730—1774）版《地球和自然历史》，
阿奇博尔德·富拉顿公司、布莱奇公司，格拉斯哥，1832 年
绘画和雕版：罗伯特·斯科特（1777—1841）

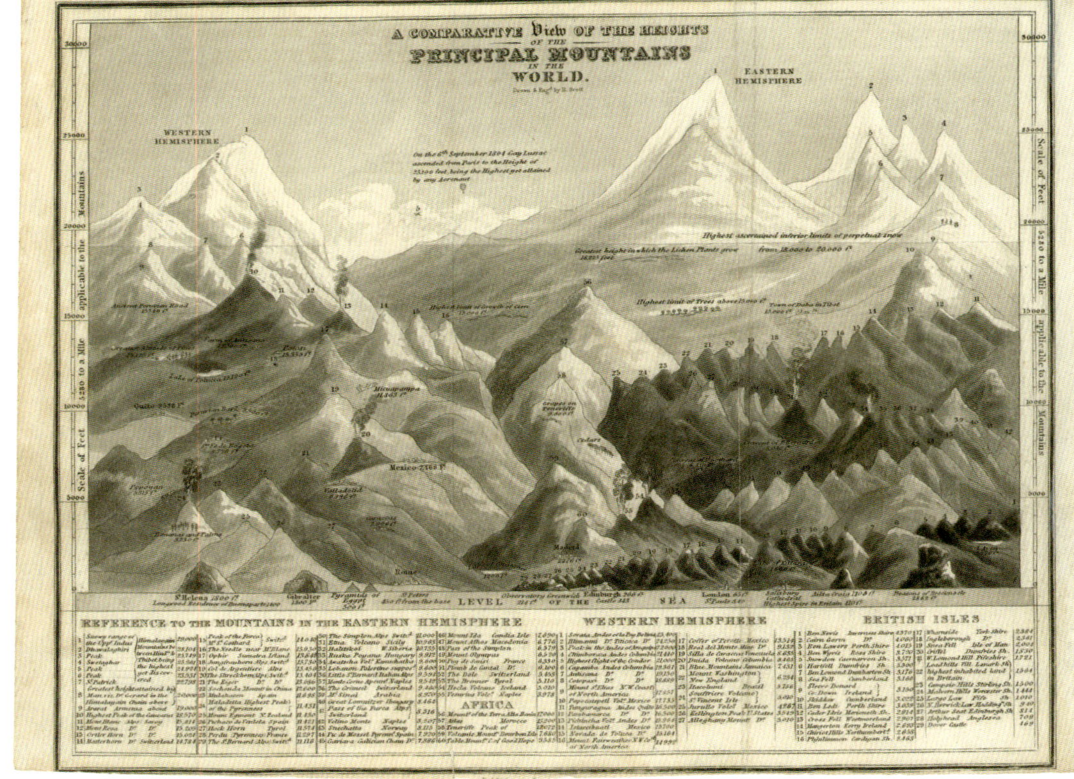

布莱奇父子
1862

世界主要山脉高度比较视图
高 24.3 厘米，宽 29.8 厘米
出自奥利弗·戈德史密斯和亚历山大·怀特劳版《地球和自然历史》，
布莱奇公司，格拉斯哥和伦敦，1862 年
雕版：W. D. 邓肯

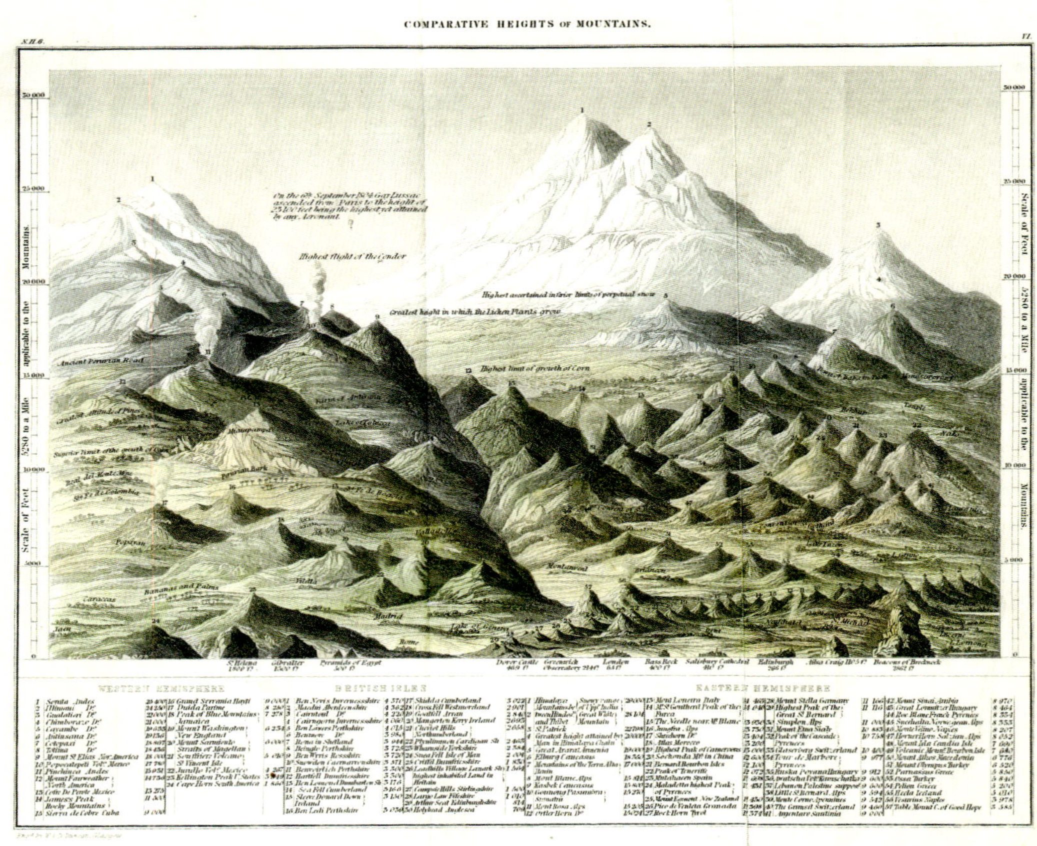

富拉顿出版的苏格兰版《地球和自然历史》中有罗伯特·斯科特绘制的 109 幅插图，该书于 1774 年首次出版，并在整个 19 世纪期间多次再版。

图画的右下角有一排小而尖的山，代表了不列颠群岛的主要山峰。

至于三座亚洲山峰，它们除了“山峰”（peak）一词外，并没有明确的名称，但标出了一个海拔高度。

30 多年后，在亚历山大·怀特劳同一本书的连续几版英文版中，山脉的对比图被修改，并且被加工成了彩色，但被包括在内的喜马拉雅山脉的山峰甚至更少、更不精确了。

让·纪尧姆·巴尔比耶·都·博佳吉（1795—1848）
1846

世界主要山脉最高点海拔高度图
高 24 厘米，宽 31.8 厘米
出自《插图地图集》，迈松·巴塞出版社，巴黎，1846 年
雕版：查尔斯·史密斯

路易斯·布吕吉埃尔
1850 年

世界上主要山脉的形状和高度比较图，献给男爵亚历山大·冯·洪堡先生
高 43 厘米，宽 56 厘米
出自《古今地理学通用经典地图集》，包括世界五大洲的最新发现和划分，供读者阅读旅行记录、历史著作和最好的地理专著，J. 安德利沃 – 古戎出版社，巴黎，1850 年
雕版：安布罗伊丝·塔迪欧
彩色版本见第 81 页（出版信息不详）

第一版可能是在 1826 年出版。

高度以突阿斯和米为单位；山脉不按照地理区域划分。

钦博拉索山在图中占有特殊地位，因为这幅图是献给洪堡这位 1802 年试图登顶它的探险家。然而，它已不再是安第斯山脉的最高峰。

1827 年，爱尔兰地理学家彭特兰（Pentland）测量了索拉塔雪山［Nevado de Sorata，今天的伊兰普山（Illampu）］和伊伊马尼山（Nevado Illimani）的海拔，分别为 7 700 米和 7 320 米（数据错误，实际上南美洲不存在海拔 7 000 米以上的高峰）。尽管这两座玻利维亚的山峰被誉为南美洲最高的山峰，但在 19 世纪中叶之前，大多数比较图都没有把它们放进去。1848 年，彭特兰发表了一篇文章，提出它们实际高度要比原先估测的低得多，但这张表中显示的是第一次测量数据。它们坐落在喜马拉雅山脉的卓木拉日峰和道拉吉里峰旁边。如今，这两座山峰都不在南美洲十大高峰之列。

安第斯山脉的科托帕希火山是“厄瓜多尔最暴烈的火山”，图中它喷出的火焰和烟雾非常高。1872 年，也就是彭特兰的这幅作品出版近 20 年后，人类终于登顶了这座火山。

TABLEAU COMPARATIF DE LA FORME ET DE LA HAUTEUR
DES PRINCIPALES MONTAGNES DU GLOBE TERRESTRE,
Dédié à Monsieur le Baron Alex.dre de Humboldt
Louis Bruguière

托马斯·斯塔林
1833 年

世界主要山脉及其高度的比较视图

高 10.2 厘米，宽 16.2 厘米

出自《地理年鉴》，布尔出版社，伦敦，1833 年

1831 年，托马斯·斯塔林出版了他的《家庭世界地图集》缩减版，中产阶级家庭也可以阅读。1833 年的版本复制如右图。1832 年，凯瑞和雷亚在费城出版了美国版的《家庭世界地图集》。

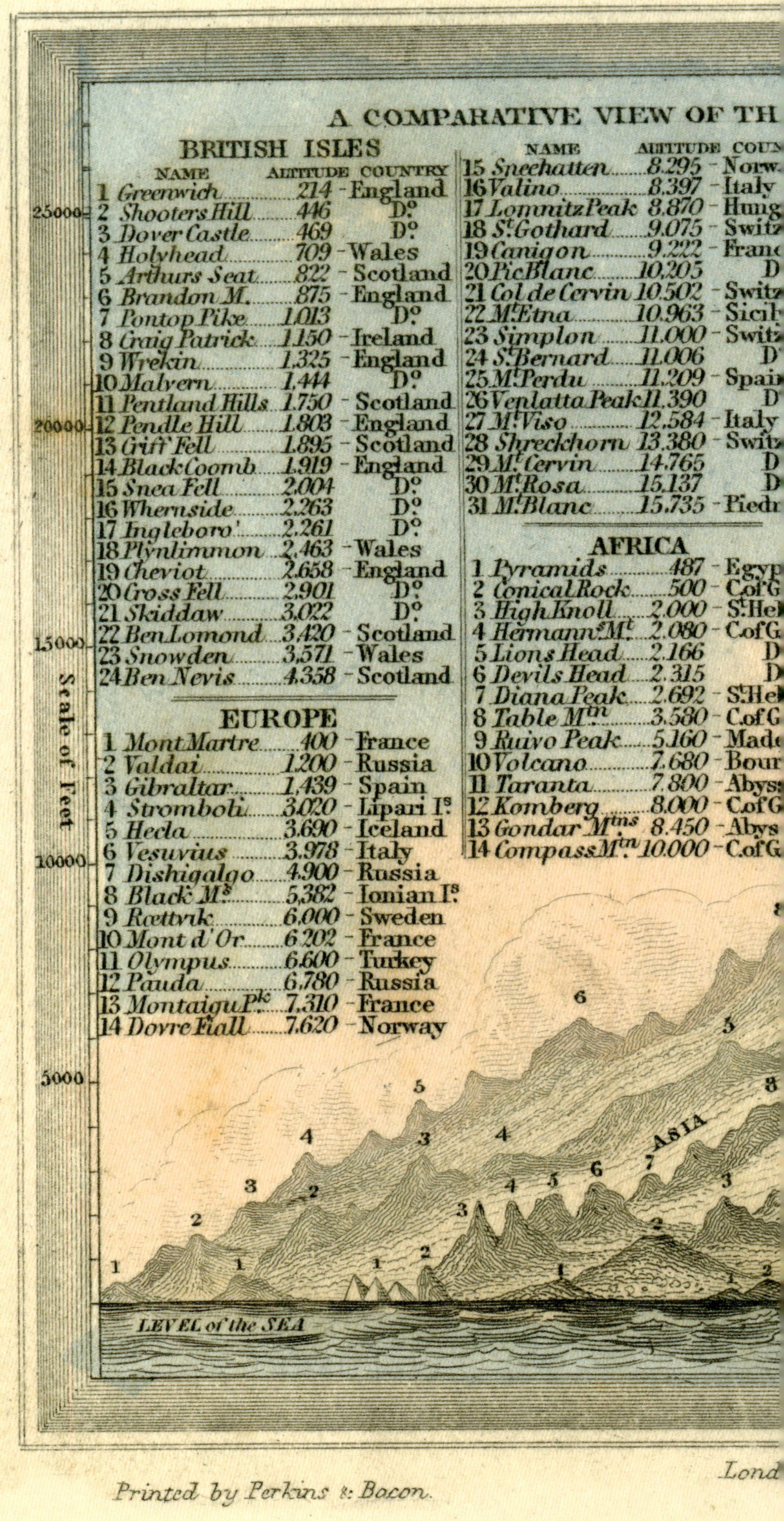

A COMPARATIVE VIEW OF TH

BRITISH ISLES

	NAME	ALTITUDE	COUNTRY
1	Greenwich	214	England
2	Shooters Hill	446	D°
3	Dover Castle	469	D°
4	Holyhead	709	Wales
5	Arthurs Seat	822	Scotland
6	Brandon M.	875	England
7	Pontop Pike	1.013	D°
8	Craig Patrick	1.150	Ireland
9	Wrekin	1.325	England
10	Malvern	1.444	D°
11	Pentland Hills	1.750	Scotland
12	Pendle Hill	1.803	England
13	Grift Fell	1.895	Scotland
14	Black Coomb	1.919	England
15	Snea Fell	2.004	D°
16	Whernside	2.263	D°
17	Ingleboro'	2.261	D°
18	Plynlimmon	2.463	Wales
19	Cheviot	2.658	England
20	Cross Fell	2.901	D°
21	Skiddaw	3.022	D°
22	Ben Lomond	3.420	Scotland
23	Snowden	3.571	Wales
24	Ben Nevis	4.358	Scotland

EUROPE

	NAME	ALTITUDE	COUNTRY
1	Mont Martre	400	France
2	Valdai	1.200	Russia
3	Gibraltar	1.439	Spain
4	Stromboli	3.020	Lipari Is.
5	Hecla	3.690	Iceland
6	Vesuvius	3.978	Italy
7	Dishigalgo	4.900	Russia
8	Black Ms.	5.382	Ionian Is.
9	Rœttvik	6.000	Sweden
10	Mont d'Or	6.202	France
11	Olympus	6.600	Turkey
12	Pauda	6.780	Russia
13	Montaigu Pk.	7.310	France
14	Dovre Fiall	7.620	Norway
15	Snechatten	8.295	Norw.
16	Valino	8.397	Italy
17	Lomnitz Peak	8.870	Hung
18	St. Gothard	9.075	Switz
19	Canigon	9.222	Franc
20	Pic Blanc	10.205	D
21	Col de Cervin	10.502	Switz
22	Mt. Etna	10.963	Sicil
23	Simplon	11.000	Switz
24	St. Bernard	11.006	D
25	Mt. Perdu	11.209	Spai
26	Venlatta Peak	11.390	D
27	Mt. Viso	12.584	Italy
28	Shreckhorn	13.380	Switz
29	Mt. Cervin	14.765	D
30	Mt. Rosa	15.137	D
31	Mt. Blanc	15.735	Piedr

AFRICA

	NAME	ALTITUDE	COUNTRY
1	Pyramids	487	Egyp
2	Conical Rock	500	C of G
3	High Knoll	2.000	St. Hel
4	Hermann's Mt.	2.080	C of G
5	Lions Head	2.166	D
6	Devils Head	2.315	D
7	Diana Peak	2.692	St. Hel
8	Table Mtn.	3.580	C. of G
9	Ruivo Peak	5.160	Made
10	Volcano	7.680	Bour
11	Taranta	7.800	Abys
12	Komberg	8.000	C. of G
13	Gondar Mtns.	8.450	Abys
14	Compass Mtn.	10.000	C. of G

25000
20000
15000
10000
5000
Scale of Feet

ASIA

LEVEL of the SEA

Printed by Perkins & Bacon.

Lond

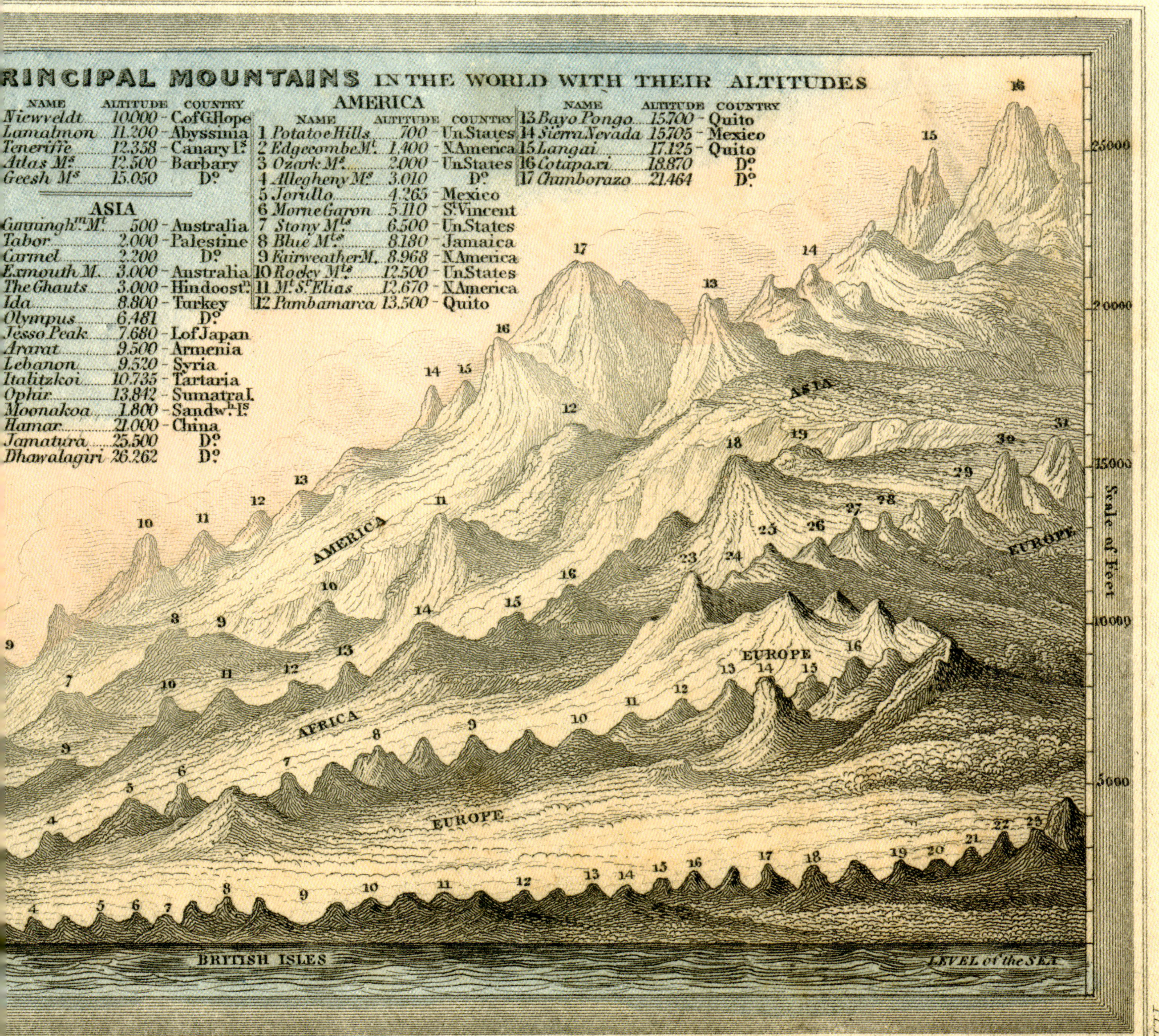

…lished for the Proprietors by Mr. Bull Halles St. Cavendish Square

PL. III

西德尼·霍尔（1788—1831）
1817 年

主要山脉的高度对比图
高 29 厘米，宽 23 厘米
出自《伦敦百科全书》第 16 卷，伦敦，1819 年
雕版：西德尼·霍尔

安东尼·芬利（1790—1840）
1831 年

世界主要山脉的相对高度表

高 29 厘米，宽 22 厘米

出自《新版通用地图集》，安东尼·芬利出版社，费城，1831 年

雕版：乔斯·珀金斯

芬利的《新版通用地图集》于 1824 年首次出版，此后连续再版直至 1834 年。

不同的大陆用不同颜色区分：蓝色（北美洲）、黄色（南美洲）、红色（欧洲）、绿色（亚洲）和棕色（非洲）。

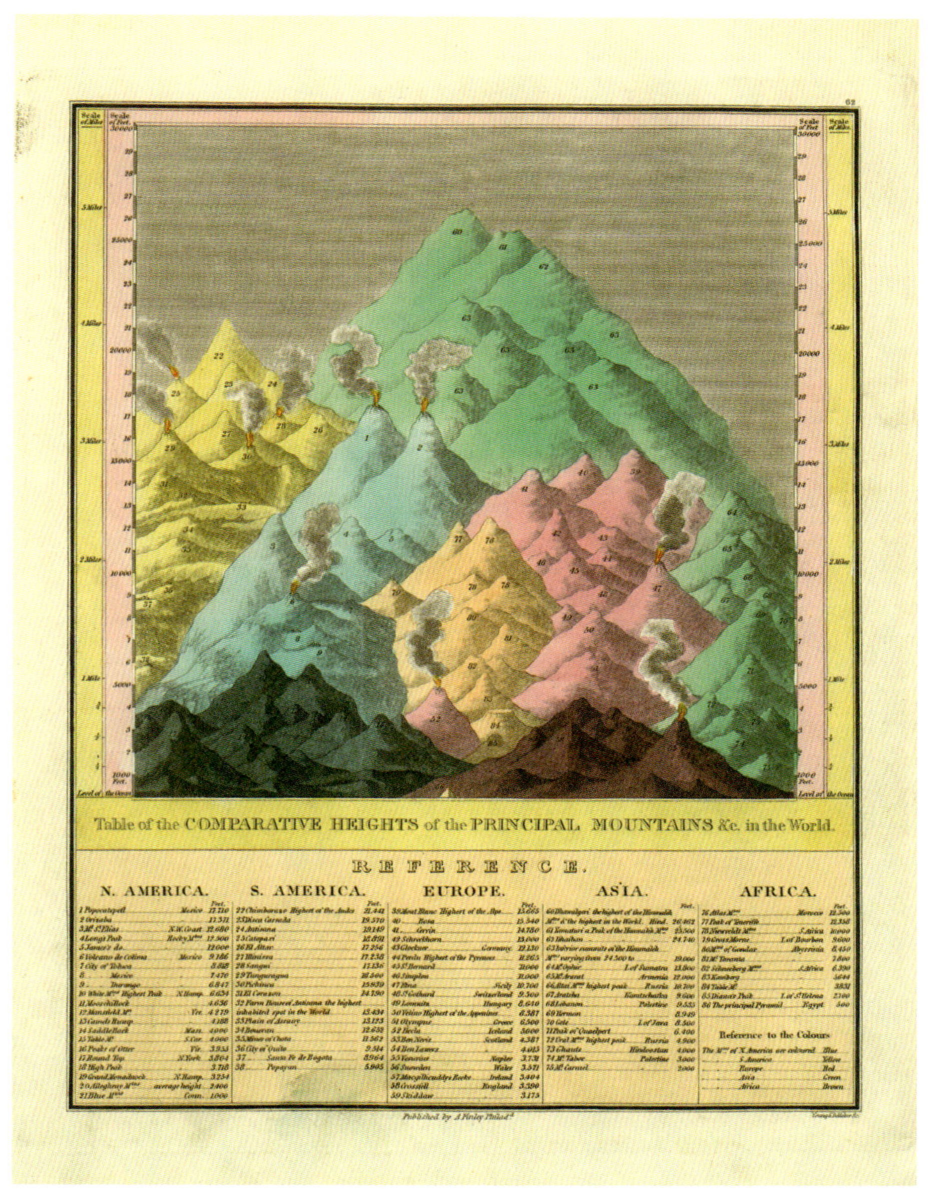

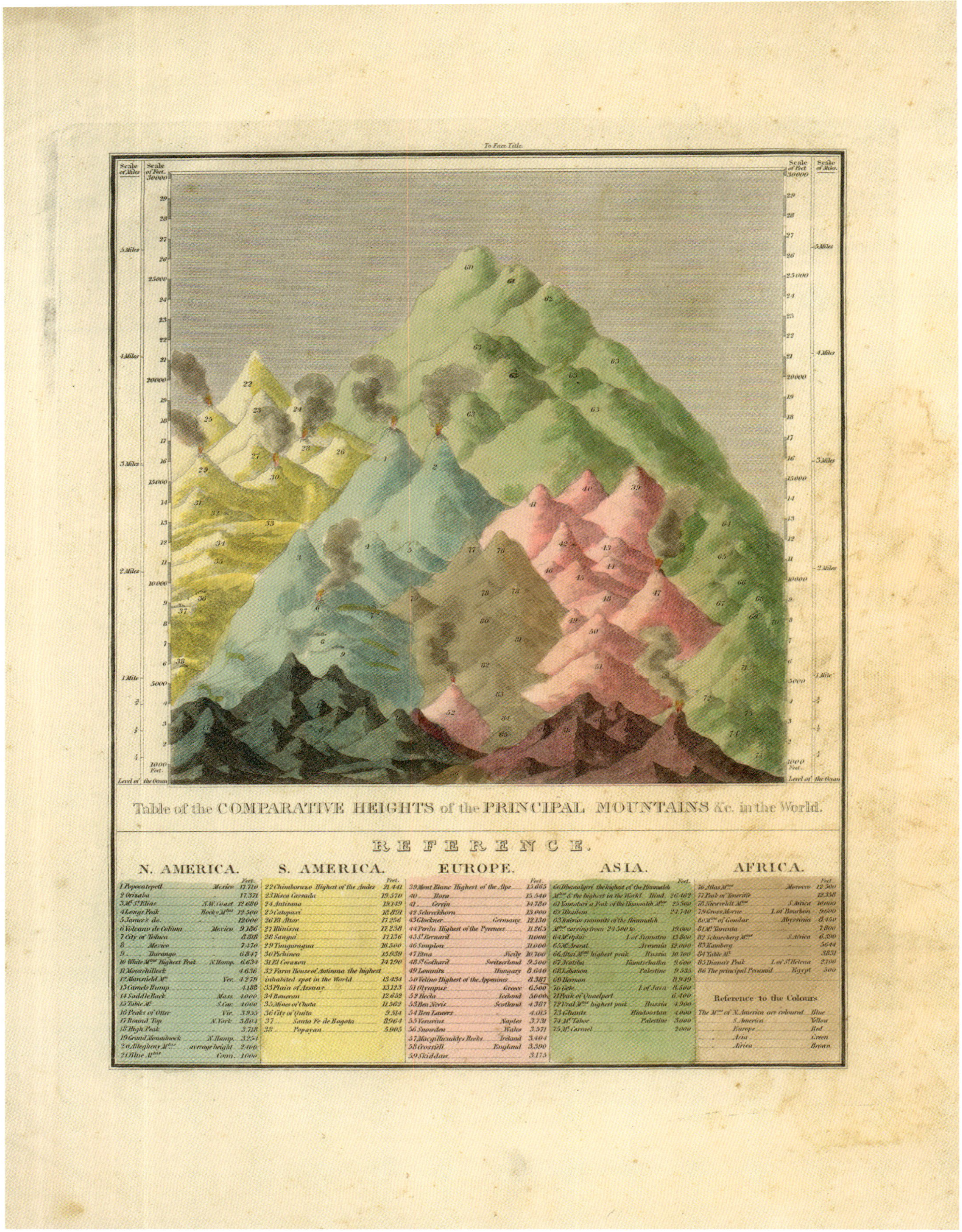
Table of the COMPARATIVE HEIGHTS of the PRINCIPAL MOUNTAINS &c. in the World.
REFERENCE.
N. AMERICA.
S. AMERICA.
EUROPE.
ASIA.
AFRICA.
Reference to the Colours

亨利 · 申克 · 坦纳（1786—1858）
1845 年

世界主要山脉的相对高度表
高 29 厘米，宽 22 厘米
出自《新版通用地图集》，包括一套完整的地图，绘有全球各大分区及世界上的几个帝国、王国和国家；根据最权威的数据编撰而成，并根据最新的发现加以修正，坦纳地理出版社，纽约，1845 年
雕版：乔斯 · 珀金斯

这是芬利版画的坦纳版本。图中出现一个不同之处，即山脉的颜色组合在相关的图例区有一一对应。

60
61
62
63
22
23
24
25
28
26
27
29
30
1
2
31
32
33
40
39
41
34
35
3
4
5
77
76
42
43
64
46
44
45
65
66
36
79
78
78
48
47
67
6
7
80
49
50
8
9
81
82
51
71
83
72
52
84
73

TABLEAU COMPARATIF DE LA HAUTEUR DES PRINCIPALES MONTAGNES ET LIEUX REMARQUABLES DU GLOBE AU DESSUS DU NIVEAU DE L'OCÉAN
Pieds de Paris
Chaîne de l'Hymalaya
NIVEAU DE L'OCÉAN
C. DESJARDINS

康斯坦·德斯雅尔丁（1787—1876）
约 1830 年

全球主要山脉和海平面上重要位置的海拔高度比较图
高 56.5 厘米，宽 75 厘米
单独出版的版画
维也纳，约 1830 年

康斯坦·德斯雅尔丁出生于法国，他被称为“徒步游历的制图师”——他曾前往数个欧洲国家（包括法国、奥地利、德国、匈牙利和塞尔维亚）并绘制地图和地图册。德斯雅尔丁的第一幅图画并未注明日期，大约是在 1830 年的维也纳创作的。与此同时，他产生了把河流和湖泊放在一张图里进行比较的原创想法，并在《从北纬 10° 到南纬 10° ，地球表面河流和湖泊发展过程比较图，以英里为单位》中得以实施。

在 1833 年发表于《风景如画》（见右图）的一篇关于世界最高山脉的文章中，作者解释说，他借用了“洪堡先生和英国旅行者”的人物形象，“并在一定程度上借鉴了慕尼黑的德斯雅尔丁先生于 1832 年出版的图画”。这里复制的是 1830 年在维也纳印刷的第一版。

27.] 27 Juillet 1833. MAGASIN PITTORESQUE. 209

HAUTEUR DES PRINCIPALES MONTAGNES.

La gravure présente un tableau comparatif des principales montagnes de la terre, dont l'élévation au-dessus du niveau de la mer a été mesurée. Les numéros et les lettres se rapportent aux listes des pages 210 et 211, qui offrent par divisions les noms des montagnes et de différens lieux remarquables dans les quatre parties du monde.

Les montagnes, suivant leur position, leur forme ou leur étendue, prennent le nom de *groupes*, de *plateaux* ou de *chaînes*. Les deux grandes faces d'une chaîne se nomment *versans*; et la partie supérieure, *le faîte*, *la crête* ou *l'arête*. Les endroits où cette arête s'abaisse et présente un passage, sont appelés *cols*, *défilés*, *gorges* ou *pas*.

Les montagnes sont généralement de forme conique, c'est-à-dire qu'elles diminuent graduellement depuis leur base jusqu'à leur sommet, et se terminent par une

Tome I. 27

《风景如画》第一版
1833 年

康斯坦·德斯雅尔丁
1855 年

地球上最重要的高度的比较图
高 52 厘米，宽 66 厘米
单独出版的版画
约瑟夫·伯曼出版社，维也纳、慕尼黑；梅和维德迈尔出版社，维也纳、慕尼黑，1855 年

康斯坦·德斯雅尔丁的版画以其微妙的色彩变化和复杂精美的带状装饰图而著称。这些装饰构成一个真正的“画框”，强调了插图的美观维度。

215
Dawalagiri
214
Kunchinginga
217
Chamalari
218
Javahir
219
220
m a l a y a
224
222
227
226
L
18000?
Kiutschu
229
228
278
Kilimanjaro
P. Maneranj (Thibet)
231
Gr. Ararat
P. Karakorum
P. Roll od. Chalot
232
Deba (Thibet)
233
234
Niew Guinea
279
280
283
238
235
239
237
240
282
Monosaroar
Abyssinie
241
M
N
285
Fort Beykour
286
287
L.Tengri noor (Thibet)
244
245
246
247
248
I. Java
250
Atlas (Maroc)
288
Thibet occid.
249
290
251
Teyde (Tenerif.)
122
L. Palté
262
M
291
292
Mulhacen
254
253
Pl. du Th. orient!
293
124
255
256
I.t Sanwick
257
Mt Perdu
A l t a i
126
258
261
260
295
296
294
259
262
263
298
129
264
Algérie
Gondar
Mt Liban 8926'
130
Sinai
265
268
Tristan
300
132
Plat. Tanna
266
Caucasien
Erzeram
267
270
269
301
Montlouis
133
Gaube
Tarantu (I.t Cap Verd)
Fuego
I. St Thomas
I. Comorn

COMPARATIVE HEIGHTS, OF MOUNTAINS.
Mts. of N. America ... Blue
S. America ... Yellow
Europe ... Red
Asia ... Green
Africa ... Brown
Chamoulari
Dhawalagiri
Sorata
Illimani
Dhaibun
HIMMALEH
Chimborazo
Cotopaxi
Antisana
Lower Summits of Himmaleh
Beloor Tag
Mt. Ararat
Mt. Elias
Sangay
Orizaba
Popocatepetl
Monte Rosa
Mont Blanc
Mont Cenis
El Corazon
Long's Peak
James' Peak
Mt. Atlas
Glockner
Etna
Simplon
Lebanon
Olympus
Hecla
Vesuvius
Snowdon
Skiddaw
Ben Lomond
Round Top
Wachusett
Monadnock
Level of the sea

托马斯·加马列尔·布拉德福德（1802—1887）
1835 年

群山相对高度图

高 20 厘米，宽 26 厘米
出自《地理、历史和商业综合地图集》；威廉·D. 蒂克纳出版社，波士顿；威利和朗出版社，纽约；T. T. 阿什出版社，费城；1835 年

北美洲是蓝色的，南美洲是黄色的，欧洲是红色的，亚洲是绿色的，非洲是棕色的。

这里最高的山峰是中国西藏的卓木拉日峰。十多年后的 1848 年，英国人沃（Waugh）精确地测量了它的海拔高度（7 290 米），这个高度比之前通过数学外推法计算出来的高度要低得多。

奥古斯特·海因里希·彼得曼（1822—1878），托马斯·米尔纳
1850 年

动植物在由低到高区域的分布图

高 37 厘米，宽 27 厘米
卷首画，出自《自然地理地图集》，由奥古斯特·海因里希·彼得曼，英国皇家地理学会编辑……全球自然现象一览，内有正文描述。托马斯·米尔纳，英国皇家地理学会修订，配 130 幅木版小插图，威廉·S. 奥尔出版公司，伦敦，1850 年
雕版：E·芬登

奥古斯特·海因里希·彼得曼是来自波茨坦的伟大的德国制图家，他与伯格豪斯合作制作了洪堡的《亚洲地图集》。

他在英国生活了很多年，并在伦敦创办了自己的制图公司，出版了这本《自然地理地图集》。作品中引用了洪堡的话：

“人类在经历了智力发展的不同阶段之后，就会充分享受到思考的规约能力。他不再满足于感受自然力量中的和谐统一，思想开始完成它更崇高的使命；在理性的帮助下，在不懈努力中，观察追寻现象的根源。

正是对这些关系的认识，拔高了我们的眼界，也使我们的快乐得到升华。”

28,000 Feet
25,000
20,000
15,000
10,000
5,000
Green at London 1837.
Gay Lussac at Paris, 1804. 22,900
The Condor 21,000
Highest point reached by Humboldt. 19,500
Bushes 17,000
Lake Manasarova 14,500
VOLCANOES
ASIA
SOUTH AMERICA
NORTH AMERICA
AFRICA
BRITISH ISLES
EUROPE
London
Paris
Drawn & Engraved
by, John Emslie.
MOUNTAINS.
BRITISH ISLES.
1 Ben Nevis, Scotland
2 Ben Mac Dui, Scotland
3 Snowdon, Wales
4 Maigillicudy, Ireland
5 Skiddaw, England
6 Cader Idris, Wales
7 Cheviot, England
8 Plinlimmon, Wales
9 Ingleborough, England
10 Snaefell, Isle of Man
11 Malvern Hills, England
12 Arthurs Seat, Scotland
13 Holyhead, Wales
14 Dover Castle, England
15 Greenwich Observatory
EUROPE.
1 Mont Blanc, Alps
2 Mont Rosa, Alps
3 Ortler Speitze, D°
4 Jungfrau, Alps
5 Mont Viso, Italy
6 Seirra Nevada, Spain
7 Nethon, Pyrenees
8 Perdu, Pyrenees
9 Gt. St. Bernard, Alps
10 Simplon, Alps
11 Pic Blanc, France
12 Mont Gothard, Alps
13 Mont Corneo, Appennines
14 Mont Ida, Turkey
15 Lomnitz, Carpathians
16 Orbelus, Greece
17 Velino, Naples
18 Sneehaetha, Norway
19 Punda, Russia
20 St. Angelo, Lipari Islands
21 Montserrat, Catalonia
22 Gibraltar, Andalusia
23 Valdai, Russia
24 Mont Matre, France
AFRICA.
1 Abba Jared, Abyssinia
2 Peak, Teneriffe
3 Neinveldt, C. Good Hope
4 Table Mountain, Ditto
5 Dianas Peak, St. Helena
ASIA.
1 Kunchinginja, Himalaya
2 Dhawalagira, Himalaya
3 Haman, China
4 Elburz, Caucasus
5 Ararat, Armenia
6 Mawna Boa, Owhyhee
7 Peak Demawund, Persia
8 Ophir, Sumatra
9 Arjish Dagh, Asia Minor
10 Egmont, New Zealand
11 Peak, Otaheita
12 Lebanon, Syria
13 Western Ghauts, Deccan
14 Pedrogulla, Ceylon
15 Melin Quantong, China
16 Sinai, Arabia
17 Sea View Hill, N. S. Wales
18 Ben Lomond, V. D. Land
19 Carmel, Palestine
NORTH AMERICA.
1 St. Elias, Russian Amer.
2 Popocataptl, Mexico
3 Mt. Browne, Rocky Mountains
4 Fremont Peak, Ditto
5 Sierra de Cobre, Cuba
6 Senamia Grand, Domingo
7 Mt. Washington, U. States
8 Stony Mountains, Ditto
9 White Mountains, Ditto
10 Blaarserk, E Greenland
11 Morn Grove, St. Vincent
12 Souffriere, Guadaloupe
13 Moose Hillock, U. States
14 Pelee, Martinique
15 Camels Hump, U. States
16 Saddle Mount, Ditto
17 Kattskill, New York
18 Killington Peak, U. States
19 Monadnoch, U. States
20 Allegheny, U. States
21 Appallachian, U. States
22 Mt. Edgecombe, N. Ame.
23 Potatoe Hills, U. States
SOUTH AMERICA.
1 Aconcagua, Andes Chili
2 Chimboraso, Andes
3 Sorata, Andes
4 Illiniza, Andes Bolivia
5 Nevada Merida, Columbia
6 Caraccas, Venezuela
7 Guadarama, Columbia
8 Itocolumi, Brazil
9 Cape Horn, Terra del Fuego
VOLCANOES.
1 Antisano, Quito
2 Cotopaxi, Quito
3 Arequissa, Peru
4 Orizaba, Mexico
5 Tanguragua, Quito
6 Blue Mountains, Jamaica
7 Jorulla, Mexico
8 Gunong Demp, Sumatra
9 Koriats Raia, Kamstchatka
10 Etna, Sicily
11 Krionats, Kamstchatka
12 Schwelatsh, Ditto
13 Awatska, Kamstchatka
14 Fogo, Fogo
15 Voliano, Bourbon
16 Vesuvius, Naples
17 Hecla, Iceland
18 Stromboli, Lipari Islands
London Published by James Reynolds, 174 Strand.

詹姆斯·雷诺兹（1817—1876）
1851 年

群山图
高 29 厘米，宽 23 厘米
出自《自然地理学——地质图表集》，詹姆斯·雷诺兹出版社，伦敦，1851 年
雕版：约翰·艾姆斯利（？—1875）

詹姆斯·雷诺兹
1852 年以后

群山图
雕版：约翰·艾姆斯利

保存这幅图的伦敦科学博物馆将它的创作时间定为 1846 年。

詹姆斯·雷诺兹曾于 1848—1850 年间在伦敦发表《地质、历史、自然地理图表集》，其中的一幅版画见下图，后来还增添了 1851 年的版本（见左图），这个版本认定道拉吉里峰为世界最高峰（实际为世界第七高峰）。将这两幅版画进行对比，我们就能看出伦敦科学博物馆所定年份存在问题，图中新增两座山峰：乞力马扎罗山（1848 年发现，这里指出它的高度是 6 100~7 620 米，实际为 5 895 米）和珠穆朗玛峰。珠穆朗玛峰是孟加拉国地形学家拉达纳斯·西格达（Radhanath Sikdar）在 1852 年确定为世界最高峰的，海拔 8 840 米（今为 8 848.86 米）。图中珠穆朗玛峰没有附上数据，它高到溢出框架，几乎触及页面边缘。

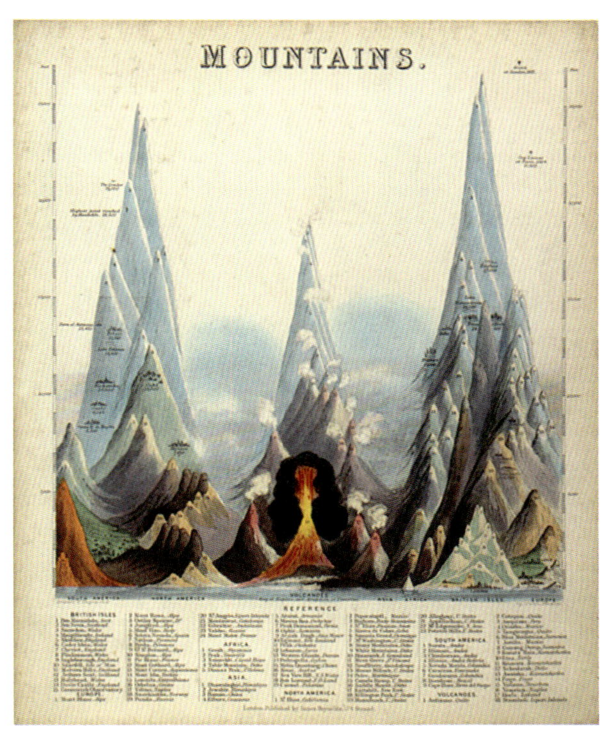

詹姆斯·雷诺兹
1848—1850 年

群山图
高 28.6 厘米，宽 22.8 厘米
出自《地质、历史、自然地理图表集》
詹姆斯·雷诺兹出版社，伦敦，1848—1850 年
雕版：约翰·艾姆斯利

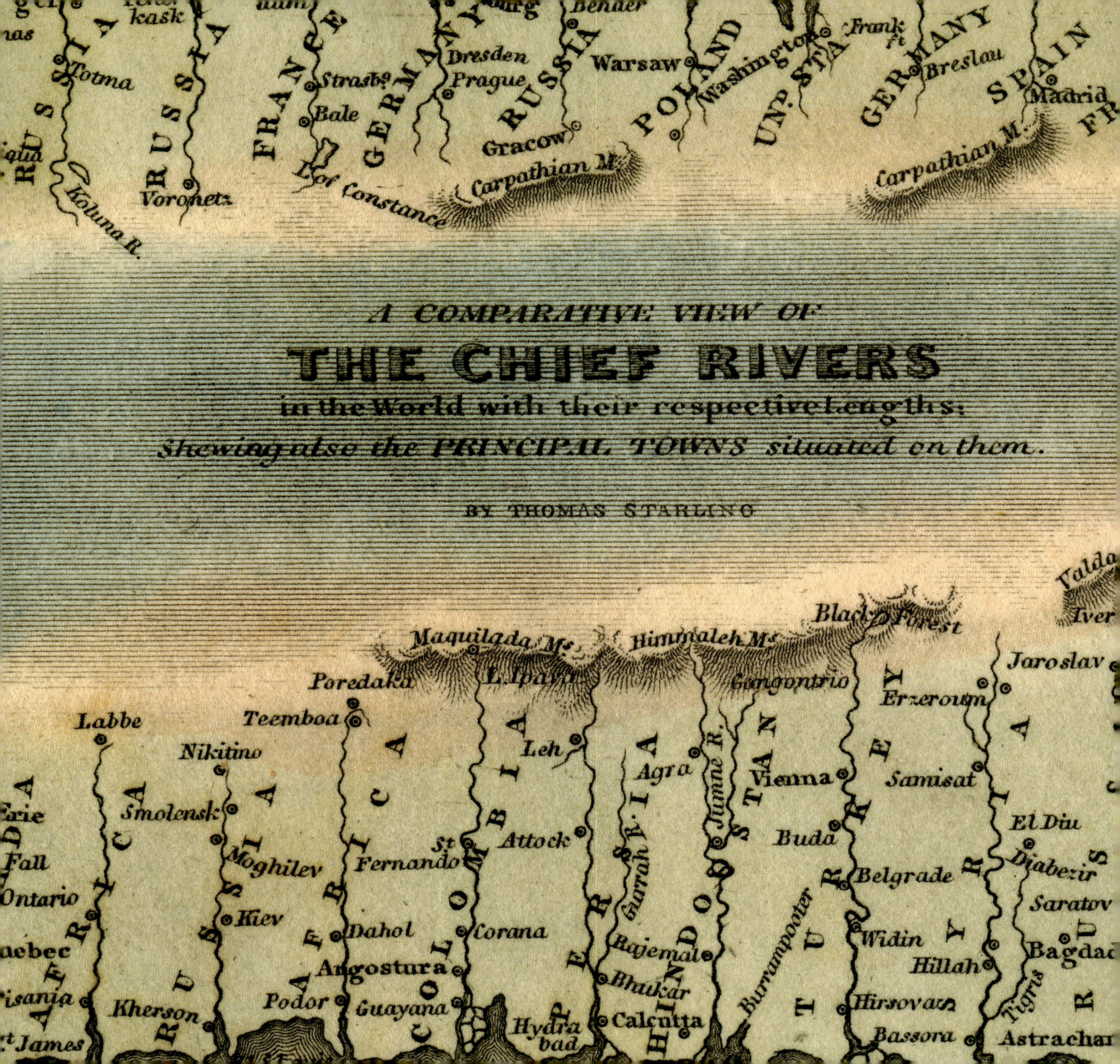

A COMPARATIVE VIEW OF

THE CHIEF RIVERS

in the World with their respective Lengths;

Shewing also the PRINCIPAL TOWNS situated on them.

BY THOMAS STARLING

Totma
RUSSIA
kask
RUSSIA
Koluna R.
Voronetz
FRANCE
Strasbg.
Bale
L. of Constance
GERMANY
Dresden
Prague
RUSSIA
Bender
Cracow
Carpathian M.
Warsaw
POLAND
Washington
UNd. STA.
Frank ft.
GERMANY
Breslau
SPAIN
Madrid
Carpathian M.
Valda
Iver
Black Forest
Himmaleh Ms.
Maquilada Ms.
L. Ipava
Poredaka
Gangontrio
Jaroslav
Erzeroum
Labbe
Teemboa
Nikitino
Smolensk
Moghilev
Kiev
Kherson
RUSSIA
AFRICA
Erie
Fall
Ontario
Quebec
St. James
AFRICA
St. Fernando
Dahol
Angostura
Podor
Guayana
COLOMBIA
Corana
Leh
Attock
Hydrabad
PERSIA
Gurrah R.
Agra
Rajemal
Bhukar
Calcutta
HINDOSTAN
Jumna R.
Burrampooter
Vienna
Buda
Belgrade
Widin
Hirsovar
Bassora
TURKEY
Samisat
Hillah
El Diu
Diabezir
Saratov
Bagdad
Tigris
Astrachan
SYRIA
RUSSIA

世界上最长的河流

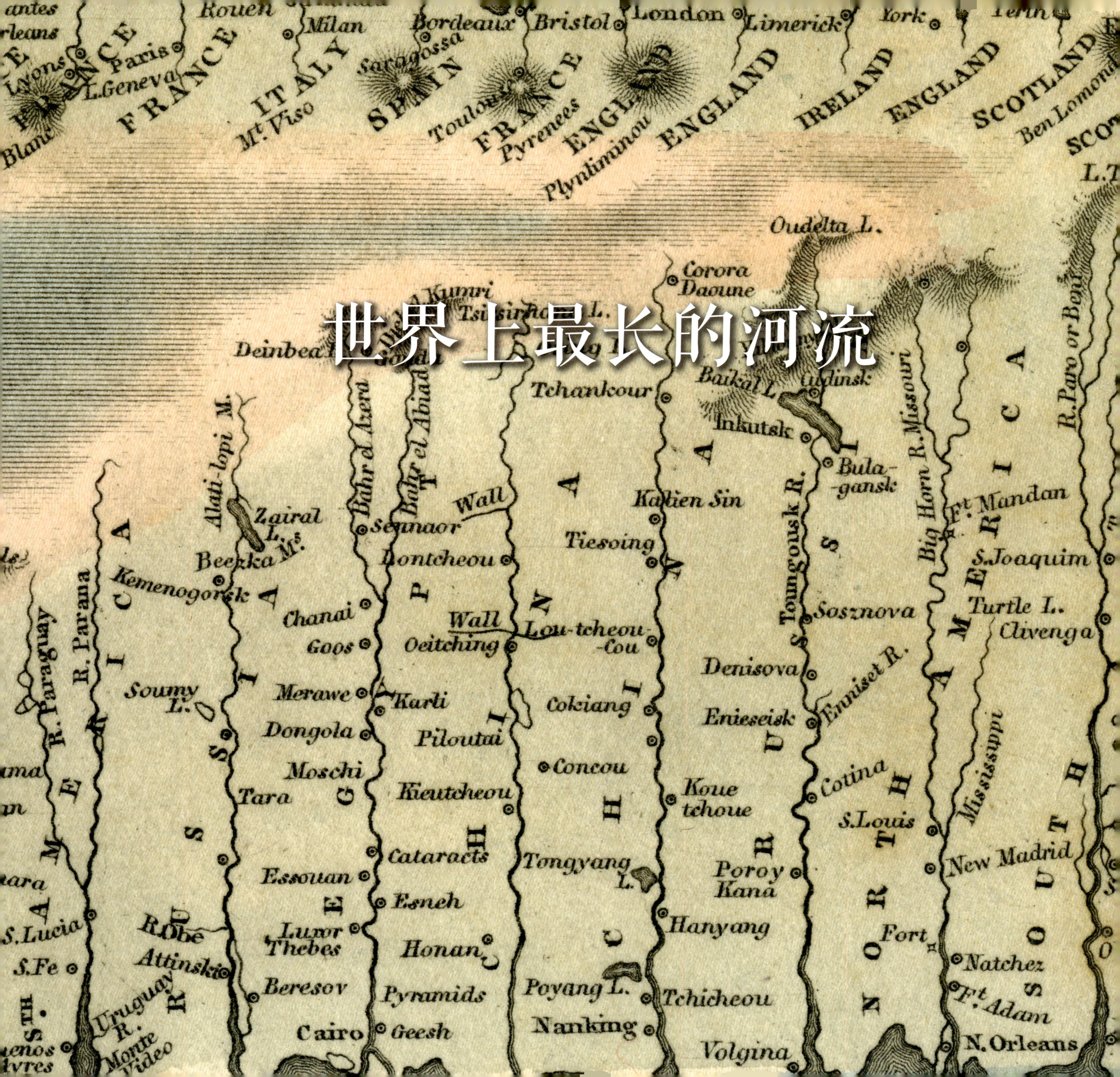

Rouen
Milan
Bordeaux
Bristol
London
Limerick
York
Paris
L.Geneva
Lyons
FRANCE
ITALY
Mt Viso
Saragossa
SPAIN
Toulouse
FRANCE
Pyrenees
ENGLAND
Plynlimmon
ENGLAND
IRELAND
ENGLAND
SCOTLAND
Ben Lomond
Oudelta L.
Corora
Daoune
Kumri
Deinbea
Tchankour
Baikal L.
Inkutsk
Bula-gansk
Alati-lopi M.
Zairal L.
Beezka Ms.
Kemenogorsk
Bahr el Azerd
Bahr el Abiad
Sennaor
Wall
Dontcheou
Kalien Sin
Tiesoing
Toungousk R.
Big Horn R. Missouri
Ft. Mandan
S.Joaquim
Turtle L.
Clivenga
R.Paro or Boni
R. Paraguay
R. Parana
AFRICA
Chanai
Goos
Wall
Oeitching
Lou-tcheou-Cou
Sosznova
Denisova
Enniset R.
Soumy L.
Merawe
Karli
Cokiang
Erieseisk
Dongola
Piloutai
Moschi
Concou
Koue tchoue
Cotina
Tara
Kieutcheou
S.Louis
Mississippi
New Madrid
Cataracts
Tongyang L.
Poroy Kana
Essouan
Esneh
Hanyang
S.Lucia
R.Obe
Luxor Thebes
Honan
Fort
S.Fe
Attinski
Natchez
Ft. Adam
Beresov
Pyramids
Poyang L.
Tchicheou
Uruguay R.
Monte Video
Cairo
Geesh
Nanking
Volgina
N. Orleans
CHINA
RUSSIA
NORTH AMERICA
SOUTH AMERICA

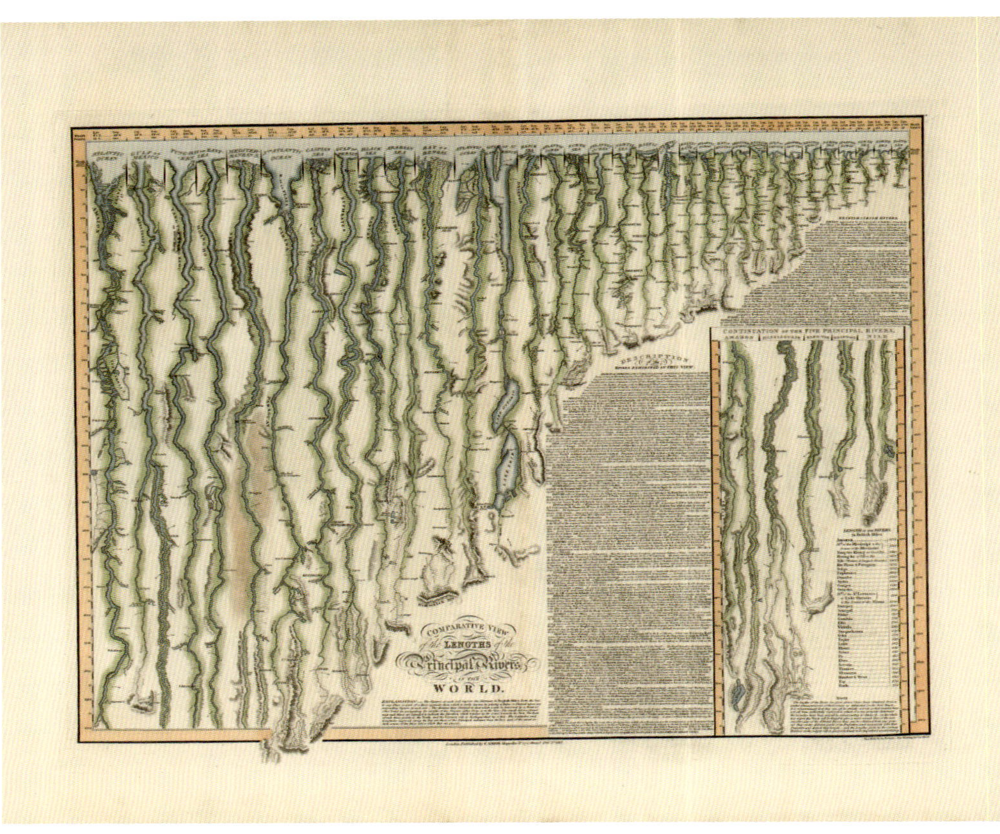

查尔斯·史密斯
1817 年

世界主要河流长度的比较视图
高 52 厘米，宽 68 厘米
单独出版的版画
查尔斯·史密斯出版社，172 号商铺地图商，1817 年
雕版：帕尔默，加德纳

世界上最长的河流的比较视图随着山高图的产生而产生。我们将在后面看到将这两者融合在一起的各种形式，不过两者融合反而引发了人们对单一主题绘图的喜爱。该图为第一幅河流比较图，也是拉直河流这种奇妙的表现方式第一次出现在版画上，因为只有这样才能把它们放进小小一页纸的空间。

尽管河道都被拉直，图中还是画出了指向北方的小箭头，用于标注河流的方向和弯道。

长度单位为英里，图中有文字批注，例如：密苏里河“最近被刘易斯和克拉克探索过”，被认为“极其曲折”。

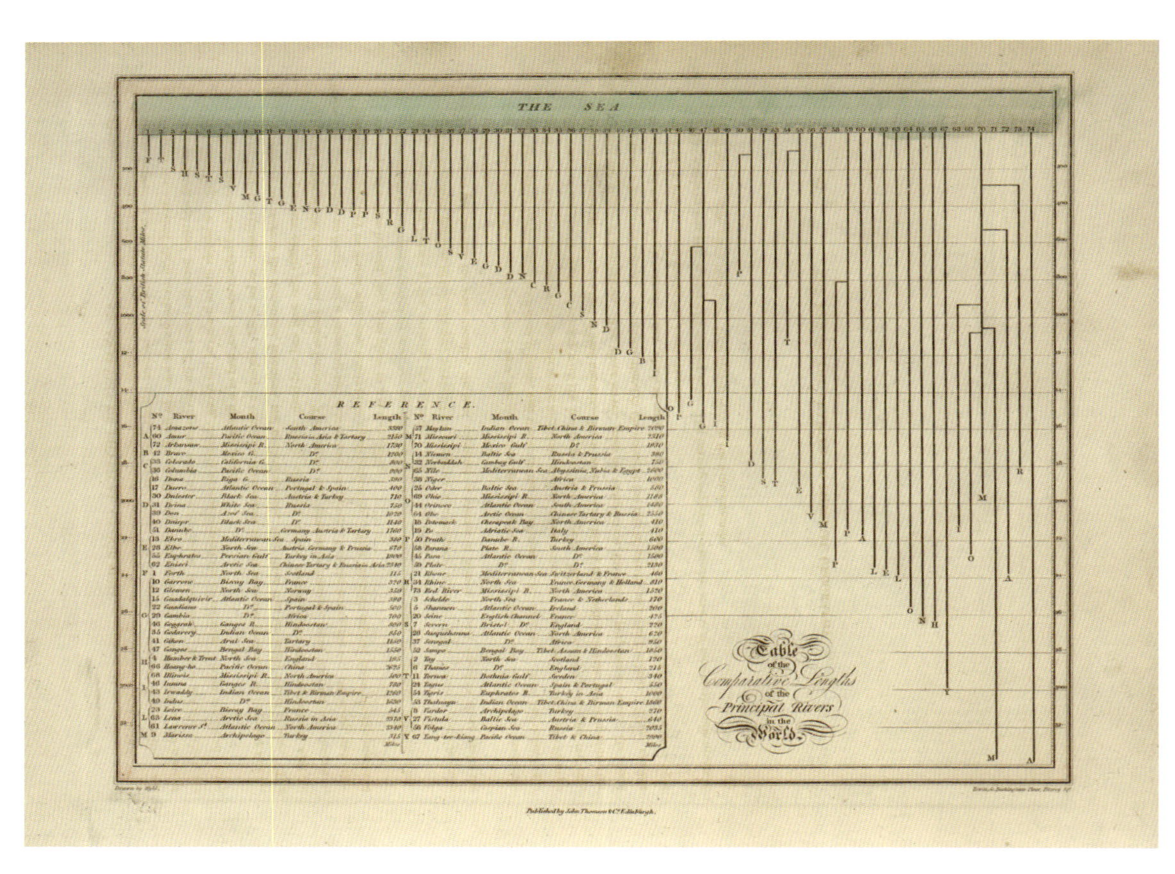

詹姆斯·怀尔德（1812—1887），约翰·汤姆森
1824 年

世界主要河流长度对比图
高 26 厘米，宽 37 厘米
出自《通用地图集》，由约翰·汤姆森公司、鲍德温和克拉多克以及乔伊公司、约翰·卡明公司印刷，爱丁堡，1824 年
绘画：怀尔德
雕版：N.R. 赫威特，W.H. 利萨尔斯

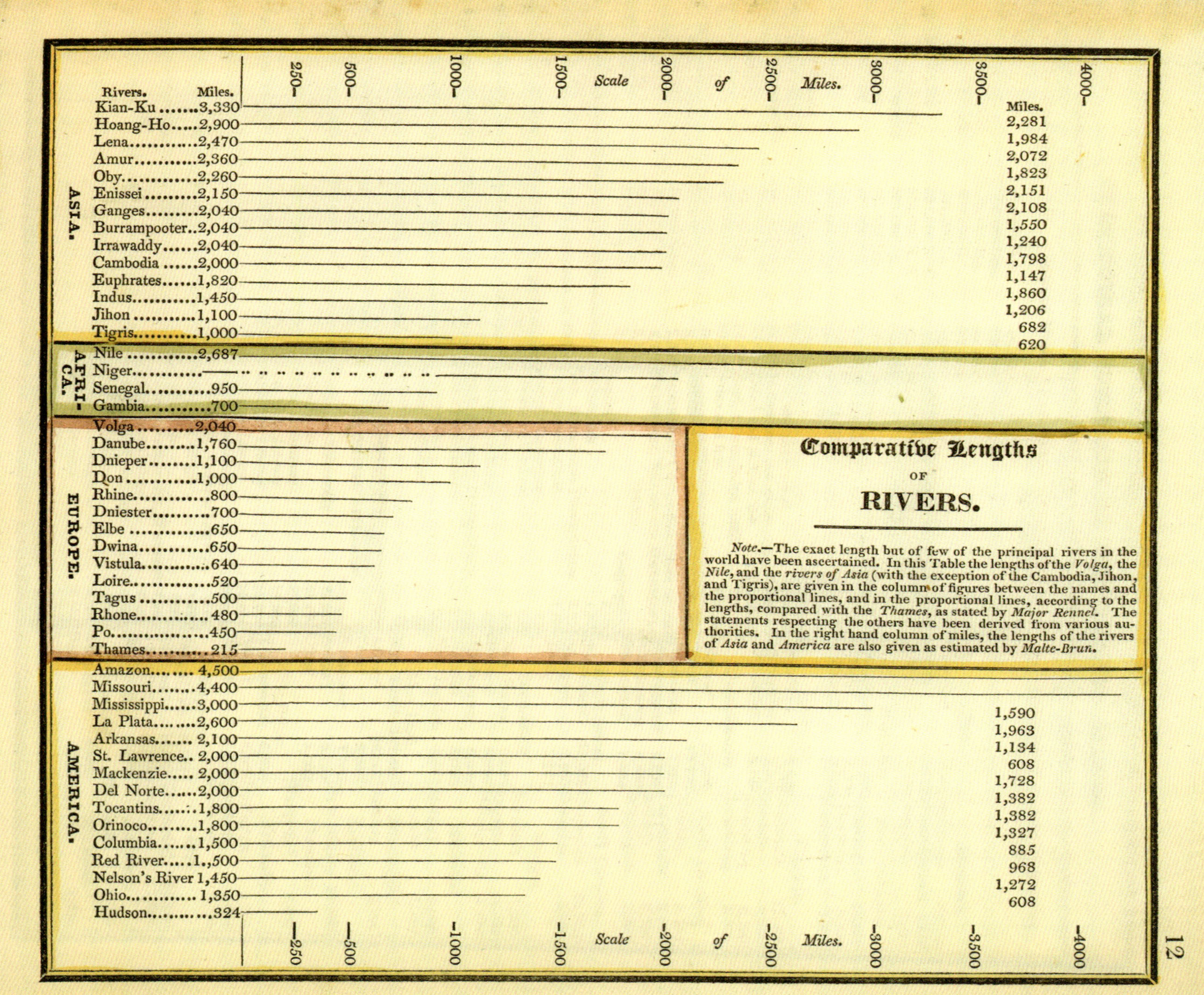

约瑟夫·爱默生·伍斯特（1784—1865）
1826 年

河流长度对比图

高 16 厘米，宽 19 厘米

出自《伍斯特地理概要所附地图集》，格雷、利特尔和威尔金斯出版社，波士顿，1826 年

安东尼·芬利（1790—1840）
1831 年

世界主要河流长度对比图
高 29 厘米，宽 22 厘米
出自《新版通用地图集》，安东尼·芬利出版社，费城，1831 年
雕版：乔斯·珀金斯

这本地图集于 1824 年首次出版，直到 1835 年期间不断定期再版，每一次都有所更新和充实。

这里复制的版画是 1831 年版的。这是一张极简主义的图表，分为五个区域：北美洲、南美洲、欧洲、非洲、亚洲。

值得注意的是，亚马孙河、长江和尼罗河的长度被低估了（尼罗河的长度只有今天测量长度的一半）。图中完全没有表现像刚果河、尼日尔河、麦肯兹河、格兰德河和布拉马普特拉河这样的主要河流。图中，密西西比河被定为世界上最长的河流（实际为世界第四长河）。

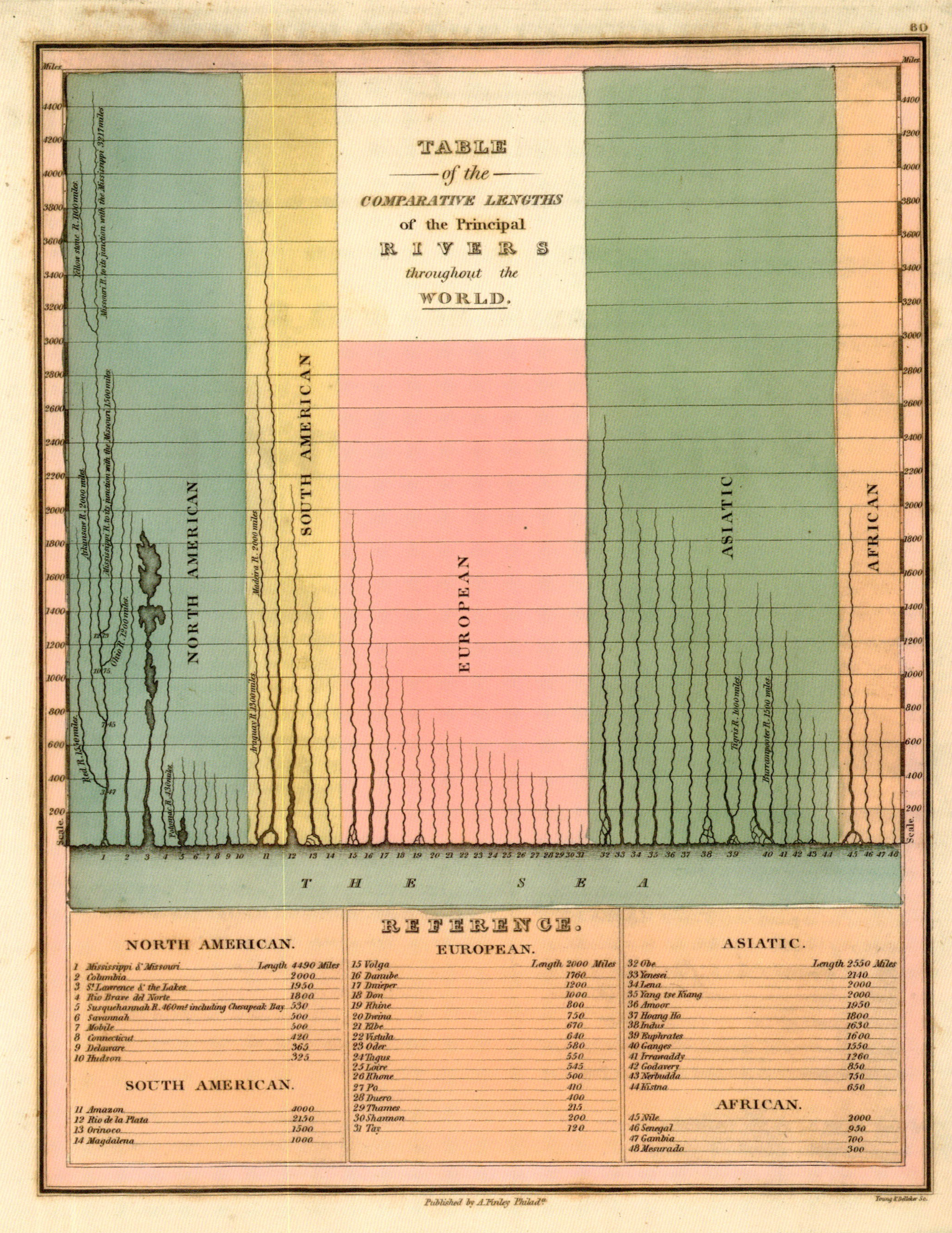

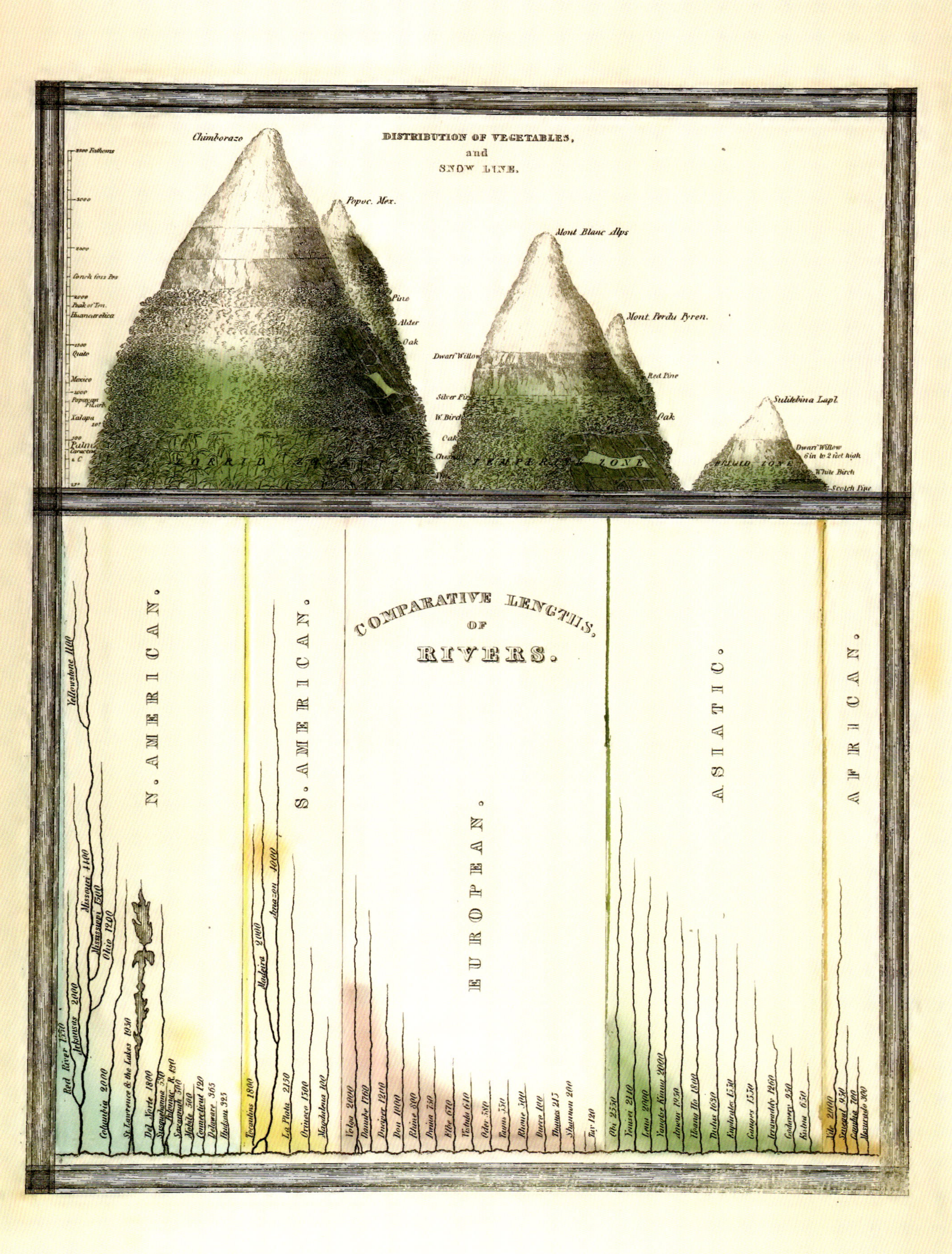

托马斯·加马列尔·布拉德福德（1802—1887）1835年

植被和雪线的分布及河流的相对长度图

高26厘米，宽20厘米

来自《地理、历史和商业综合地图集》；威廉·D. 蒂克纳出版社，波士顿；威利和朗出版社，纽约；T. T. 阿什出版社

雅各布 · 艾博特 · 卡明斯（1772—1820）
1829 年

世界上主要河流的相对长度与山的高度的比较视图
高 27 厘米，宽 20 厘米
出自《卡明斯古今地理的学校地图集改进版》，科林斯和汉内出版社，纽约，1829 年

卢卡斯的河流比较图在卡明斯这幅版画中被重新印刷，和一幅山高图并列放置（而不是像我们后面会看到的那些版画一样组合在一起），这幅山高图本身是受到汤姆森于 1817 年出版的版画的启发。

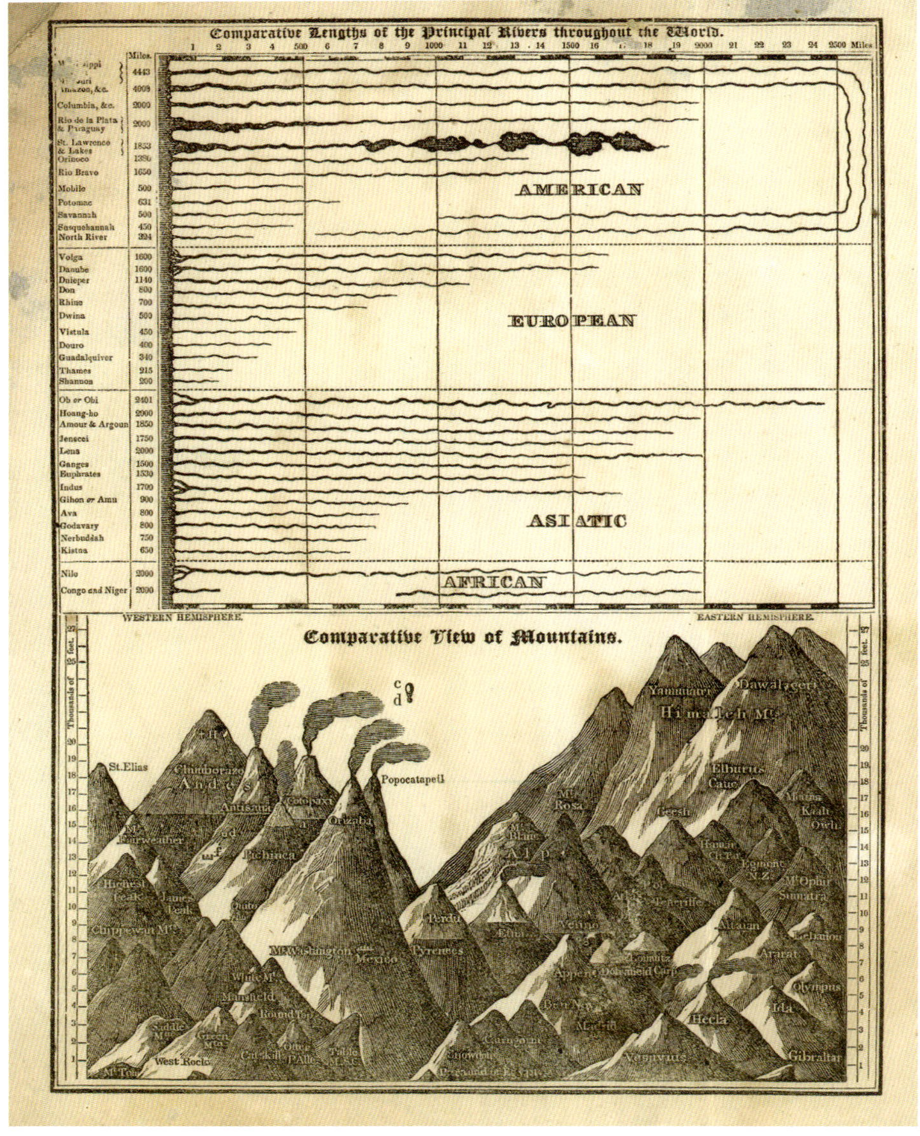

菲尔丁 · 卢卡斯（1781—1854）
1823 年

世界主要河流长度比较图
高 24 厘米，宽 31 厘米
出自《世界已知国家的独特地图总集》，汇编最新权威数据，菲尔丁 · 卢卡斯出版社，巴尔的摩，1823 年
雕版：乔斯 · 珀金斯

图中分为四个地区：美洲、欧洲、非洲、亚洲。

罗讷河没有被包括在内。尼日尔河和刚果河的长度被提到是“不确定的”（因为尼日尔河的源头还没有确定的位置，而且直到 19 世纪 20 年代初才确定出理论上的长度；至于刚果河，直到 1870 年的探险才对它的长度做出了更可靠的估计——图中这条线在第一段被奇怪地打断了）。图表右侧有一条注释，解释了密西西比河和亚马孙河为什么沿该页的右边缘（见第 103 页）走了“弯道”：“这些河流的路线被折弯，以防止比例尺大大缩小。”

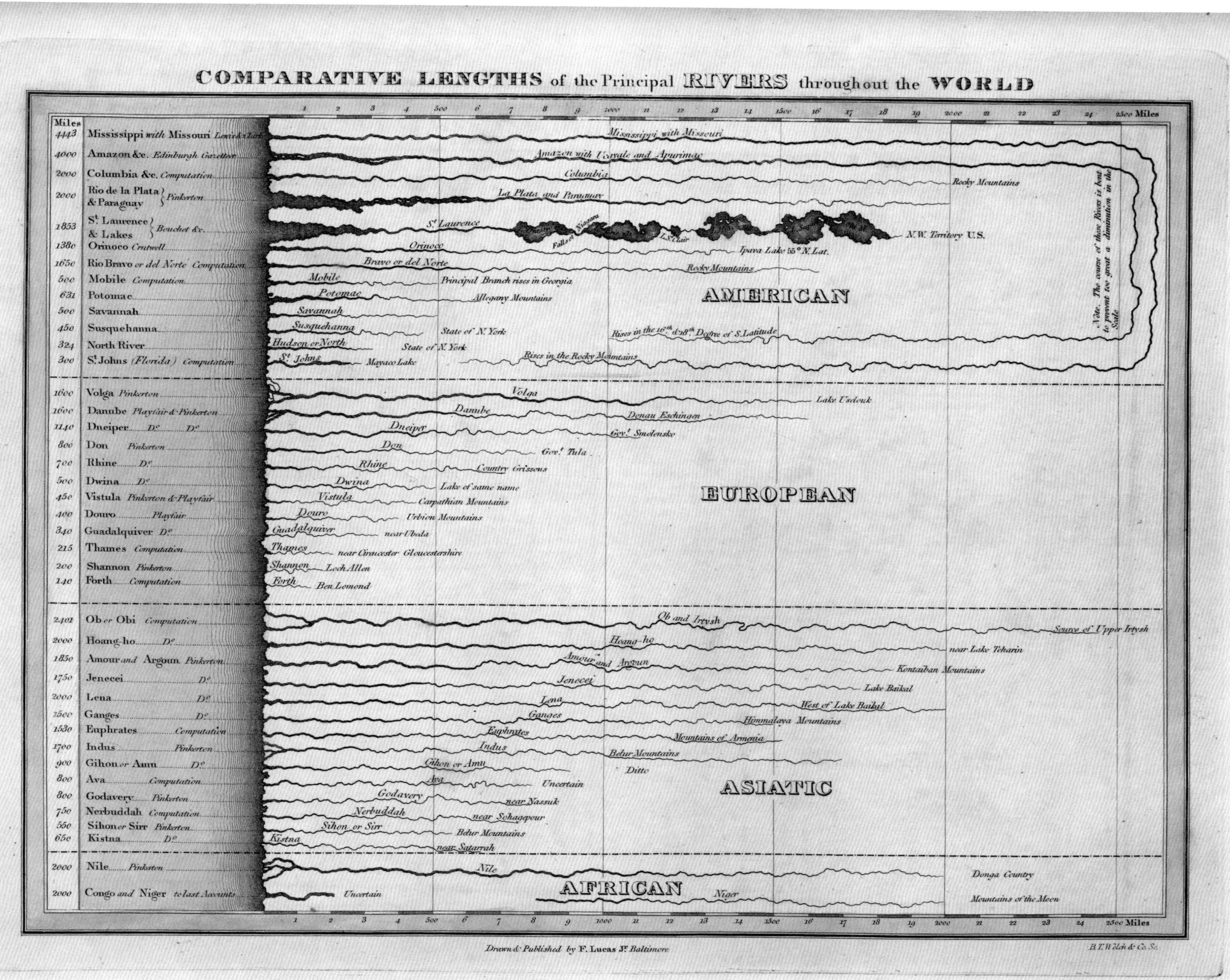

COMPARATIVE LENGTHS of the Principal RIVERS throughout the WORLD
Miles
4443 Mississippi with Missouri
4000 Amazon &c. Edinburgh Gazetteer
2000 Columbia &c. Computation
2000 Rio de la Plata & Paraguay } Pinkerton
1853 St. Laurence & Lakes } Bouchet &c.
1380 Orinoco Crutwell
1650 Rio Bravo or del Norte Computation
500 Mobile Computation
631 Potomac
500 Savannah
450 Susquehanna
324 North River
300 St. Johns (Florida) Computation
1600 Volga Pinkerton
1600 Danube Playfair & Pinkerton
1140 Dneiper Do. Do.
800 Don Pinkerton
700 Rhine Do.
500 Dwina Do.
450 Vistula Pinkerton & Playfair
400 Douro Playfair
340 Guadalquiver Do.
215 Thames Computation
200 Shannon Pinkerton
140 Forth Computation
2401 Ob or Obi Computation
2000 Hoang-ho Do.
1850 Amour and Argoun Pinkerton
1750 Jenecei Do.
2000 Lena Do.
1500 Ganges Do.
1530 Euphrates Computation
1700 Indus Pinkerton
900 Gihon or Amu Do.
800 Ava Computation
800 Godavery Pinkerton
750 Nerbuddah Computation
550 Sihon or Sirr Pinkerton
650 Kistna Do.
2000 Nile Pinkerton
2000 Congo and Niger to last Accounts
Mississippi with Missouri
Amazon with Ucayale and Apurimac
Columbia
Rocky Mountains
La Plata and Paraguay
St. Laurence
Falls of Niagara
L. St. Clair
N.W. Territory U.S.
Orinoco
Ipava Lake 55° N. Lat.
Bravo or del Norte
Rocky Mountains
Mobile
Principal Branch rises in Georgia
Potomac
Allegany Mountains
Savannah
Susquehanna
State of N. York
Hudson or North
State of N. York
St. Johns
Mayaco Lake
Rises in the Rocky Mountains
Rises in the 16th & 18th Degree of S. Latitude
AMERICAN
Note. The course of these Rivers is bent to prevent too great a diminution in the Scale
Volga
Lake Uselouk
Danube
Donau Eschingen
Dneiper
Govt. Smelensko
Don
Govt. Tula
Rhine
Country Grissons
Dwina
Lake of same name
Vistula
Carpathian Mountains
Douro
Urbion Mountains
Guadalquiver
near Ubeda
Thames
near Cirencester Gloucestershire
Shannon
Loch Allen
Forth
Ben Lomond
EUROPEAN
Ob and Irtysh
Source of Upper Irtysh
Hoang-ho
near Lake Tcharin
Amour and Argoun
Kontaiban Mountains
Jenecei
Lake Baikal
Lena
West of Lake Baikal
Ganges
Himmalaya Mountains
Euphrates
Mountains of Armenia
Indus
Belur Mountains
Gihon or Amu
Ditto
Ava
Uncertain
Godavery
near Nassuk
Nerbuddah
near Sohagpour
Sihon or Sirr
Belur Mountains
Kistna
near Satarrah
ASIATIC
Nile
Donga Country
Uncertain
AFRICAN
Niger
Mountains of the Moon
1 2 3 4 500 6 7 8 9 1000 11 12 13 14 1500 16 17 18 19 2000 21 22 23 24 2500 Miles
Drawn & Published by F. Lucas Jr. Baltimore
B.T. Welch & Co. Sc.

Lipes
Pilcomayo
Canal to R. Msta and to L. Ladoga and to the Baltic
L. Seligher
Tver
Volga
RUSSIA
Moskow
Kliazma
Oka
Nijegorod
Paraguay
Concepcion
Assumpcion
Vermejo 730
Parana 1150
Corrientes
Simbirsk
Kama
ARMENIA
Diarbekr
Bir
Frat
Mosul
Annah
Saratof
Salado
LA PLATA
Bagdad
Tigris
Ruins of Babylon
Rosario
Monte Video
Astrakhan
Jefferson
THIBET
Ohio 940
Wabash
Smolensk
Arkansas 1200
Pripet
RUSSIA
Dnieper
UNITED STATES
Bhamo
Milce
Amarapoura
Ava
Red
Mohawk
Iekaterinoslav
Bog
Kherson
New York
New Orleans
SPAIN
SIAM
Zaragoza
MACEDONIA
Prome
Yuthia
Bankok
UNITED STATES
Washington
Rangoun
LAOS
Lanchang
NORWAY
Shikarpour
Indus or Sind
Attock
Cashmere
PUNJAB
Jelum
Lahore
Umritsir
Ravy
Sufledg
Moultan
Gorra
THIBET
Himalaya Mts
L. Rawanhrad
Brahmapoutra
Ganges
Oural Mts
RUSSIA
Orenburg
TARTARY
Rocky Mts
Hyderabad
Saigon
Alps
Geneva
Lyon
FRANCE
SPAIN
Badajoz
Shrewsbury
ENGLAND
Gloucester
Cordoba
Sevilla
Voronej
NORTH WEST AMERICA
Clark 460
Snake 700
Taganrog
Don 860
Sea of Azof
RUSSIA
Madrid
Tajo
SPAIN
Toledo
Sierra Molina
Sierra Monayo
Lisbon
PORTUGAL
Oporto
Garcep
Griqua
SOUTH AFRICA
AFRICA
Bathurst
Nantes
FRANCE
Riga
Hamburgh
RUSSIA
Vitebsk
SAXONY
Dresden
Timbo
Joliba Quorra
Khojend
Khokan
TARTARY
BOUKHARA
Amou
Bear Lake
NORTH-WEST INDIANS
Badakshan
Slave Lake
Fort Resolution
Gulf of Obi
Dantzig
Paris
Warsaw
Bordeaux
Krakow
Toulouse
Utrecht
Antwerp
Koln
Schelde
Meuse
Moselle
Metz
Strassburg
L. Constance
Alps
TOBOLSK
Vakh 320
Biche
Tchoulym
Tomsk
Lower Tounguska
Middle
EGYPT
Kairo
Ruins of Thebes
1st Cataract
Mompox
COLOMBIA
Cauca
Antioquia
Honda
Magdalena
Popayan
Anticosti I.
Pte Gaspe
Chaleur Bay
Saguenay
Quebec
Montreal
Ottawa 420
CANADA
Kingston
L. Ontario
York
Fall of Niagara
L. Erie
L. St Clair
L. Michigan
L. Huron
L. Superior
UNITED STATES
Sakhalian-oula
Amour
York
Nottingham
Trent
Mt Poulus
Angostura
VENEZUELA
Meta 150
Cassiquiare
Esmeralda
GUAYANA
PARA
Barra
Negro
Madeira
Tapajos
Xingu
Turin
ITALY
Alps
L. Thoungthing
L. Phoyang
Han-yan
Kan
Nanking
Outcheou
Canton
CHINA
L. Houngtse
Khaifoung
Hoang-ho
WALACHIA
Aluta
Dublin
Ben Lomond
Edinburgh
London
HUNGARY
Maros
Theiss
Buda
Pesth
Belgrade
Drave 400
Save 420
Wien
Vienna
AUSTRIA
HINDOUSTAN
Patna
Ganges
Sone
Benares
Goomty
Gogra
Gundhuck
Lucknow
NEPAUL
Calcutta
Hoogly
Dacca
Bosrah
Brahmapoutra
Rawanhrad
Himalaya Mts
Wall
MISSISSIPPI
HUDSON
DNIEPR
GLOMMEN
CAMBOJA
INDUS
SHANNON
OURAL
RHONE
GUADIANA
SEVERN
GUADALQUIVIR
COLOMBIA
TIBER
DON
TAGUS
DOURO
ORANGE
SENEGAL
GAMBIA
LOIRE
SIOUN or JAXARTES
DVINA
ELBE
JIHOUN or OXUS
MACKENZIE
OBI
VISTULA
SEINE
GARONNE
IENISEY
RHINE
MEUSE
SCHELDE
NILE
LENA
MAGDALENA
St LAWRENCE
HUMBER
AMOUR
PENEUS
ORINOCO
AMAZONS or MARANON
PO
YANGTSEU-KIANG
TA-KIANG
HOANG-HO
THAMES
FORTH
LIFFEY
DANUBE
MEGNA and GANGES
EUPHRATES and TIGRIS
RIO DE LA PLATA
VOLGA
POTOMAC
IRAWADY
OXUS and HELLESPONT
EBRO
MENAM
200
400
600

有用知识传播协会（伦敦，1826—1848 年）
1834 年

标明流向、国家和相对长度的主要河流图
高 40 厘米，宽 31 厘米
鲍德温和克拉多克出版社，伦敦，1834 年
雕版：索斯・斯塔林

有用知识传播协会成立于 1826 年，以制作平价地图供教育广泛使用而闻名。

这个极具原创性的版画（第二版）汇集了 73 条主要河流，被设计为全部流入某内海。拉普拉塔河被放在伏尔加河和幼发拉底河之间，麦肯齐三角洲位于鄂毕湾附近。河流的不同的长度和地理位置并没有影响这种构图。这是一个独一无二的例子，河流的路线没有被拉直，绘图者仍能设法确保河流之间没有互相交叉。此外，河口的地理位置也被准确表现：向西流入的河流位于右侧，向南流入的河流位于页面顶部。

有十几条没有包括在构图中的河流被放在地图的左右上角。

图中的环形线条从类似于火山湖的地方向外扩散，两两间隔 321.87 千米，以便为河流长度留出必要的参考点。

图中信息还包括主要支流的长度（以英里为单位）以及河流流经的国家和城市。

该板块优先考虑了英国读者，这就解释了为什么英国的河流，如利菲河和泰晤士河被包括在内，尽管它们相对来说不那么重要。

某些地名（本书中大多数是山名和河流名）与今天的名称很不一样：印度斯坦（印度）、哈得孙湾的领土（加拿大马尼托巴省）、比亚（苏丹）、库拉（下尼日尔）等。

最后，图中缺失了一些河流（如格兰德河），还存在一些测量结果上的误差（低估了麦肯齐河的长度）以及一些怪异之处。例如，美国专家戴维・拉姆西指出，这里列出的刚果河长度为 2 253.08 千米，从某个可能是湖的地方流过，比其当代测量值（4 640 千米）小一半多。

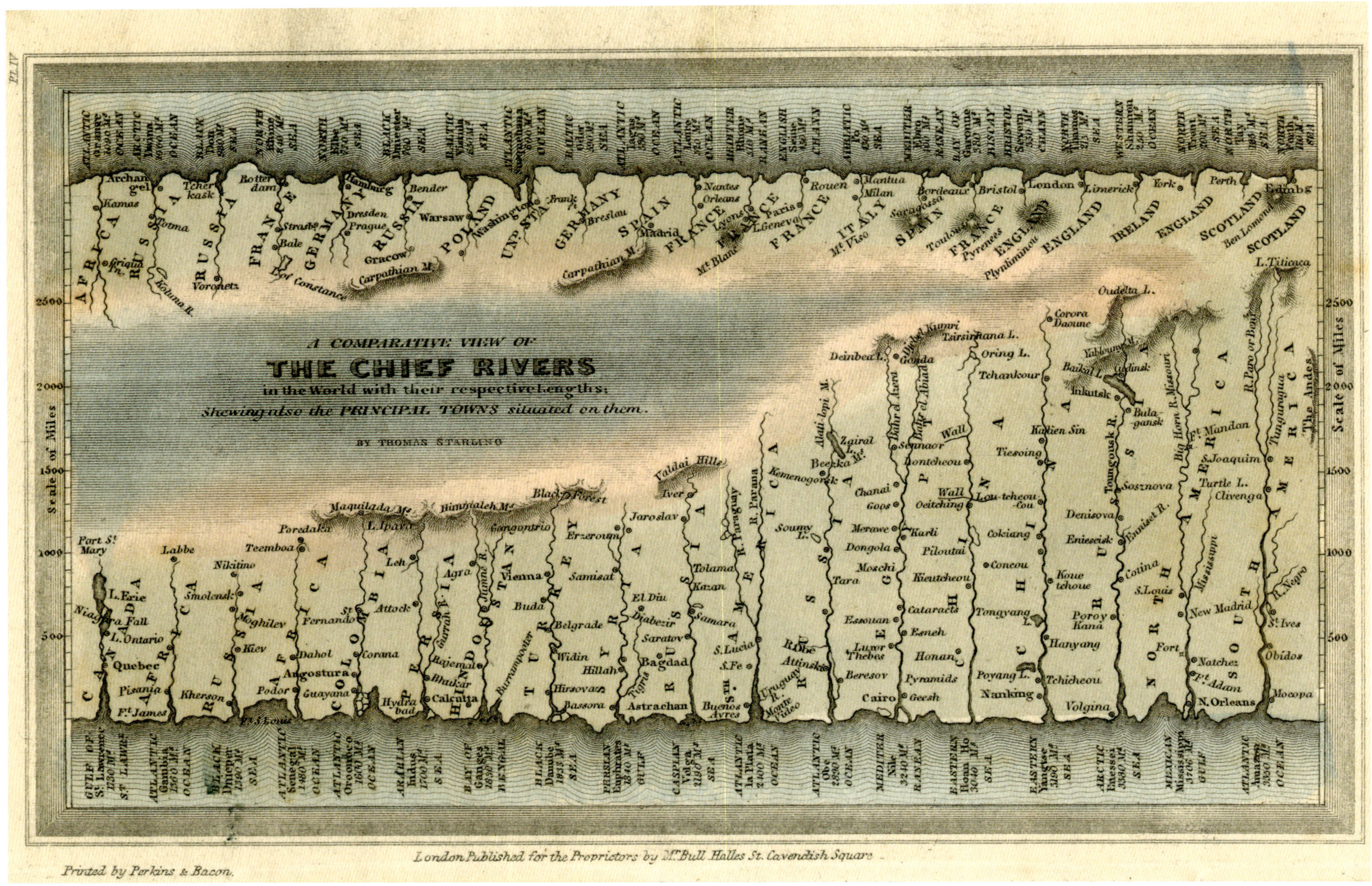

托马斯 · 斯塔林

1833 年

世界主要河流长度比较，以及河上主要城镇

高 10.2 厘米，宽 16.2 厘米

出自《地理年鉴》，布尔出版社，伦敦，1833 年

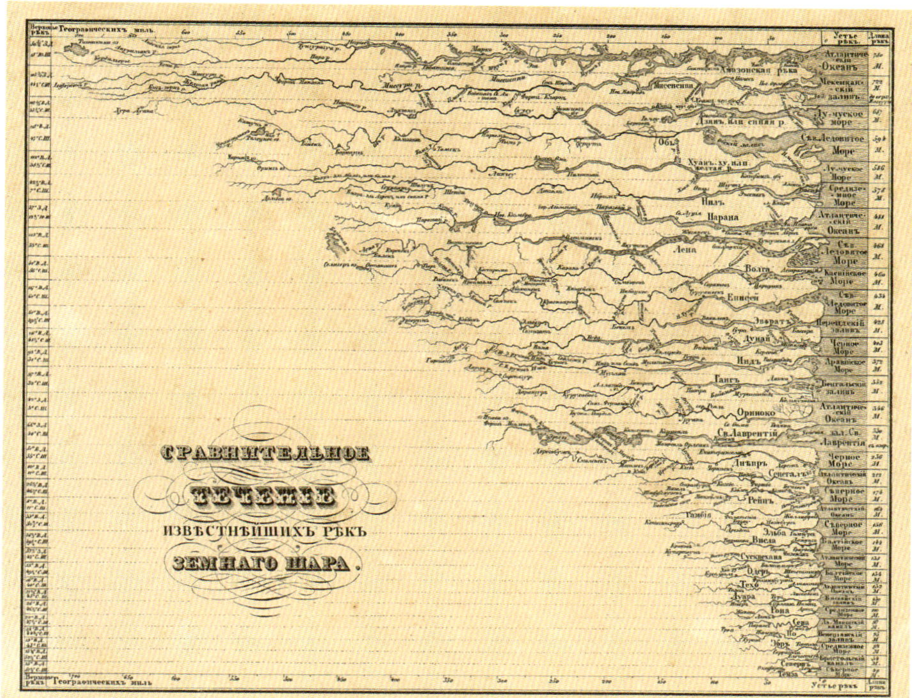

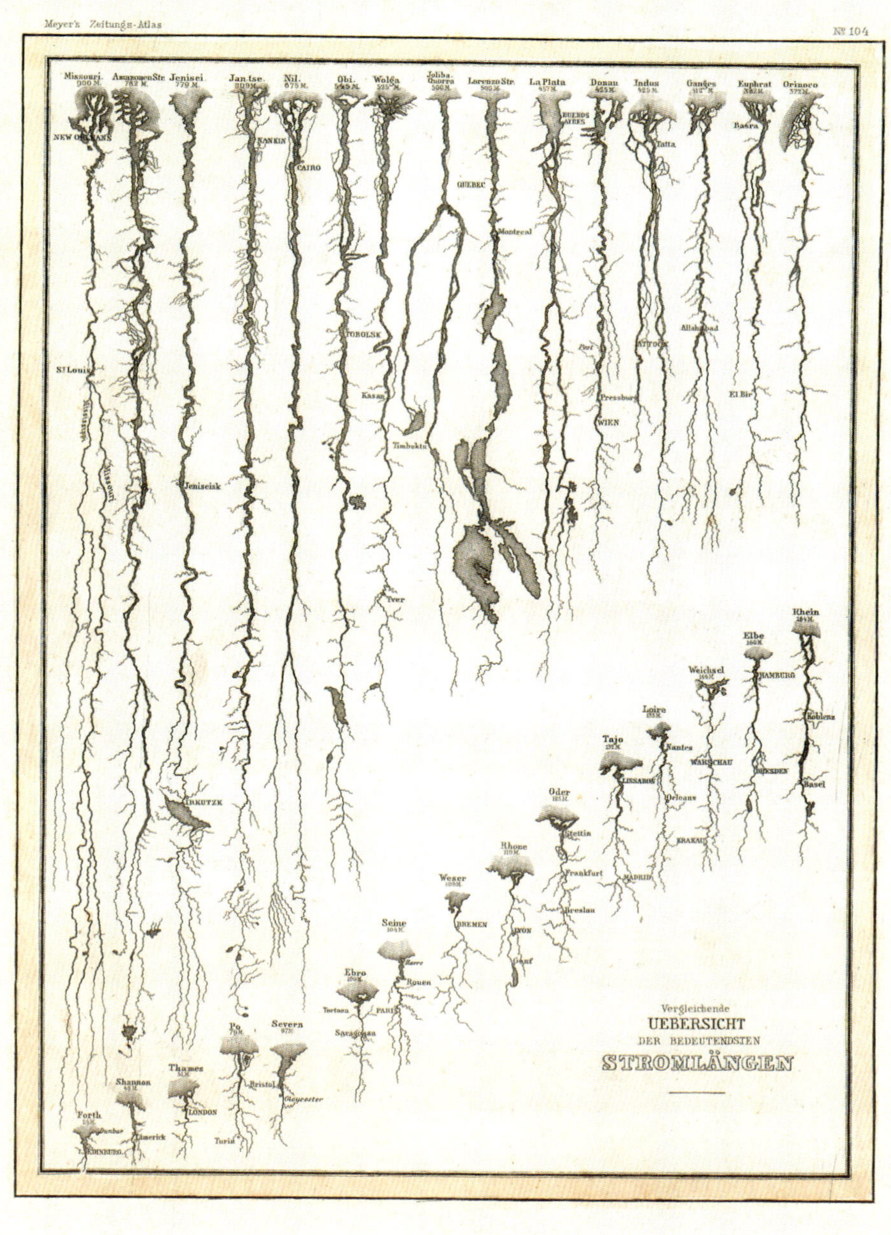

末知
约 1850 年

地球上最著名河流的比较图
长度单位是米利亚（milia），一个古老的俄罗斯长度单位（等于 7.468 千米）
我们没有关于插图画家或出版商的任何信息

约瑟夫 · 迈耶（1796—1856）
1852

最重要的河流长度比较概览图
高 32 厘米，宽 26.5 厘米
出自《新旧地理报刊地图集》，迈耶，阿姆斯特丹和纽约，希尔德堡豪森，1852 年
钢版雕刻

Valladolid 6,404
e of Missouri Riv. 5,000
la 5,000
of Otter 4,260
gton Peak 4,000
Mountain 4,000
ill Mountains 3,804
Orchard House 3,104
usett Mt. 2,990
heny Mountains 2,400
Hill 1,535
e of Mississippi R. 1,293
eld Mass. 1,000
stown Penn.a 910
urg Penn.a 678
Superior 641
ville Penn.a 620
lo N. York 578
erland Maryland 573
Erie 568
ster N. York 506
on Penn.a 480
ster Mass. 450
N. York 425
sburg Penn.a 300
Ontario 231
Tower at Philad.a 184
n Penn.a 161
ington City 60
OUTH AMERICA.
t Sorato Feet 25,250
t Illimani 24,350
boraso 21,730
Casada 20,892
bado 20,000
nbe Urcu 19,386
ana 19,400
a 19,200
axi 19,000
no of Arequipa 18,400
si 17,238
ui 17,136
iragua 16,500
de Potosi 16,037
acha 16,000
of Potosi 15,912
irazo 15,540
Scale of Miles app.te to the Rivers
1000
1500
2000
2500
3000
3500
4000
St. Louis
N. America
Mississippi R.
Arkansas R.
Ohio R.
S. America
N. America
Slave L.
N. America
L. Ontario
L. Erie
L. Huron
L. Superior
S. America
Venezuela
Mexico
Santa Fe
Osage Dis. & U.S.
British Ter. N. Am.
Dis. U.S.
Indiana &c.
Pittsburg
M. Clinton
Allegheny Mts.
Allegheny Mt.
Oregon Mts.
Allegheny Mt.
Marucotos Mts.
Sierra Paricis
Oregon Mts.
Andes
Oregon Mts.
Pambamarca
13 500 F.
Quito
9 540 F.
Real del Mont
9 125 F.
Bogota
8 818 F.
Antisana Farm
13 400 F.
Toluca Lake
12 190 F.
Greatest Altitude of the growth of trees Pines
La Paz
Potosi
Puno
Lines of
Peruvian Road

山地与河流的对比

Sra. Morena
Puy de Dome
Alps
Penza M.
Russia
India
Turkey &c.
Vienna
Timbuctoo
Africa
Egypt &c.
China
Russia
Russia
China
Mts. of Borosov
Himalaya Mts.
Black Forest
Mts. of Loma
Mts. of the Moon
Stanovoi M.
Altai M.
Mts. of Tartary
Convent of St. Bernard
25000
20000
15000
10000
Scale of feet. applicable to the Mountains
93 Morne Garou St. Vincent
EUROPE.
94 Mt. Blanc
95 Mt. Rosa
96 Oertler
97 Loucira (Alps)
98 Ostelle
99 Sierra Nevada
100 Gr.t Glocknor
101 La Malahite
102 Mt. Perdu
103 St. Bernard
104 Mt. Etna
105 Mt. Cenis
106 Cross Kogel
107 St. Gothard
108 Castile Mountains
109 Carpathian Mts.
110 Gap of the Furca
111 Mt. Velino
112 Dofrafeld
113 Tchaterdag
114 Priel
115 Areskutan
116 Retvik
117 Wechsels
118 Sierra del Malhao
119 Risenkoppe
120 Ben Nevis
121 Hartz Mountains
122 Mt. Vesuvius
123 Snowdon
124 Sierra de Marao
125 Montserrat
126 Ben Lomond
ASIA.
127 Dwahalagiri
128 Javaher
129 15th Peak Himalaya
130 22nd Peak Himalaya
131 Elbruz
132 Mt. Hamar
133 Mt. Ophir
134 Sochondo
135 Egmont
136 Altaian Chain

威廉·达顿（1755—1819），威廉·罗伯特·加德纳 1823年

世界主要山脉高度和河流长度全新对比图，根据现有的多种权威数据精排

独立印刷的折叠式地图和同年的另一个版本（见第112—113页）

威廉·达顿出版社，1823年

雕版：威廉·罗伯特·加德纳

这当然是第一个同时描绘山脉高度和河流长度的“图表”。河流仍然是被人工拉直，悬挂在群山之上，从左到右以从长到短的顺序排列；而山的顺序是相反的，是从最低到最高。这种对角排列可以实现页面的最佳填充，而不会影响信息的可读性。这幅版画非常成功，在美洲和欧洲都再版了几十年。它包括34条河流和116座山脉。图中有两篇关于河流的评论，在左上角有一个“关于河流的说明”：

“在画这些河流的过程中，我们有必要声明我们意图实现三大目标：首先，给出所有河流真实的地理轨迹和形状；其次，标出它们从源头到终点的相对长度；最后，它们的长度要像船只航行其中时得出的实际数据，要和最高质量的地图一样准确。这就解释了构图安排中一些看起来不合常理的河流长度往往是因为河流形状一波三折而导致的。例如：红河显得比密西西比河还长，正是由前者更直而后者更蜿蜒导致的。”

图画下方是一个标题为“关于河流构图”的解释，旁边有一个小图表，解释了“伸展”河流的原则：

“注：如图所示，为了使‘河流对比图’的构造方法能够得到清楚的阐明，这些河流都保留了它们的真实形状，除了一些较大的角度会为了方便起见被推到一条从各河流的源头到海洋的垂直线上。短水平线之间的每个中间空间都有字母，这些字母很容易指示出真正方位，包括每条河流的角度或比例等。”

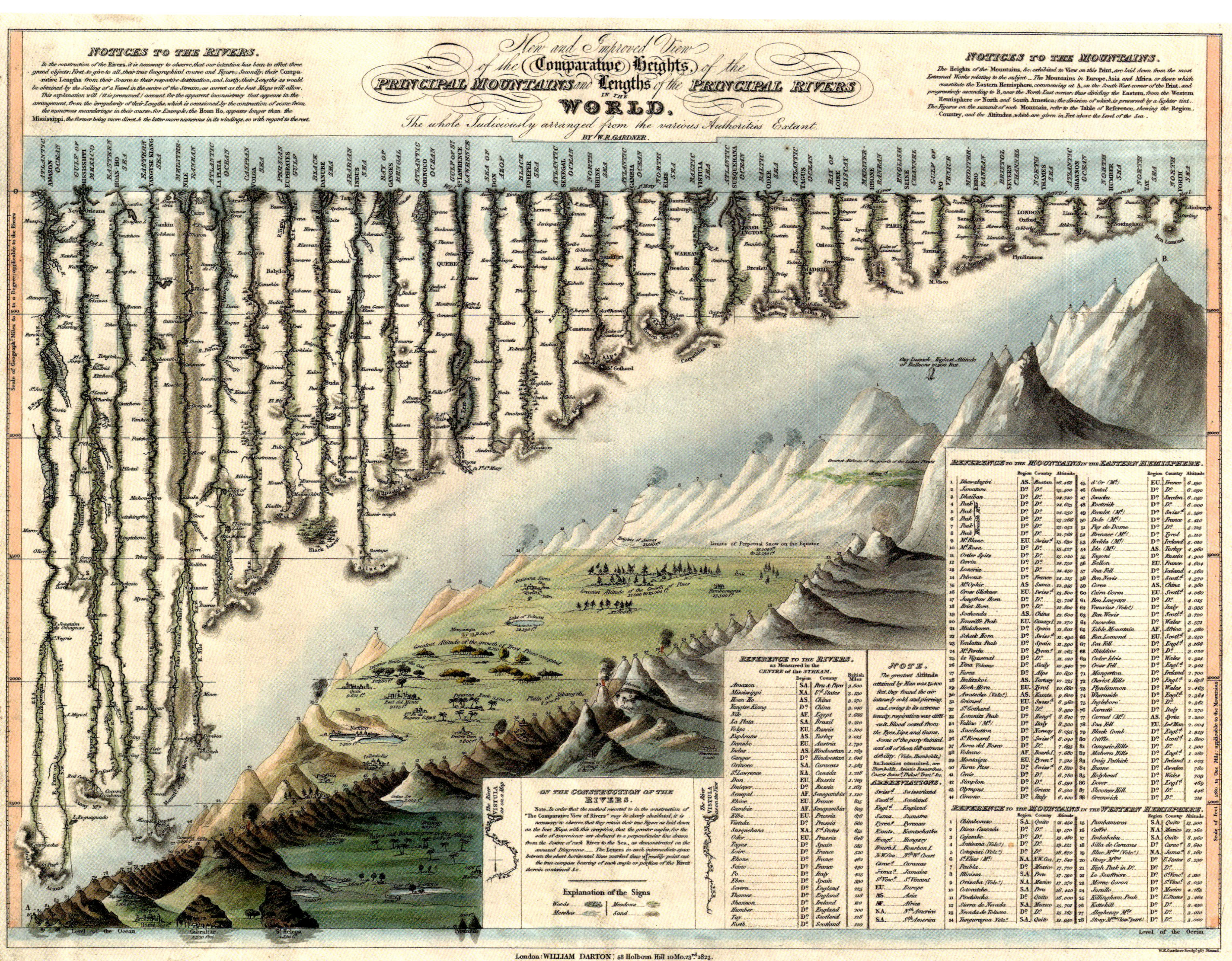
NOTICES TO THE RIVERS.
In the construction of the Rivers, it is necessary to observe, that our intention has been to effect three grand objects; First, to give to all, their true Geographical course and Figure; Secondly, their Comparative Lengths from their Source to their respective destination, and, lastly, their Lengths as would be obtained by the Sailing of a Vessel in the centre of the Stream; as correct as the best Maps will allow.
This explanation will (it is presumed) account for the apparent inconsistency that appears in the arrangement, from the irregularity of their Lengths, which is occasioned by the contraction of some from the numerous meanderings in their course, for Example; the Hoan Ho, appears longer than the Mississippi, the former being more direct & the latter more numerous in its windings, so with regard to the rest.
New and Improved View of the Comparative Heights of the PRINCIPAL MOUNTAINS and Lengths of the PRINCIPAL RIVERS IN THE WORLD.
The whole Judiciously arranged from the various Authorities Extant.
BY W.R.GARDNER.
NOTICES TO THE MOUNTAINS.
The Heights of the Mountains, &c. exhibited to View on this Print, are laid down from the most Esteemed Works relating to the subject _ The Mountains in Europe, Asia and Africa or those which constitute the Eastern Hemisphere, commencing at A, on the South West corner of the Print, and progressively ascending to B, near the North East corner; thus dividing the Eastern, from the Western Hemisphere or North and South America; the division of which, is preserved by a lighter tint.. The Figures on the summit of each Mountain, refer to the Table of Reference, shewing the Region, Country, and the Altitudes, which are given in Feet above the Level of the Sea.
ATLANTIC AMAZON OCEAN
GULF OF MISSISSIPPI MEXICO
EASTERN HOAN-HO SEA
EASTERN YANGTSE KIANG SEA
MEDITER-NILE RANEAN
ATLANTIC LA PLATA OCEAN
CASPIAN VOLGA SEA
PERSIAN EUPHRATES GULF
BLACK DANUBE SEA
ARABIAN INDUS SEA
BAY OF GANGES BENGAL
ATLANTIC ORINOCO OCEAN
GULF OF ST. ST. LAWRENCE LAWRENCE
SEA OF DON AZOF
BLACK DNIEPER SEA
ATLANTIC SENEGAL OCEAN
NORTH RHINE SEA
ATLANTIC GAMBIA OCEAN
NORTH ELBE SEA
BALTIC VISTULA SEA
ATLANTIC SUSQUEHANA OCEAN
BALTIC ODER SEA
ATLANTIC TAGUS OCEAN
BAY OF LOIRE BISCAY
MEDITER-RHONE RANEAN
ENGLISH SEINE CHANNEL
GULF OF PO VENICE
MEDITER-EBRO RANEAN
BRISTOL SEVERN CHANNEL
NORTH THAMES SEA
ATLANTIC SHANNON OCEAN
NORTH HUMBER SEA
NORTH TAY SEA
NORTH FORTH SEA
REFERENCE TO THE MOUNTAINS IN THE EASTERN HEMISPHERE.
REFERENCE TO THE RIVERS.
NOTE.
ON THE CONSTRUCTION OF THE RIVERS.
Explanation of the Signs
REFERENCE TO THE MOUNTAINS IN THE WESTERN HEMISPHERE.
Level of the Ocean
London: WILLIAM DARTON, 58 Holborn Hill 10 Mo. 23rd 1823.

Tongtcheou
New Madrid
Kitcheou
St. Louis
St. Charles
Kiatcheou
Vanhien
Patcheou
la Crosse
Pilotai
Mahoutcheou
Lingtcheou
Tchapoukan
Great Bend
Lantcheou
Myssoo
Mandan
S. Joaquim de Omaguas
St. Negris
S. Miguel
Tchantour
Red Cedar L.
Cocosa
Doubane
Stony Mn.
L. Roguaguado
Acaina
Cataracts
Moscho
Dongola
Stavropol
Assumption
Kazan
Novgorod
Kostroma
Tolona
Simbirsk
El Bir
Malazghird
Diadin
Lake of Ayolas
Uberara Lake
Villa Maria
Heights of Valday
Sierra de Arapes
Bacrus
Somnaar
Halifon
Goos
Minee
Dembea
Geesh
Gonda
Mounts. of the Moon
R. Nile
Bahr el Abiad or White R.
Kaloc
Buda
Pest
Samosat
Vienna
Kremz
Ratisbon
Ems
Erzroum
Black Forest
Cailas M.
Leh
Himalch M.
Chassir cough
Gortope
Kurahag
Allaha bad
Belaspoor
Buddown
Durras
Ipava L.
Buena Guarda
Falls of Niagara
L. Erie
Ft. Erie
L. St. Clair
Amherstbu
Miamis
Wayne
Ft. St. Mary
Sandusky
Zadonsk
Toola
Moghilev
Orsha
Smolensk
Jisdra
Admizovo
Antisana Farm
Lake of Toluca
Micuipampa
Greatest Altitude of the growth of Trees Pines excepted
Superior limits of the Oak
Quito
Real del Monte
Peruvian Bark
Plain of Schangelu
Mexico
Prairie Town
Convent of St. Gothard
Valladolid
Popayan
Palms and Bananas grow in this Altitude
Grüne See
The River Vistula as on a Map

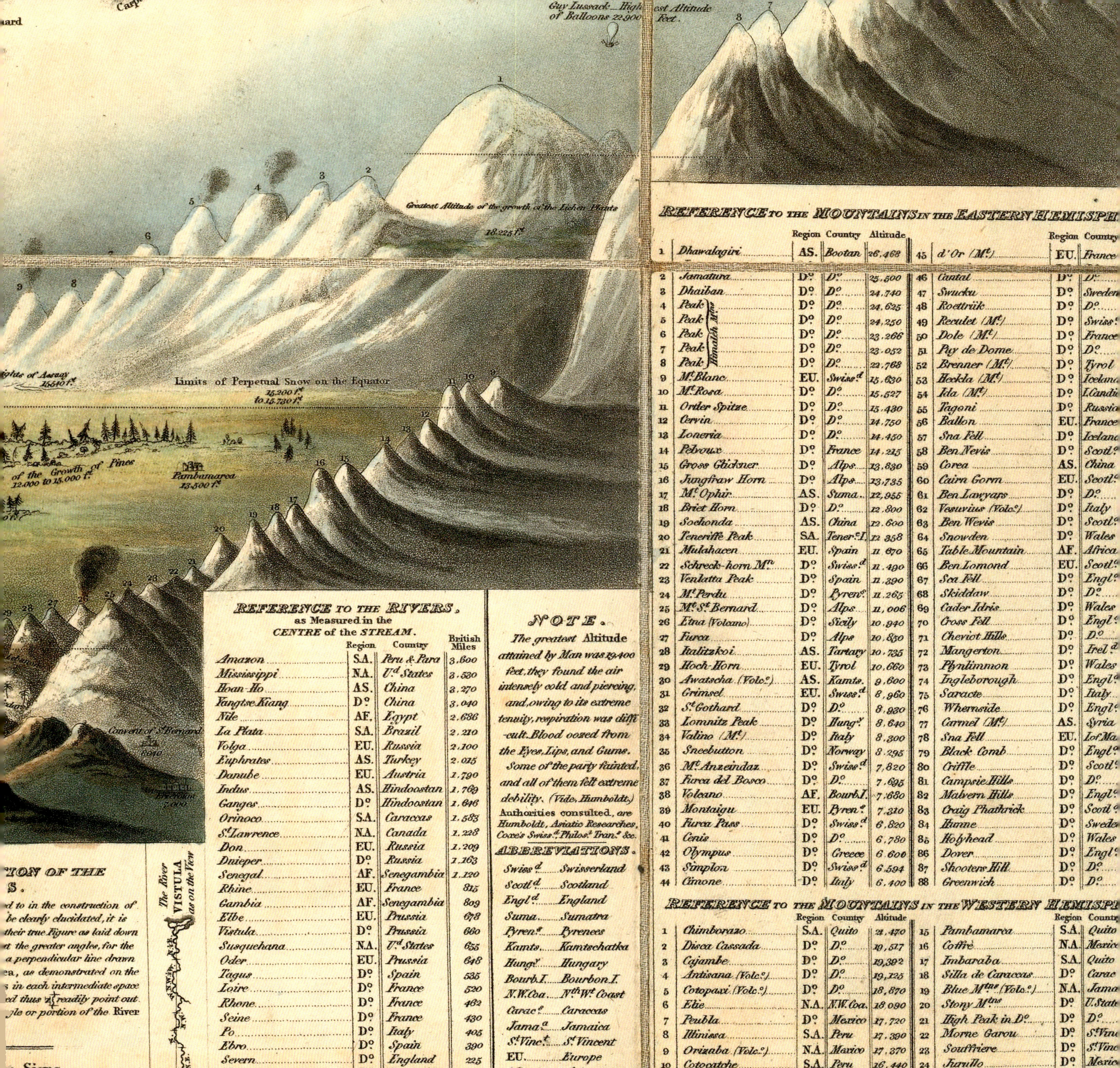

REFERENCE TO THE MOUNTAINS IN THE EASTERN HEMISPHERE

		Region	Country	Altitude			Region	Country
1	Dhawalagiri	AS.	Bootan	26,468	45	d'Or (M^t.)	EU.	France
2	Jamatura	D°	D°	25,500	46	Cantal	D°	D°
3	Dhaiban	D°	D°	24,740	47	Swucku	D°	Sweden
4	Peak (Himaleh M^ts)	D°	D°	24,625	48	Roettrük	D°	D°
5	Peak	D°	D°	24,250	49	Reculet (M^t.)	D°	Swiss^d
6	Peak	D°	D°	23,266	50	Dole (M^t.)	D°	France
7	Peak	D°	D°	23,052	51	Puy de Dome	D°	D°
8	Peak	D°	D°	22,768	52	Brenner (M^t.)	D°	Tyrol
9	Mt Blanc	EU.	Swiss^d	15,630	53	Heckla (M^t.)	D°	Iceland
10	Mt Rosa	D°	D°	15,527	54	Ida (M^t.)	D°	I. Candia
11	Ortler Spitze	D°	D°	15,430	55	Tagoni	D°	Russia
12	Cervin	D°	D°	14,750	56	Ballon	EU.	France
13	Loneria	D°	D°	14,450	57	Sna Fell	D°	Iceland
14	Pelvoux	D°	France	14,215	58	Ben Nevis	D°	Scotl^d
15	Gross Glockner	D°	Alps	13,830	59	Corea	AS.	China
16	Jungfraw Horn	D°	Alps	13,735	60	Cairn Gorm	EU.	Scotl^d
17	Mt Ophir	AS.	Suma.	12,955	61	Ben Lawyars	D°	D°
18	Briet Horn	D°	D°	12,800	62	Vesuvius (Volc°.)	D°	Italy
19	Sochonda	AS.	China	12,600	63	Ben Wevis	D°	Scotl^d
20	Teneriffe Peak	SA.	Tener^e I.	12,358	64	Snowden	D°	Wales
21	Mulahacen	EU.	Spain	11,670	65	Table Mountain	AF.	Africa
22	Schreck-horn M^n	D°	Swiss^d	11,490	66	Ben Lomond	EU.	Scotl^d
23	Venlatta Peak	D°	Spain	11,390	67	Sca Fell	D°	Engl^d
24	Mt Perdu	D°	Pyren^s	11,265	68	Skiddaw	D°	D°
25	Mt St Bernard	D°	Alps	11,006	69	Cader Idris	D°	Wales
26	Etna (Volcano)	D°	Sicily	10,940	70	Cross Fell	D°	Engl^d
27	Furca	D°	Alps	10,850	71	Cheviot Hills	D°	D°
28	Italitzkoi	AS.	Tartary	10,735	72	Mangerton	D°	Irel^d
29	Hoch-Horn	EU.	Tyrol	10,660	73	Plynlimmon	D°	Wales
30	Awatscha (Volc°.)	AS.	Kamts.	9,600	74	Ingleborough	D°	Engl^d
31	Grimsel	EU.	Swiss^d	8,960	75	Saracte	D°	Italy
32	St Gothard	D°	D°	8,930	76	Whernside	D°	Engl^d
33	Lomnitz Peak	D°	Hung^y	8,640	77	Carmel (M^t.)	AS.	Syria
34	Valino (M^t.)	D°	Italy	8,300	78	Sna Fell	EU.	I. of Man
35	Sneebutton	D°	Norway	8,295	79	Black Comb	D°	Engl^d
36	Mt Anzeindaz	D°	Swiss^d	7,820	80	Criffle	D°	Scotl^d
37	Furca del Bosco	D°	D°	7,695	81	Campsie Hills	D°	D°
38	Volcano	AF.	Bourb. I.	7,680	82	Malvern Hills	D°	Engl^d
39	Montaigu	EU.	Pyren^s	7,310	83	Craig Phathrick	D°	Scotl^d
40	Furca Pass	D°	Swiss^d	6,820	84	Hunne	D°	Sweden
41	Cenis	D°	D°	6,780	85	Holyhead	D°	Wales
42	Olympus	D°	Greece	6,600	86	Dover	D°	Engl^d
43	Simplon	D°	Swiss^d	6,594	87	Shooters Hill	D°	D°
44	Cimone	D°	Italy	6,400	88	Greenwich	D°	D°

REFERENCE TO THE MOUNTAINS IN THE WESTERN HEMISPHERE

		Region	Country	Altitude			Region	Country
1	Chimborazo	S.A.	Quito	21,470	15	Pambamarca	S.A.	Quito
2	Disca Cassada	D°	D°	19,517	16	Coffrè	N.A.	Mexico
3	Cajambe	D°	D°	19,392	17	Imbaraba	S.A.	Quito
4	Antisana (Volc°.)	D°	D°	19,125	18	Silla de Caraccas	D°	Carac^s
5	Cotopaxi (Volc°.)	D°	D°	18,870	19	Blue M^tns (Volc°.)	N.A.	Jama^a
6	Elie	N.A.	N.W. Coa.	18,090	20	Stony M^tns	D°	U. States
7	Peubla	D°	Mexico	17,720	21	High Peak in D°	D°	D°
8	Illinissa	S.A.	Peru	17,390	22	Morne Garou	D°	St Vinc^t
9	Orizaba (Volc°.)	N.A.	Mexico	17,370	23	Souffriere	D°	St Vinc^t
10	Cotocatche	S.A.	Peru	16,440	24	Jurullo	D°	Mexico

REFERENCE TO THE RIVERS,

as Measured in the CENTRE of the STREAM.

	Region	Country	British Miles
Amazon	S.A.	Peru & Para	3,600
Mississippi	N.A.	U^d States	3,530
Hoan-Ho	AS.	China	3,270
Yangtse Kiang	D°	China	3,040
Nile	AF.	Egypt	2,686
La Plata	S.A.	Brazil	2,210
Volga	EU.	Russia	2,100
Euphrates	AS.	Turkey	2,015
Danube	EU.	Austria	1,790
Indus	AS.	Hindoostan	1,769
Ganges	D°	Hindoostan	1,646
Orinoco	S.A.	Caraccas	1,583
St Lawrence	N.A.	Canada	1,228
Don	EU.	Russia	1,209
Dnieper	D°	Russia	1,163
Senegal	AF.	Senegambia	1,120
Rhine	EU.	France	815
Gambia	AF.	Senegambia	809
Elbe	EU.	Prussia	678
Vistula	D°	Prussia	660
Susquehana	N.A.	U^d States	655
Oder	EU.	Prussia	648
Tagus	D°	Spain	535
Loire	D°	France	520
Rhone	D°	France	462
Seine	D°	France	430
Po	D°	Italy	405
Ebro	D°	Spain	390
Severn	D°	England	225

NOTE.

The greatest Altitude attained by Man was 19,400 feet, they found the air intensely cold and piercing, and, owing to its extreme tenuity, respiration was difficult. Blood oozed from the Eyes, Lips, and Gums. Some of the party fainted, and all of them felt extreme debility. (Vide. Humboldt.)

Authorities consulted, are Humboldt, Asiatic Researches, Coxe's Swiss^d, Philos^l Tran^s &c.

ABBREVIATIONS.

Swiss^d .... Swisserland
Scotl^d .... Scotland
Engl^d .... England
Suma. .... Sumatra
Pyren^s .... Pyrenees
Kamts. .... Kamtschatka
Hung^y .... Hungary
Bourb. I. .... Bourbon I.
N.W. Coa. .... N^th W^t Coast
Carac^s .... Caraccas
Jama^a .... Jamaica
St Vinc^t .... St Vincent
EU. .... Europe

...TION OF THE ...S.

...d to in the construction of ... be clearly elucidated, it is ... their true Figure as laid down ... the greater angles, for the ... a perpendicular line drawn ...ea, as demonstrated on the ...s in each intermediate space ...ed thus ╋ readily point out ...gle or portion of the River

... Signs

画面中对山脉的重新排序经常造成地理上的偏差。瑞士作家菲利普·斯里斯·布里德尔（1757—1845）对布拉和丰塔纳公布的“极好的图表”发表了讽刺性的评论说，指出有些山口从一座山移到另一座山上，甚至有些山与错误的国家相连。请看下文：

“先生们，请允许我占用您宝贵的时间，我想谴责一种奇特的盗窃，这种行为偷走了我们最著名的两座山。让我解释一下，布拉和丰塔纳最近在巴黎出版了一幅美丽的地图，这是一幅彩色地图，它的标题是《地球主要山脉、河流和瀑布比较图》，画中包括世界上每座火山上那些优雅的烟柱；然而，在按照字母顺序排列在页边的山脉中，你们会看到那些世俗的校正者已经把辛普朗山口和圣伯纳德大山口移走了，并随心所欲地把它们给了皮埃蒙特山。我们不是唯一抱怨这种地理学魔术的州，这些魔术把戏是由某些智者完成的，他们一定是相信自己有足够的信仰可以移山：伯尔尼州可以要求归还他们从瑞士拿走并赠予法国的查榭哈峰；而沃州一直认为多勒市位于汝拉境内，现在根据这张地图，倒要去阿尔卑斯山中寻找它了。

管中窥豹，可见一斑。”

——《瑞士策展人》或《海尔维第[1]新发文章全集》，第 13 卷
洛桑，邦雅曼·科尔巴书商，1831 年

布拉，丰塔纳
约 1826 年

地球主要山脉、河流和瀑布比较图
高 57 厘米，宽 77 厘米
布拉印刷出版社，巴黎，1826 年左右
雕版：拉勒芒
铜版雕刻：罗米尔德

约翰·A·沃尔特 1972 年发表于《国会图书馆季刊》上的一项研究，提到了布拉的比较图，这位地理学家称它是他所考虑过的“最精致、最巧妙的文献”。尽管这幅图并不是第一个将高度和长度结合在一起的作品，但它确实通过将文本进一步推到边缘并采用更大的尺寸来增强“画面”的感染力（达顿的版画要小得多，并且可折叠设计导致折叠处的“十字”让人很难看清图像）。

这幅图有几个特殊之处：标志着植被界限的雪线被非常清楚地表示为一个取决于不同山脉的变量。

右下角是瀑布和大瀑布的列表。

1804 年 9 月 16 日，吕萨克的热气球上升到 7 000 多米的创纪录高度。和我们已经看到的大多数图画一样，该图中也出现了热气球，然而在喜马拉雅山脉上出现了第二个热气球，是布里奥西（Brioschi）使用的那个。这里有一处注释：“1808 年，米兰天文学家布里奥西先生和安德烈奥里一起登上帕多瓦山，达到 7 760 米的高度。”1809 年的《科学与文化年鉴》和 1834 年的《巴黎纪事》杂志也有提到这个热气球记录，但似乎没有得到官方承认。热气球也出现在布拉与丰塔纳于 1830 年出版的版本中，但其他制图师的画面并没有包括这段事迹。图中呈现了 40 条河流。

① 海尔维第（helvétie），瑞士古称。

Chimborazo (6543)
Le plus haut dégré d'élévation où soit parvenu Mr. de Humboldt (5488)
Antisana (5833)
Cotopaxi
Sangai
Passage (5090)
Limite supérieure de la végétation
Limite inferieure des neiges perpétuelles sous l'Equateur (4725)
Limite inferieure des neiges perpétuelles
Monts Himalayas
Montagnes de Geesh (4588)
Passage (5671)
Nako (3656)
Pic du Teneriff (3766)
Fort Shealkur (3171)
St. Gothard
Passage de Stelvio (2873)
Glacier (2591)
Col de Ferret (2353)
L. Lausanice (2286)
Mine d'Or (2180)
Couvent de S. Gothard (2103)
Lac Luzon 1896)
L. Grüne (1624)
Montanvert
Briançon (1300)
(1417)
Lanslebourg (1344)
St. Ildefonse (1156)
Courmayeur (1219)
Modane (1051)
Prieuré de Chamouny (1019)
MADRID (600)
Navalese 846
Ile de Man (650)
St. Michel (714)
Mt. Pentland
Kingston
L. Ontario
Niagara
Buffalo
L. Erié
Cleveland
L. Huron
Détroit
Sandusky
Ft. Défiance
CRACOVIE
Constance
Lac de Constance
Mts. Crapacks

J. 安德利沃，J. 古戎（1805—1894）
1836 年

世界主要山脉高度和河流路线的比较数据图
高 56 厘米，宽 89 厘米
巴黎，1836 年
河流雕版：杜莫提耶
山脉雕版：爱德华·霍克亚

不可否认，这幅画的灵感来自布拉的作品，由安德利沃和古戎创作（他们有时签上各自的名字，有时使用一个共同的名字，即 J. 安德利沃 – 古戎或简称安德利沃 – 古戎）。这幅图有这样几个细节使其从其他作品中脱颖而出：提到海平面以下的地理现象（里海的海拔和安井矿的深度）；一条额外的河流的存在，即最右边第四个；以及对不同的瀑布的描绘。加瓦尼瀑布被认为是世界上最高的瀑布，但在今天它的已知排名是第 156 位，这说明当时人们对欧洲以外的土地还知之甚少。

这幅版画比达顿的作品晚三年：尼罗河向下移动了一点，雅鲁藏布江出现了。

叶尼塞河是第三条河流（美国的那副版画中没有叶尼塞河），如果按照指示长度而不是按照逻辑上应该对应的视觉顺序来考虑，它就是第二条河流——但画河流时有一定的曲折。

长度以突阿斯为单位。

提到的高度还包括巴黎旺多姆广场的圆柱（43 米）和蒙马特高地（120 米）。

图中乡村部分上面写着几条备注，包括："在旧大陆上哪里可以找到最美丽的古代海洋遗迹"，"40 多里外都可以看到特内里费火山"，"高大的火山很少喷发熔岩，通常喷发物是火山碎屑" 以及 "阿尔卑斯山上地衣在这个高度以下生长"。

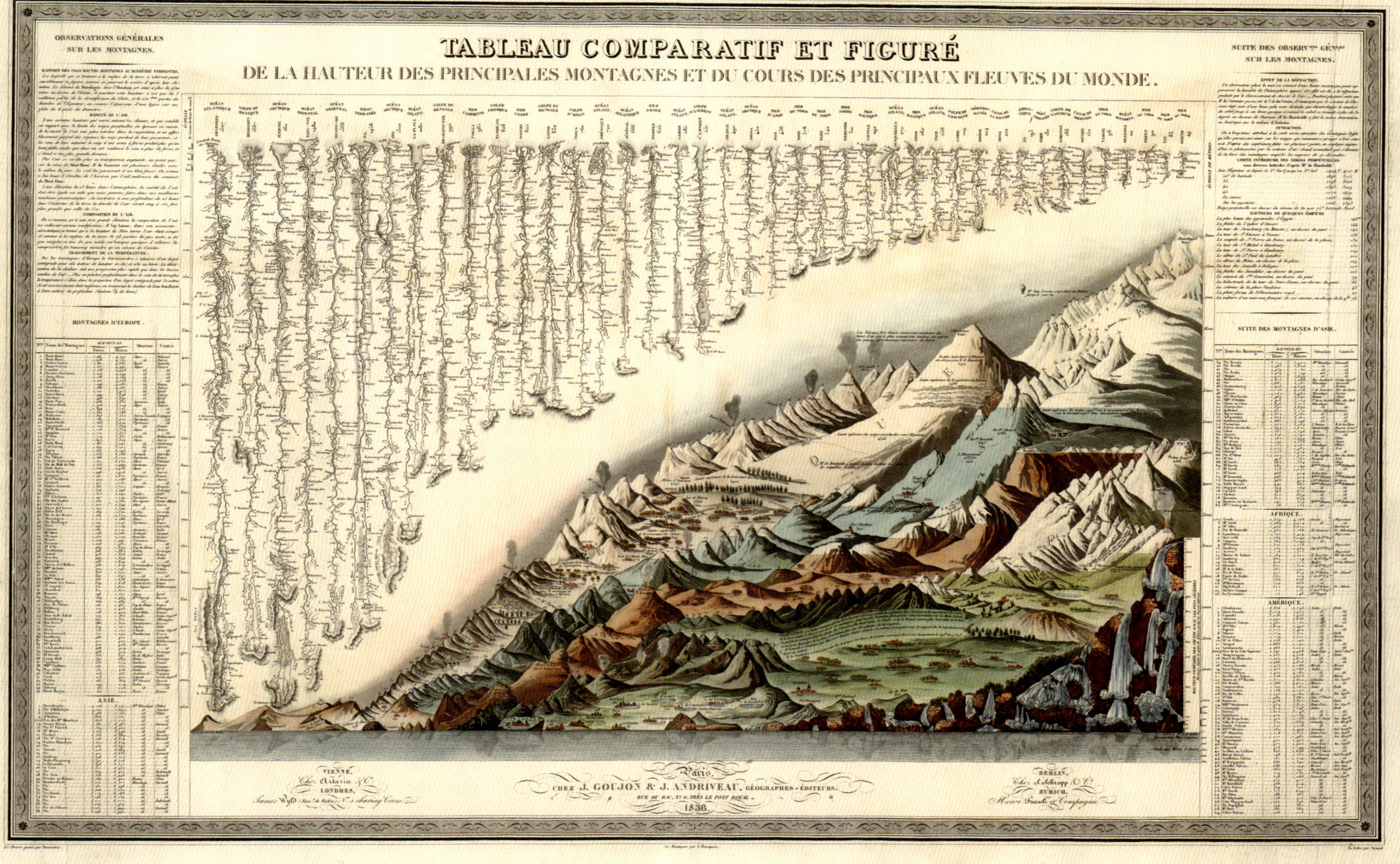
48
TABLEAU COMPARATIF ET FIGURÉ
DE LA HAUTEUR DES PRINCIPALES MONTAGNES ET DU COURS DES PRINCIPAUX FLEUVES DU MONDE.
OBSERVATIONS GÉNÉRALES SUR LES MONTAGNES.
SUITE DES OBSERVTNS GÉNles SUR LES MONTAGNES.
MONTAGNES D'EUROPE.
ASIE.
SUITE DES MONTAGNES D'ASIE.
AFRIQUE.
AMÉRIQUE.
VIENNE, Chez Artaria & Cie
LONDRES, James Wyld (Succr de Faden) No 5 charing Cross.
Paris. CHEZ J. GOUJON & J. ANDRIVEAU, GÉOGRAPHES-ÉDITEURS.
RUE DU BAC, No 6, PRÈS LE PONT ROYAL.
1836.
BERLIN, Chez Schropp & Cie
ZURICH, Henri Fuessli & Compagnie

L. Uberava
Kostroma
Jaroslav
Nazook
Malazerd
Ulm
Mts Hymalaya
Banias
Forêt Noire
Fehrenbach
L. Yacond
L. Panda
Gortope
Aridsong
Ouglitch
Koliasin
Tver
Monts Valday
Mts Kailas
Toldos
Barluranti
Serra de Mantiquiera
Altai Alin-Topo
Rucu Pichincha
Ferme d'Antisana
4095
POTOSI
Limite supérieure de la Croissance des Pins dans
3902
Lac de Toluca
Limite supérieure de la végétation des arbres excepté le Pin
Riobamba
Limite supérieure de la Croissance des Chênes
QUITO
2937
Mt. Ararat
Real del Monte Mine
2775
Avatscha
Limite supérieure de la Croissance du Quinquina
2925
Bogota
Duida
MEXICO
Élévation générale du Sol dans le voisinage de Quito et Mexico.
Erzeroum
Morne de Salaxe
I. Bourbon
Limite supérieure de la Croissance des Pins dans la Zone Torride
Mt. Olympe
Pic d'Adam
Col de Tende
Popayan
Xalapa
Villetta
Souffrière
Jorullo
Palmiers et Bananiers
Montagne de la Table
Cap de bonne Espér.
Ben Nevis
Vésuve
Mt. Blanc
Stromboli
Hecla
Ben Lomond
Longwood
Ste Hélène
L. George
Bathurst
Carmel
Plaine Goulburn
Thun
GENÈVE
L. de Genève
L. d'Annecy
Constance
L. de Constance
L. de Lucerne
L. de Neufchatel
Cadon-Barrow
Turin
Montmeillan
Gibraltar
PARIS
ROME
LONDRES
EDIMBOURG
Ben Lomond

Popoca
Pas de Quindiu
Limite inférieure des neiges perpétuelles sous l'Equateur
4725
Hauteurs d'Assuay
4800
Mr. de Humboldt a trouvé à cette hauteur des débris de coquilles fossiles.
Limite inférieure des neiges perp.les sur le versant mérid.l des Mnts Himalaya sur le versant sept.l elles descendent jusqu'à 3600 m.
5183
Pas de Shatool
4786
Daba
4786
Pas de Boorendo
4573
Montagnes de Geesh
4588
L. Manasarovar
4421
Temple
3963
Bekhur
3864
Nako
3659
Limite inf.re des neiges perp.les sur le versant sept.l des Mts Himalaya
P. de Ténériffe
3766
visible à plus de 40 Lieues
Fort Shealkur
3171
Col de Mt Cervin
St. Gothard
Glaciers
Couv.t de St. Bernard
2624
La plus belle végétation orne ce volcan jusqu'à 2340 m.
Pic des Agres
Mine d'Or
2180
Couv.t de St. Gothard
2105
Col de Ferret
Hôpital Grimsel
Mt. Athos
51
...ÉTATION. Les hautes montagnes, prises de la base au sommet présentent la végétation dans le même ordre qui existe à la surface
terre, depuis le lieu où sont situées ces montagnes, jusqu'au pôle. Tournefort fit le premier cette observation sur le Mont Ararat.
d de la montagne il vit les plantes de l'Arménie, plus haut celles de l'Italie et de la France; encore plus haut celles de la Suède,
t près des neiges de la cime, il ne trouva plus que des plantes de la Laponie.
Ramond a remarqué que dans nos climats chaque centaine de mètres correspond sous le rapport de la végétation à un
ré de latitude.
. de Humboldt a trouvé que sous les tropiques 500 toises de hauteur correspondent à un changement de lat.de de 9° 45'.
Village de Gavarnie
1417
1300
Briançon
1156
St. Ildefonse
Courmayeur
Modane
1061
Lanslebourg
1344
Novalaise
846
St. Michel
714
MADRID
600
Ile de Man
650
Mt. Pentland
Pic Rivington
Chute du Niagara

约瑟夫·托马斯
1835 年

世界主要山脉高度和河流长度的比较视图
高 15 厘米，宽 25 厘米
出自《托马斯图书馆地图集》，包括一套完整的地图，涵盖现代地理学和古代地理学……
约瑟夫·托马斯出版社，伦敦，1835 年
雕版：雷斯特·芬纳

在这个小而稀疏的版块上有 33 条河流。安第斯山脉比喜马拉雅山脉还高（事实并非如此），但没有给出详细解释。

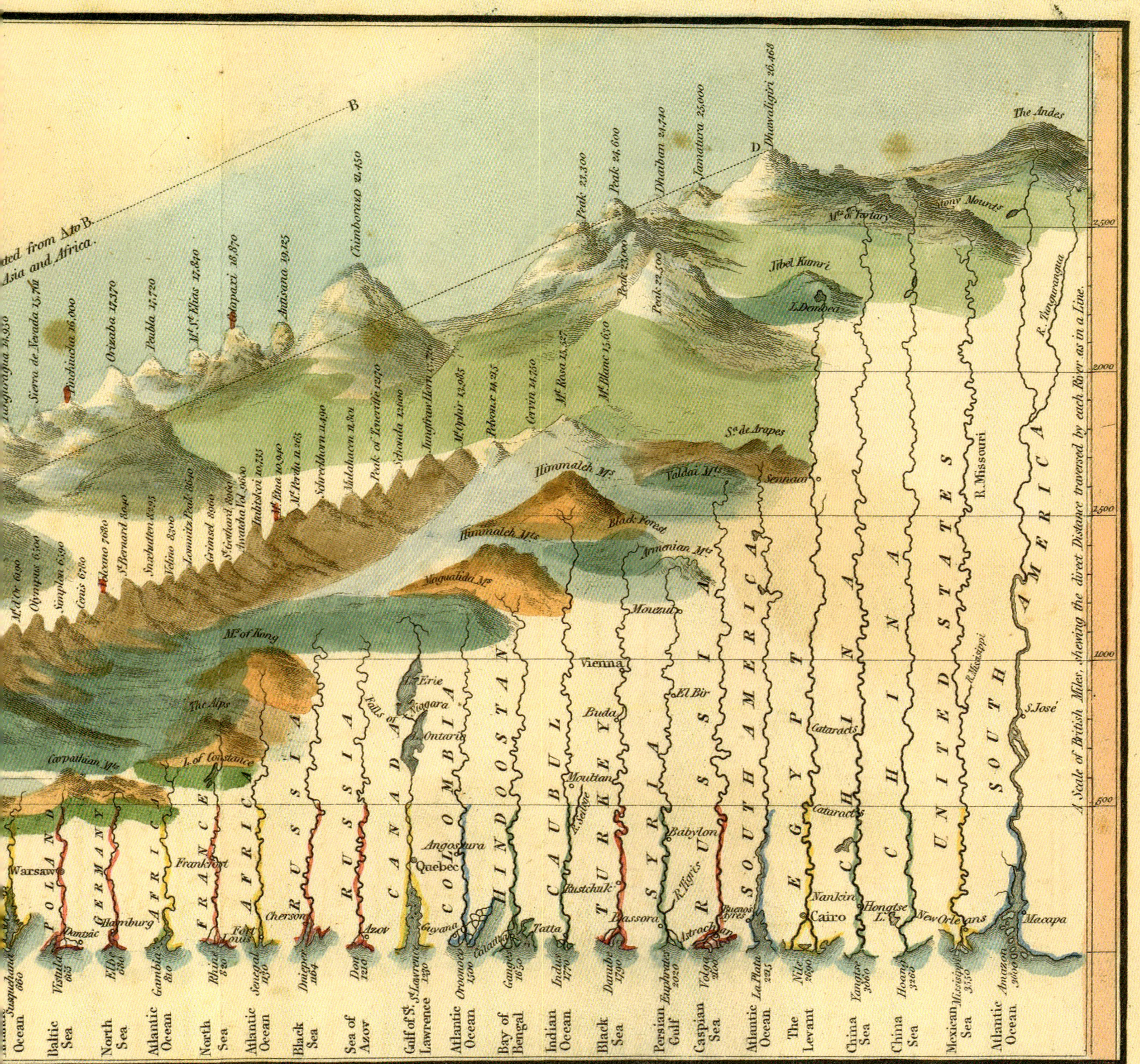

B
D
ted from A to B.
Asia and Africa.
Chimborazo 21,450
Dhawalagiri 26,462
Jamatura 25,000
Dhaibun 24,740
Peak 24,600
Peak 23,300
Peak 23,000
Peak 22,500
Antisana 19,125
Mt. St. Elias 17,850
Orizaba 17,370
Mt. Blanc 15,630
Cervin 14,780
The Andes
Mts of Tartary
Stony Mounts
Jibel Kumri
L. Dembea
Sa de Arapes
Sennaar
Valdai Mts
Himmaleh Mts
Black Forest
Himmaleh Mts
Armenian Mts
Mouzul
Mts of Kong
Vienna
El Bir
Buda
The Alps
Carpathian Mts
L. of Constance
L. Erie
Falls of Niagara
L. Ontario
R. Missouri
R. Mississippi
S. José
Cataracts
Cataracts
Moultan
Babylon
Warsaw
Frankfort
Quebec
Angostura
Rustchuk
Nankin
Cairo
Hongtse L.
New Orleans
Macapa
Cherson
Azov
Guyana
Tatta
Bassora
Astrachan
Buenos Ayres
Dantzic
Hamburg
Fort Louis
POLAND
GERMANY
AFRICA
FRANCE
AFRICA
RUSSIA
RUSSIA
CANADA
COLOMBIA
HINDOOSTAN
CAUBUL
TURKEY
SYRIA
RUSSIA
SOUTH AMERICA
EGYPT
CHINA
CHINA
UNITED STATES
SOUTH AMERICA
Susquehanna 860
Vistula
Elbe
Gambia 810
Rhine 820
Senegal 1150
Dnieper 1164
Don 1220
St. Lawrence
Oroonoko 1500
Ganges 1650
Indus 1770
Danube 1790
Euphrates 2020
Volga
La Plata
Nile
Yangtse
Hoang
Mississippi
Amazon
Ocean
Baltic Sea
North Sea
Atlantic Ocean
North Sea
Atlantic Ocean
Black Sea
Sea of Azov
Gulf of St. Lawrence
Atlantic Ocean
Bay of Bengal
Indian Ocean
Black Sea
Persian Gulf
Caspian Sea
Atlantic Ocean
The Levant
China Sea
China Sea
Mexican Sea
Atlantic Ocean
2,500
2000
1,500
1000
500
A Scale of British Miles, shewing the direct Distance traversed by each River as in a Line.
Fenner Sc. Paternoster Row.

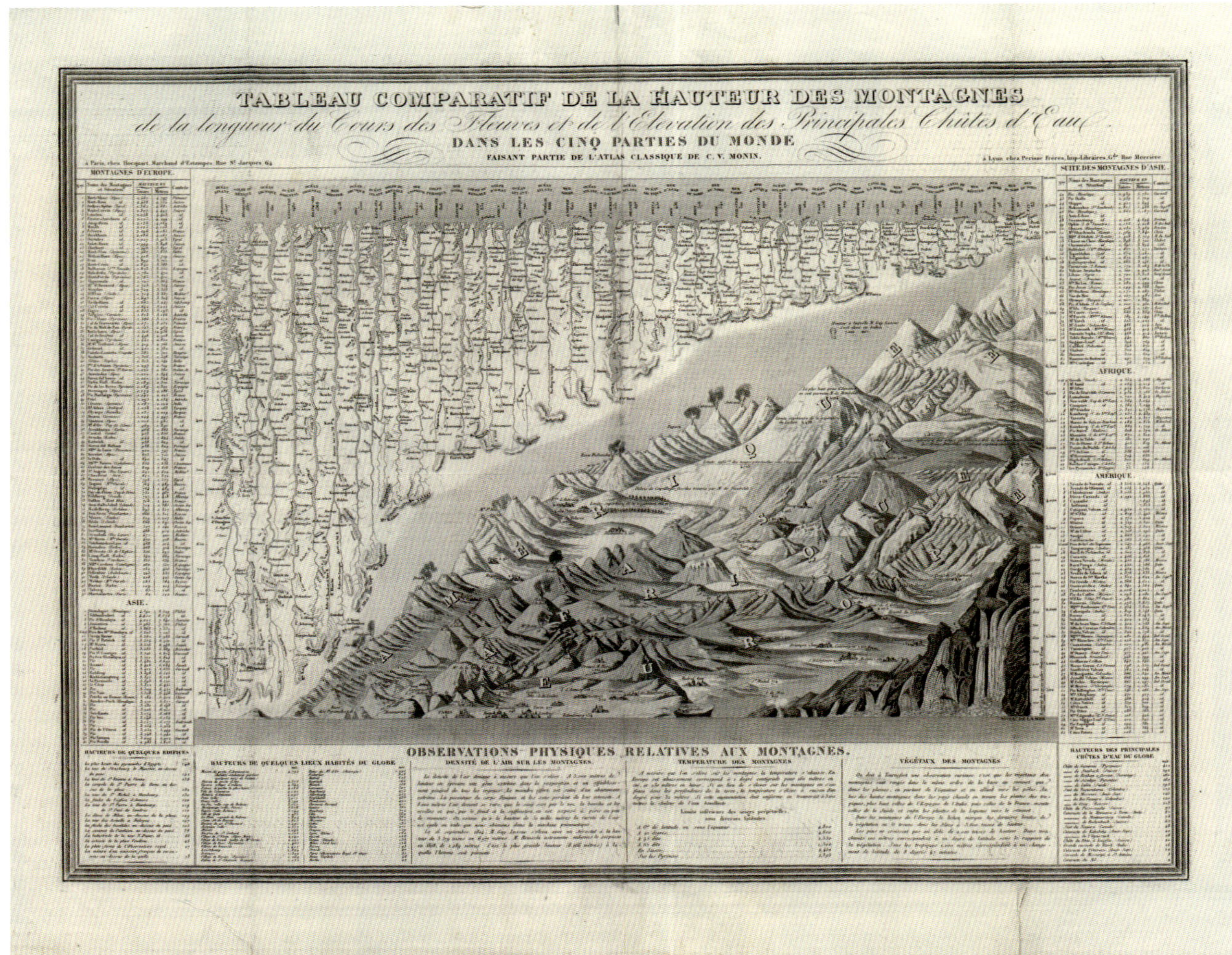

尺寸以突阿斯和米为单位。

这里的大部分信息来自布拉的版画（相同数量的河流、相同的数字，等等），但在图中出现了两个额外的山峰：索拉塔雪山和伊伊马尼雪山。作为安第斯山脉的第一和第二高峰（当时这么认为），肯尼亚山和乞力马扎罗山都不在名单上。

加瓦尼瀑布仍然被列为世界上最高的瀑布之一。布里奥斯基的热气球不被包括在内，但它所到达的 8 266 米被认为是“人类达到的最高高度”。

查尔斯 · V. 莫宁（？—1880）
1839 年

世界五大洲山脉高度、河流长度和主要瀑布高度比较表
图为查尔斯 · V. 莫宁经典地图集的一部分
高 45 厘米，宽 60 厘米
出自《古代、中世纪和现代地理学经典地图集》，供中学和寄宿学校使用，用于地理和历史研究；1838—1839 学年，奥卡尔学校，巴黎；佩里斯 · 弗雷尔出版社，里昂，1839 年
右图：彩色版本（版本信息未知）。

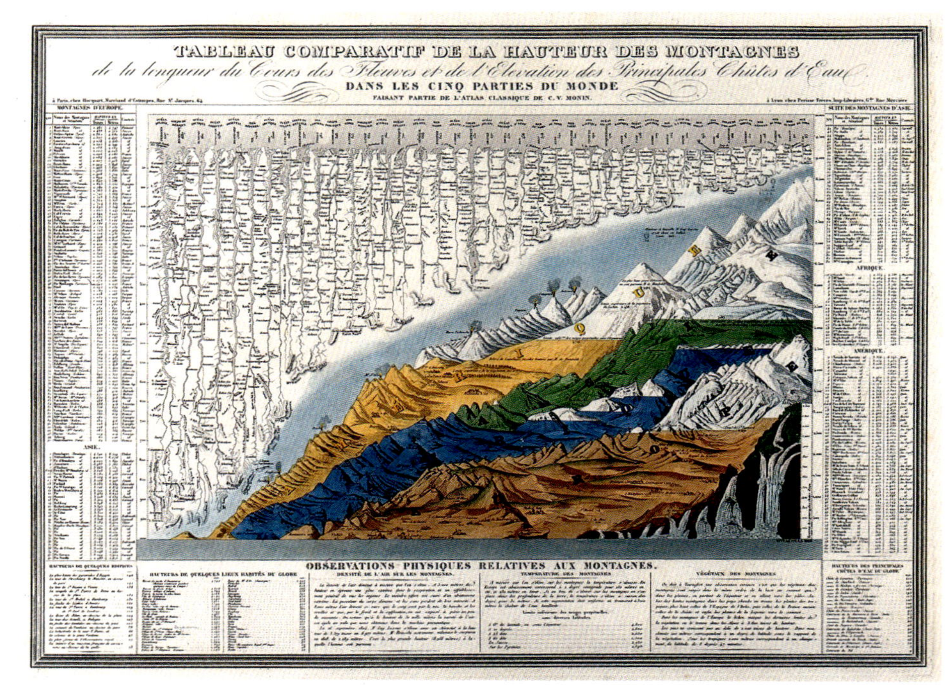

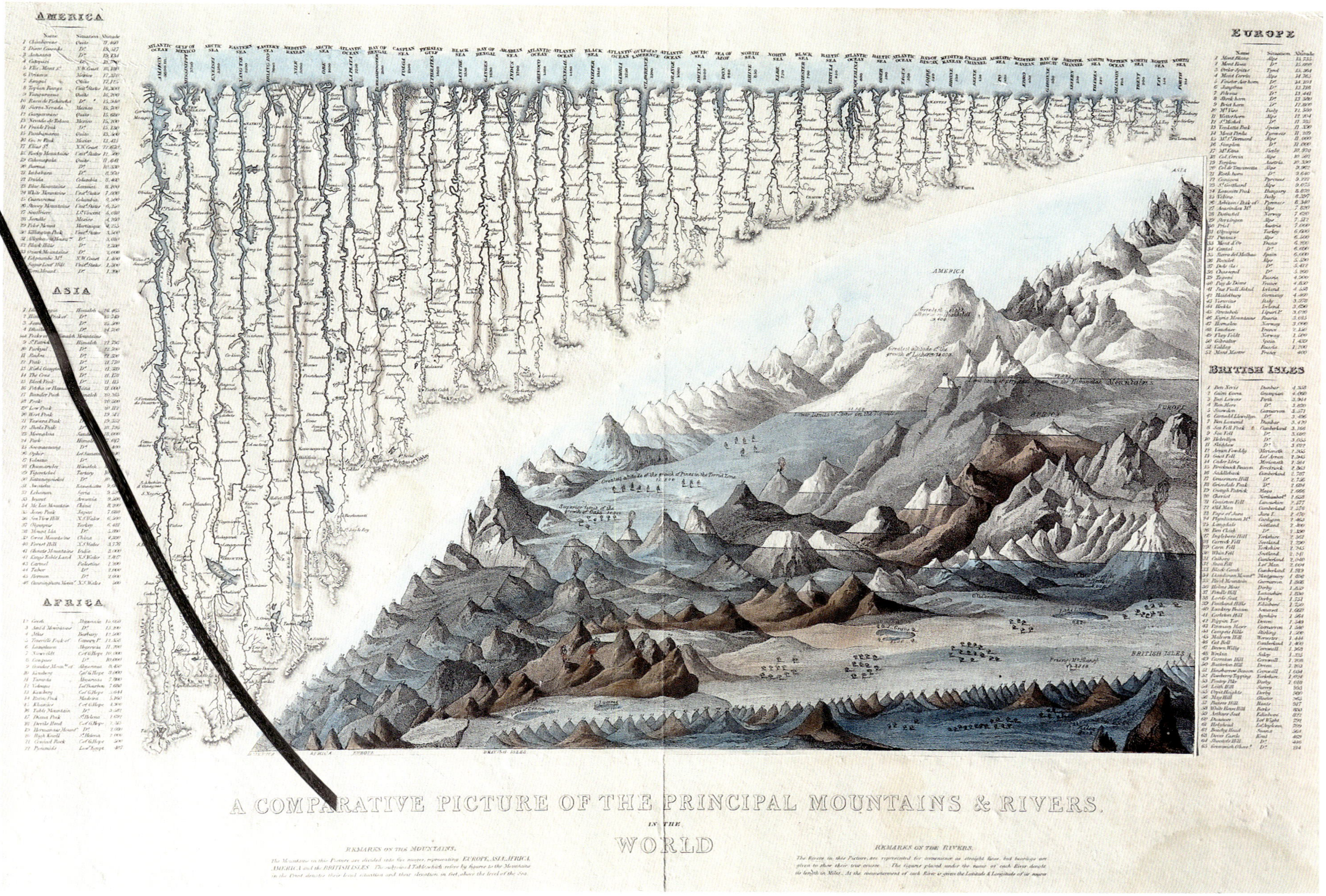

查尔斯·史密斯父子
1836 年

世界主要山脉和河流比较图
高 37 厘米，宽 52 厘米
查尔斯·史密斯出版社，伦敦，1836 年

在这幅被复制到此的版画中，有一部分似乎是单独打印出来后粘在大页面上的，这部分画面色彩用色大胆，重点描绘河流和山脉。出版商是想要“升级”图纸？还是说，最初印刷出了问题？又或者说，出版商单纯只是想为读者提供质量更高的画面？

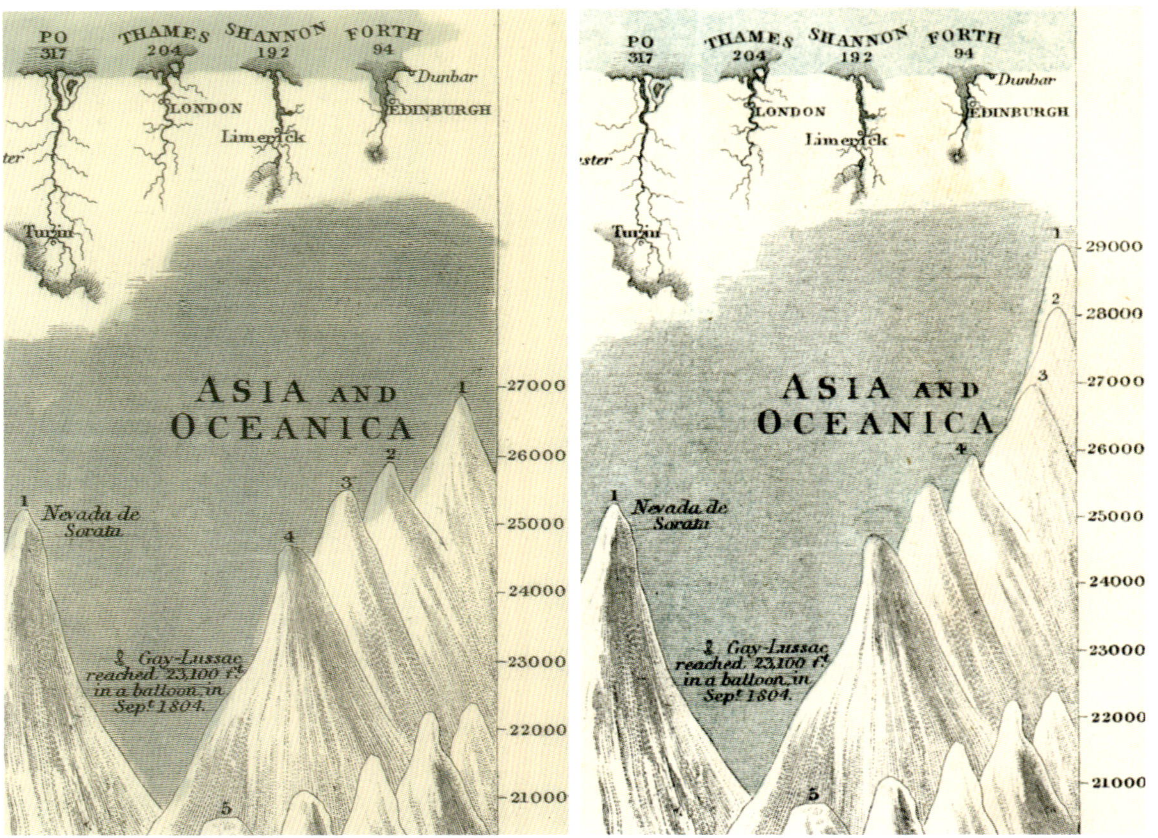

亚当·布莱克，查尔斯·布莱克，
西德尼·霍尔（1788—1831），
威廉·休斯（1818—1876）
1854 年

自然地理图
高 27 厘米，宽 38 厘米
出自《世界通用地图集》，亚当和查尔斯·布莱克出版社，爱丁堡，1854 年
雕版：乔治·艾克曼（1830—1905），手工着色

“对角线”类型的比较图（但不是所有作画者都采用了这种方式，达顿和托马斯都没有这样做）具有一种特殊性，在这幅由布莱克兄弟创作的图版上体现得尤为明显，即山脉最低的国家或大陆被放在前景。

这幅图所包含的信息少于我们所看到的法国版本：没有列出河流的支流和河流的地理位置，甚至没有在同一页面上显示高山海拔等。

亚马孙河被认为有 5 037.25 千米长（今数据为 6 480 千米），与 1823 年达顿的版画相比，它的长度减少了近 804.67 千米，被密苏里河远远超过。索拉塔雪山、伊伊马尼雪山取代了钦博拉索山。

如左上图中比较所示，把手工着色的 1854 版与 1859 版彩色平版（见第 126—127 页）相比，后者中出现了一个显著变化：珠穆朗玛峰成为世界最高峰。

事实上，1856 年，在“大三角测量法”的框架内进行了数年测量后，总测量员安德鲁·沃正式确认“XV 峰”高 8 840 米，并在 1865 年，他给它取了上一任测量员的名字：乔治·埃佛勒斯特。埃佛勒斯特是印度第一个总测量员。

这是 W.G. 西博尔德在《眩晕》（*Vertigo*）这部自传中提到的同一幅图画的德语版（由迈克尔·豪尔斯翻译，新方向出版社，2000 年）。这幅图与书中的黑白插图，都存在一个赭色版本。

PHYSICAL GEOGRAPHY.
MISSOURI 3610 Miles
AMAZON 3130
IENESEI 3115
YANG-TSE
NILE 2700
OBE 2179
VOLGA 2100
JOLIBA QUORRA 2000
ST. LAWRENCE 2000
LA-PLATA 1830
DANUBE 1700
INDUS 1700
GANGES 1650
EUPHRATES 1550
ORONOKO 1480
RHINE 737
ELBE 640
VISTULA 576
LOIRE 540
TAGUS 530
ODER 503
RHONE 442
SEINE 416
EBRO 400
SEVERN 350
PO 317
THAMES 204
SHANNON
FORTH 94
NEW ORLEANS
NANKIN
CAIRO
QUEBEC
Montreal
BUENOS AYRES
HAMBURG
Nantes
LISBON
Stettin
Frankfurt
Breslau
MADRID
Geneva
PARIS
LYONS
Bristol
Gloucester
LONDON
Limerick
Dunbar
EDINBURGH
Natchez
Coblentz
Basel
WARSAW
DRESDEN
CRACOW
Orleans
St. Louis
TOBOLSK
Kazan
Timbuktoo
Presburg
VIENNA
ATTOCK
Allahabad
El Bir
Ieneseisk
IRKOUTSK
Tver
ASIA AND OCEANICA
AMERICA
Nevada de Sorata
Nevada d' Illimani
Chimborazo
Highest point reached by Humboldt
Highest growth of Lichens
HIMALAYA
Snow Line
EUROPE
AFRICA
Heights of Assam
Lake of Titicaca
Quito
Snow
Etna
European Volcanoes
Hecla
Vesuvius
Stromboli
BRITISH ISLANDS
Ailsa Craig
Bass
Cape Horn
Cape of Good Hope
London
Level of the Sea
27000
26000
25000
24000
23000
22000
21000
20000
19000
18000
17000
16000
15000
14000
13000
12000
11000
10000
9000
8000
7000
6000
5000
4000
3000
2000
1000 Feet
Edinburgh, Published by A.&C. Black.
Geo. Aikman Sculp.

亚当 · 布莱克，查尔斯 · 布莱克，西德尼 · 霍尔，威廉 · 休斯
1859 年

自然地理图
高 27 厘米，宽 38 厘米
来自《世界通用地图集》，亚当和查尔斯 · 布莱克出版社，爱丁堡，1859 年
雕版：乔治 · 艾克曼（1830—1905），彩色石印

Tatta
Coblentz
Orleans
Frankfort
PARIS
Saragossa
Gloucester
LYONS
WARSAW
Breslau
Geneva
Turin
MADRID
DRESDEN
Basel
CRACOW
Allahabad
ATTOCK
Pest
El Bir
Presburg
VIENNA
ASIA AND OCEANICA
AMERICA
Nevada de Sorata
Nevada d' Illimani
Gay-Lussac reached 23,100 ft in a balloon in Sept 1804.
Chimborazo
Highest point reached by Humboldt
HIMALAYA
Highest growth of Lichens
Snow Line
Ararat
Snow Line
Heights of Assuay
AFRICA
Highest growth of Pines in the Torrid Zone
Lake of Titicaca
Riobamba
Quito
Toluca
Snow
Snow Line
European Volcanoes
San Ildefonso
Briançon
Stromboli
Hekla
Vesuvius
BRITISH ISLANDS
Director's house at Leadhills
The highest inhabited place in Scotland
1280
Ailsa Craig
Bass

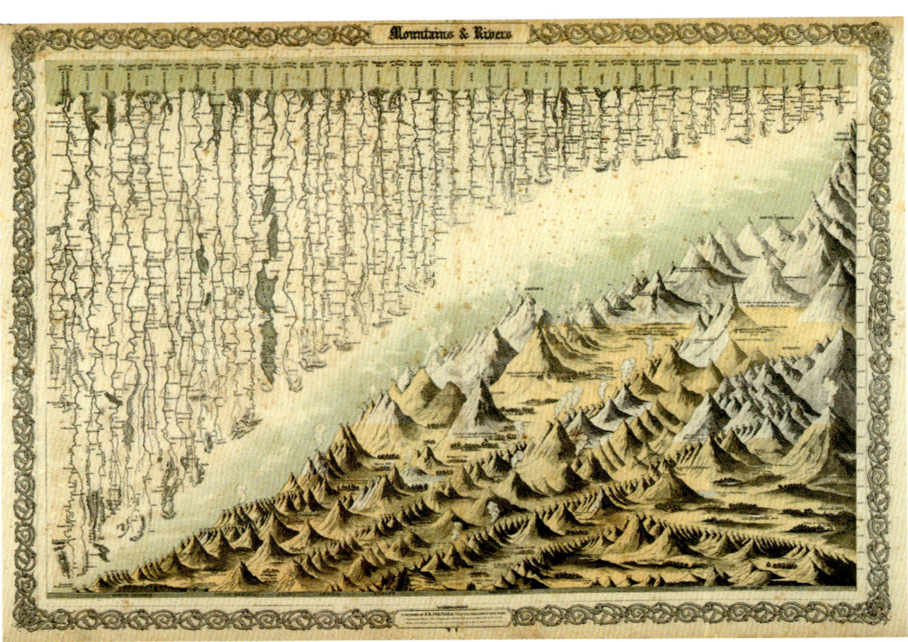

乔治·伍尔沃斯·科尔顿（1827—1901），约瑟夫·赫钦斯·科尔顿（1800—1893）1856 年

群山河流图

高 46 厘米，宽 64 厘米

出自《科尔顿的世界地图集》，约瑟夫·赫钦斯·科尔顿公司，纽约；特吕布纳公司，伦敦，1856 年

这幅图来自科尔顿制作的第一本世界地图集。在那之前，他已经花了几年时间出版袖珍地图、海报、指南等。这本地图集获得了长久的成功。

第 129 页和 130 页展示了同一对比图的两个后续版本。这幅图的出版历史以及科尔顿家族的出版历史错综复杂。图中有 43 条河流（卢瓦尔河不包括在内，即使它是亚当·布莱克、查尔斯·布莱克在地图上列出的 29 条河流之一）。

阿尔文·J. 约翰逊 1864 年

群山河流图

高 46 厘米，宽 67 厘米

出自《约翰逊的新版家庭地图集》，包含自然地理学、地理、统计和历史描述（在约瑟夫·赫钦斯·科尔顿和阿尔文·J. 约翰逊的监督下编制、绘制和雕刻的地图），约翰逊和沃德公司（约翰逊和布朗宁公司的继任者，同时也是约瑟夫·赫钦斯·科尔顿公司的继任者），纽约，1864 年

这幅大版幅地图被放在 1864 年版的《约翰逊的新版家庭地图集》的前几页。

1857 年，阿尔文·J. 约翰逊开始为著名的地图出版商约瑟夫·赫钦斯·科尔顿工作。两年后，约翰逊和布朗宁公司出版了《科尔顿通用地图集》。第二年，《约翰逊的新版家庭地图集》第一版问世。尽管书中这些地图是由科尔顿公司（约瑟夫·哈金斯·科尔顿和他的两个儿子乔治·伍尔沃斯·科尔顿、查尔斯·B.·科尔顿经营）设计的，但这幅作品可与科尔顿的地图集、塞缪尔·奥古斯都·米切尔的地图集形成强有力的竞争，塞缪尔·奥古斯都·米切尔是该领域的另一位主要出版人。

从 1860 年到 1887 年（除 1875 年、1876 年和 1878 年外），《约翰逊的新版家庭地图集》每年都进行修订和补充。其中有些是真正的全新版本，但在版本之间，出版商往往等不到下一个版本正式发布就重新组合所有修订，并随着新版画的完成而发布更新。这意味着存在出版年份相同但部分内容（补充、分页、公司名称和地址、品牌、印版框架等）不同的版本。

在《约翰逊的新版家庭地图集》更新的 27 年里，出版商的公司名称换了 5 次：1860—1862 年，约翰逊和布朗宁公司；1862—1866 年，约翰逊和沃德公司（沃德主要负责该地图集在美国克利夫兰和芝加哥的订阅和销售）；1866—1877 年，阿尔文·J. 约翰逊公司（从 1866 年开始，地图的扉页上不再提及约瑟夫·赫钦斯·科尔顿在绘制地图中所起的作用，显然是因为此时大部分地图已经被重新绘制了）；1879—1880 年，阿尔文·J. 约翰逊父子公司；1881—1887 年，阿尔文·J. 约翰逊公司。图章，也就是今天我们所说的商标，在这 25 年里改变了 6 次，而地图周围的边界被重画了 4 次。

在印刷程序方面，《约翰逊的新版家庭地图集》扉页上出现的有关“钢版”的说明似乎是为了承诺保证高质量的印刷，但这一点并不完全准确。

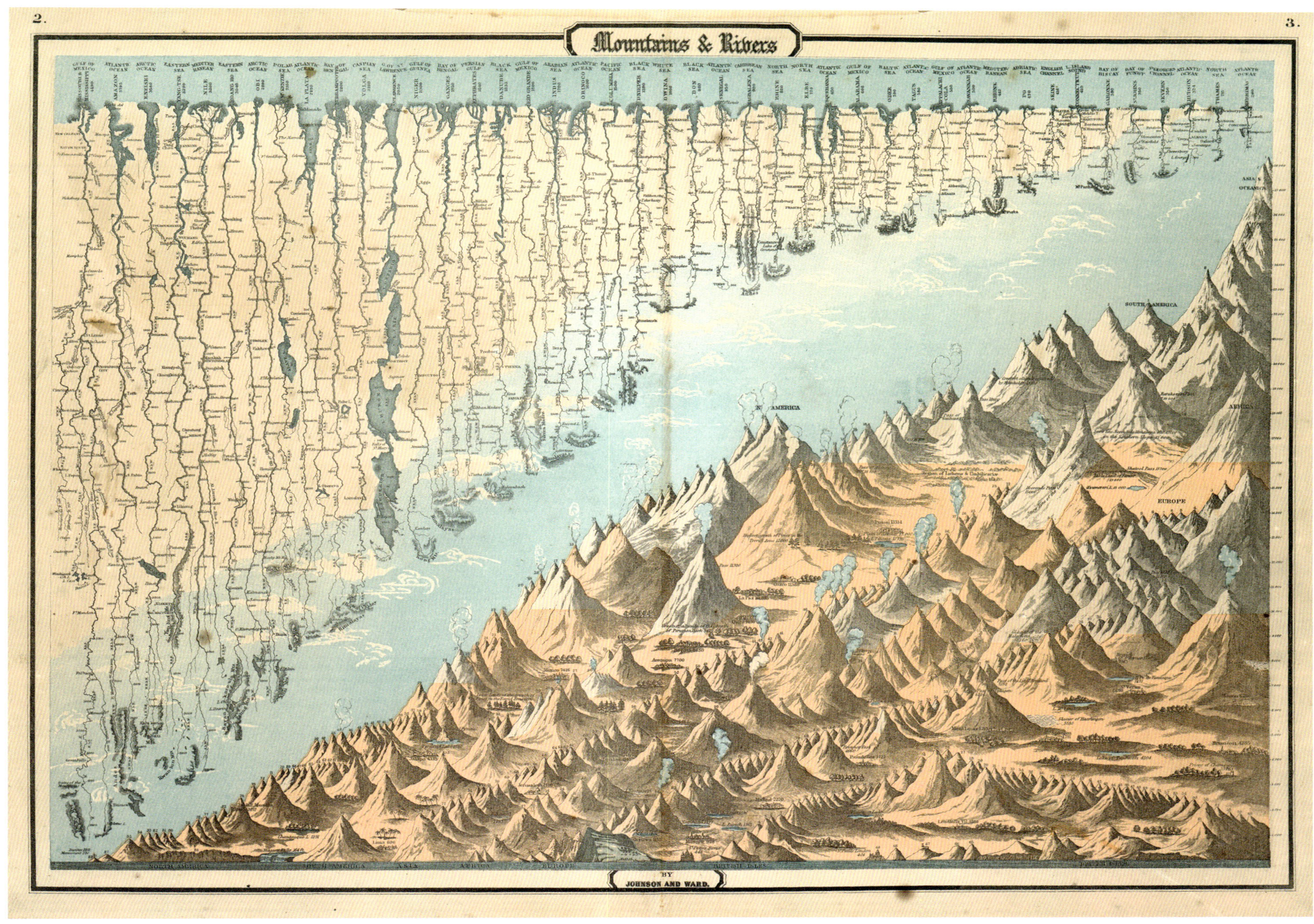

研究人员已经证实，即使这些印版最初是刻在钢版上的，它们也很可能很快就变成由平版印刷。

约翰逊公司的大部分出版物都是通过上门推销实现订购的。这种销售方法被当时大多数地图集大出版商采用。这意味着修订地图集的频率也是商业策略的一部分，因为销售代表的目标是说服消费者购买最新版本的《约翰逊的新版家庭地图集》。可惜的是，我们没有任何关于这册出版物的流通信息，也不知道它的销售价格。

乔治·伍尔沃斯·科尔顿（1827—1901），约瑟夫·赫钦斯·科尔顿
1869 年

群山河流图
高 44 厘米，宽 64 厘米
出自《科尔顿通用地图集》，乔治·伍尔沃斯和约瑟夫·赫钦斯·科尔顿公司，纽约
绘画：乔治·伍尔沃斯·科尔顿
雕版和印刷：C. 怀斯、F. A . 查普曼、约瑟夫·赫钦斯·科尔顿、哈特和马博瑟

1874 年版的细节（见右页图）。

阿尔文 · J. 约翰逊
1874 年

约翰逊的非洲、亚洲、欧洲、南北美洲山峰相对高度和河流长度图表
高 46 厘米，宽 65 厘米
出自《约翰逊的新版家庭地图集》，阿尔文 · J. 约翰逊公司，纽约，1874 年版

1859 年，阿尔文 · J. 约翰逊帮助科尔顿摆脱了财务困境，作为交换，他获得了在自己的地图册里使用科尔顿版画的权利。尽管如此，正如我们之前提到的，书册中科尔顿的图画作品越来越少。从 1864 年开始，约翰逊修改了他的世界山脉和河流的对比图，也许是为了让美国客户更容易识别美洲的山峰。

这个大版幅的版画不再只包括一张单独的绘图，而是五个叠加的比较画面，分别对应五大洲（从下到上）：非洲、亚洲、欧洲、南美洲和北美洲。

虽然该图基本做到了在一个大陆上用统一的尺度，但它未能维持各大陆间的尺度统一，因此破坏了总体上的比较效果，而这种版画的首要目的就在于此。

这幅图上信息很多（从上到下，每张图上的河流数量：23 条、32 条、36 条、25 条、52 条）。

在珠穆朗玛峰后面，喜马拉雅山脉的“山峰”此前一直是匿名的，但这幅图中它们都有自己的名字：干城章嘉峰（现在的世界第三高峰）超越道拉吉里峰（现在的世界第七高峰）成为第二高峰，其次是贾姆诺特里峰、楠达德维峰、希夏邦马峰（现在的世界第十四高峰）和卓木拉日峰。卓木拉日峰当时的测量高度是 7.29 千米（1848 年由沃测量）。

在后续版本中似乎并没有修改。

在为南美洲保留的区域中，钦博拉索山名列第四，前面三名分别是图蓬加托火山、阿空加瓜山（现在的南美洲最高峰）、瓜拉蒂格拉山。不过，钦博拉索山名列索拉塔山和伊伊马尼峰之前。

在北美，圣埃利亚斯山脉和波波卡特佩特火山高耸于其他山峰之上。非洲的乞力马扎罗山和肯尼亚山也是俯视群山。至于河流，刚果河的源头直到 1892 年才被发现，它只有 1 931.21 千米长，而在 40 年前，有用知识传播协会给它多量了 321.87 千米……

这幅版画的魅力来自它记录山峰名称的方式：文字似乎从每一座山上升起，就像缕缕烟雾在风中飘荡。1867 年，《约翰逊的新版家庭地图集》在巴黎世界博览会上获得一等奖。

JOHNSON'S
CHART OF COMPARATIVE
HEIGHTS OF MOUNTAINS,
AND
LENGTHS OF RIVERS
OF
AFRICA.
LEVEL OF THE SEA
JOHNSON'S
CHART OF COMPARATIVE
HEIGHTS OF MOUNTAINS,
AND
LENGTHS OF RIVERS
OF
ASIA.
LEVEL OF THE SEA
JOHNSON'S
CHART OF COMPARATIVE
HEIGHTS OF MOUNTAINS,
AND
LENGTHS OF RIVERS
OF
EUROPE.
LEVEL OF THE SEA
JOHNSON'S
CHART OF COMPARATIVE
HEIGHTS OF MOUNTAINS,
AND
LENGTHS OF RIVERS
OF
SOUTH AMERICA.
LEVEL OF THE SEA
JOHNSON'S
CHART OF COMPARATIVE
HEIGHTS OF MOUNTAINS,
AND
LENGTHS OF RIVERS
OF
NORTH AMERICA.
LEVEL OF THE SEA

JOHNSON'S
CHART OF COMPARATIVE
HEIGHTS OF MOUNTAINS,
AND
LENGTHS OF RIVERS
OF
ASIA.

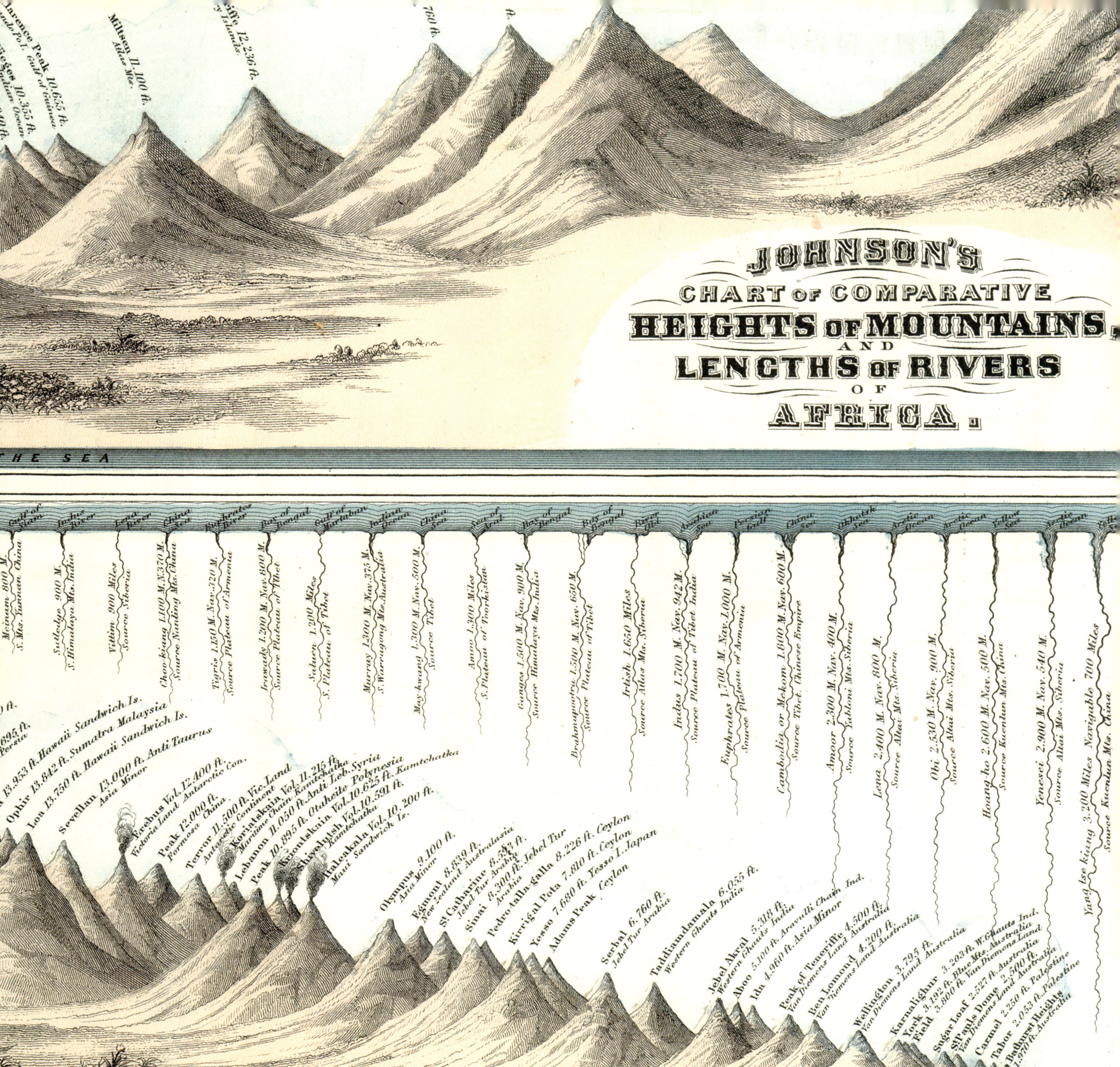
JOHNSON'S
CHART OF COMPARATIVE
HEIGHTS OF MOUNTAINS,
AND
LENGTHS OF RIVERS
OF
AFRICA.
Miltsin 11,100 ft. Atlas Mts.
THE SEA
Gulf of Siam
Indus River
Lena River
China Sea
Euphrates River
Bay of Bengal
Gulf of Martaban
Indian Ocean
China Sea
Sea of Aral
Bay of Bengal
Bay of Bengal
River Obi
Arabian Sea
Persian Gulf
China Sea
Okhotsk Sea
Arctic Ocean
Arctic Ocean
Yellow Sea
Arctic Ocean
Meinam 800 M. S. Mts. Yunnan China
Sutledge 900 M. S. Himalaya Mts. India
Vitim 900 Miles Source Siberia
Chookiang 1,100 M. N. 370 M. Source Nanling Mts. China
Tigris 1,150 M. Nav. 320 M. Source Plateau of Armenia
Irawady 1,200 M. Nav. 800 M. Source Plateau of Tibet
Saluen 1,200 Miles S. Plateau of Tibet
Murray 1,300 M. Nav. 375 M. S. Warragong Mts. Australia
May-kwang 1,300 M. Nav. 500 M. Source Tibet
Amoo 1,300 Miles S. Plateau of Tourkistan
Ganges 1,500 M. Nav. 900 M. Source Himalaya Mts. India
Brahmapootra 1,500 M. Nav. 650 M. Source Plateau of Tibet
Irtish 1,650 Miles Source Altai Mts. Siberia
Indus 1,700 M. Nav. 942 M. Source Plateau of Tibet India
Euphrates 1,700 M. Nav. 1,000 M. Source Plateau of Armenia
Cambodia or Mekom 1,800 M. Nav. 600 M. Source Tibet Chinese Empire
Amoor 2,300 M. Nav. 400 M. Source Yabloni Mts. Siberia
Lena 2,400 M. Nav. 800 M. Source Altai Mts. Siberia
Obi 2,530 M. Nav. 900 M. Source Altai Mts. Siberia
Hoang-ho 2,600 M. Nav. 500 M. Source Kuenlun Mts. China
Yenesei 2,900 M. Nav. 540 M. Source Altai Mts. Siberia
Yang-tse-kiang 3,200 Miles Navigable 700 Miles Source Kuenlun Mts. China
Hawaii Sandwich Is.
Ophir 13,842 ft. Sumatra Malaysia
Loa 13,750 ft. Hawaii Sandwich Is.
Sevellan 13,000 ft. Anti Taurus Asia Minor
Erebus Vol. 12,400 ft. Vic. Land Victoria Land Antarctic Con.
Peak 12,000 ft. Formosa China
Terror 11,500 ft. Antarctic Continent
Koriatskaia Vol. 11,215 ft. Maritime Chain Kamtchatka
Lebanon 11,050 ft. Anti Leb. Syria
Peak 10,895 ft. Otaheite Polynesia
Kriontskaia Vol. 10,625 ft. Kamtchatka
Shiveluch Vol. 10,591 ft. Kamtchatka
Haleakala Vol. 10,200 ft. Maui Sandwich Is.
Olympus 9,100 ft. Asia Minor
Egmont 8,839 ft. New Zealand Australasia
St. Catharine 8,593 ft. Jebel Tur Arabia
Sinai 8,300 ft. Jebel Tur Arabia
Pedro-talla-galla 8,226 ft. Ceylon
Kirrigal Pota 7,810 ft. Ceylon
Yesso 7,680 ft. Yesso I. Japan
Adams Peak Ceylon
Serbal 6,760 ft. Jebel Tur Arabia
Taddiamdamala 6,055 ft. Western Ghauts India
Jebel Akral 5,318 ft. Western Ghauts India
Aboo 5,100 ft. Aravulli Chain Ind.
Ida 4,960 ft. Asia Minor
Peak of Teneriffe 4,500 ft. Van Diemens Land Australia
Ben Lomond 4,200 ft. Van Diemens Land Australia
Wellington 3,795 ft. Van Diemens Land Australia
Karnalighur 3,203 ft. W. Ghauts Ind.
York 3,192 ft. Blue Mts. Australia
Field 3,900 ft. Van Diemens Land
Sugar Loaf 2,527 ft. Australia
St. Pauls Dome 2,500 ft. Van Diemens Land Australia
Carmel 2,250 ft. Palestine
Tabor 2,053 ft. Palestine
Bathurst Heights 1,970 ft. Australia

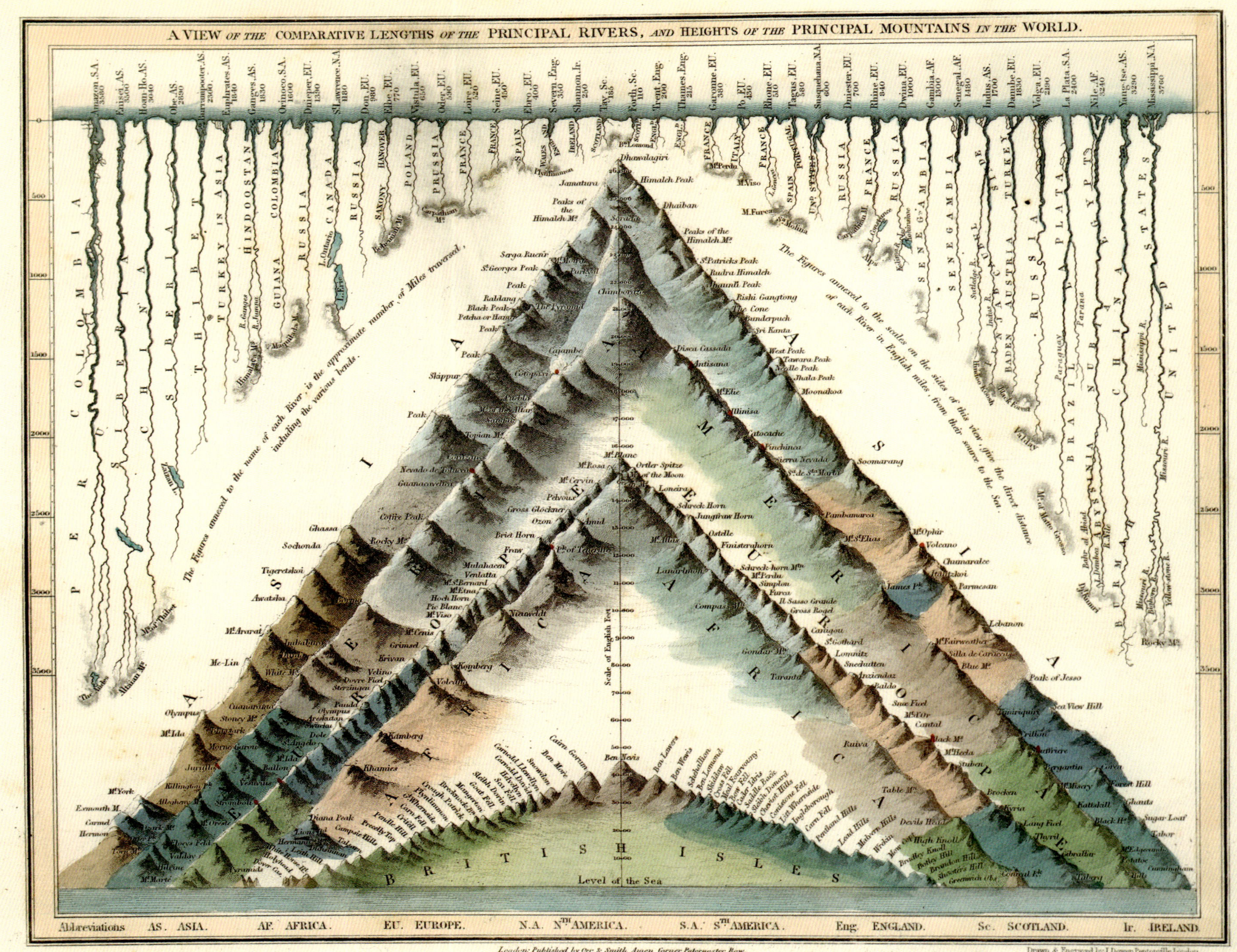

A VIEW OF THE COMPARATIVE LENGTHS OF THE PRINCIPAL RIVERS, AND HEIGHTS OF THE PRINCIPAL MOUNTAINS IN THE WORLD.
The Figures annexed to the name of each River, is the approximate number of Miles traversed, including the various bends.
The Figures annexed to the scales on the sides of this view, give the direct distance of each River in English miles, from their source to the Sea.
Dhawalagiri
Himalch Peak
Chimborazo
Mt. Blanc
Ben Nevis
Scale of English Feet
BRITISH ISLES
Level of the Sea
Abbreviations AS. ASIA. AF. AFRICA. EU. EUROPE. N.A. Nth AMERICA. S.A. Sth AMERICA. Eng. ENGLAND. Sc. SCOTLAND. Ir. IRELAND.
London: Published by Orr & Smith, Amen Corner, Paternoster Row.
Drawn & Engraved by J. Dower, Pentonville, London.

约翰·道尔（1825—1901）
1832 年

世界主要河流的相对长度和主要山峰高度视图
高 24 厘米，宽 32 厘米
卷首图，出自《地球通用描述性地图集》，奥尔和史密斯出版社，伦敦，1832 年
绘画和雕版：约翰·道尔

图中，山脉占据了页面的中间，而河流则悬在两边，是这种表现形式的第一个例子。这里的几何图形比后续版本更加突出；在上升和下降的山坡上描绘出三角形的山峰，创造出一系列嵌入的三角形（非洲、欧洲、美洲、亚洲）。

道拉吉里峰比其他所有的山峰都要高。非洲最高山峰都比欧洲的山峰要低。

约翰·道尔
1844 年

世界主要山脉高度和主要河流长度的比较视图
高 43 厘米，宽 35 厘米
出自《新版通用世界地图册》，亨利·提斯代尔出版公司，伦敦，1844 年
绘画和雕版：约翰·道尔

12 年后，约翰·道尔完成了这幅画，他显然对自己的绘画进行了修改，也许是受到了坦纳在 1836 年创作的图画的影响（见第 138 页）。这幅黑白印刷的版画比它的原型更为丰富：有 43 条河流（而不是 37 条）；来自欧洲的 70 座山脉，来自美洲的 28 座山脉，来自亚洲的 15 座山脉，来自非洲的 7 座山脉。这个版画的下半部分是按字母顺序排列的山体名单。

TANNER'S UNIVERSAL ATLAS.
LENGTHS OF THE PRINCIPAL RIVERS IN THE WORLD.
NORTH AMERICA.
SOUTH AMERICA.
WEST INDIES.
EUROPE.
ASIA.
AFRICA.
HEIGHTS OF THE PRINCIPAL MOUNTAINS IN THE WORLD.
Published by H.S.Tanner Philadelphia.

亨利·申克·坦纳（1786—1858）
1836 年

世界上主要河流的长度与世界主要山峰的高度

高 31 厘米，宽 38 厘米

出自《坦纳的全球地图集》，亨利·申克·坦纳出版社，费城，1836 年

在这幅色彩鲜艳的对比图中，群山似乎构成了一座单一尖峰的山脉。

图中有 37 条河流。秃鹰和吕萨克热气球的轮廓已经消失了。

钦博拉索山好像是被它的平顶截断了一样。

塞缪尔·奥古斯都·米切尔（1792—1868）
1846 年

世界主要河流的长度与世界主要山峰的高度

高 33 厘米，宽 40 厘米

出自《新版地图集》，包含世界上各个国家的地图。每个美国城市都有单独的地图和城市规划图。全图集共 70 页，形成了一系列的 117 张地图、平面图和剖面图，塞缪尔·奥古斯都·米切尔出版社，费城，1846 年

雕版：F. 汉弗莱斯

坦纳版画的平版印刷版本，有米切尔的签名。

1843 年，凯瑞和哈特购买了坦纳地图集的雕版，并将它们制成平版。三年后，也就是 1846 年，轮到塞缪尔·奥古斯都·米切尔掌管这本地图集，期限为三年（随后由托马斯、考佩特韦特和查尔斯·德西尔弗出版，德西尔弗直到 1860 年才出版这本地图集）。这是美国印刷史上重要的地图集，因为它是第一个把雕版转化为平版印刷的地图集。

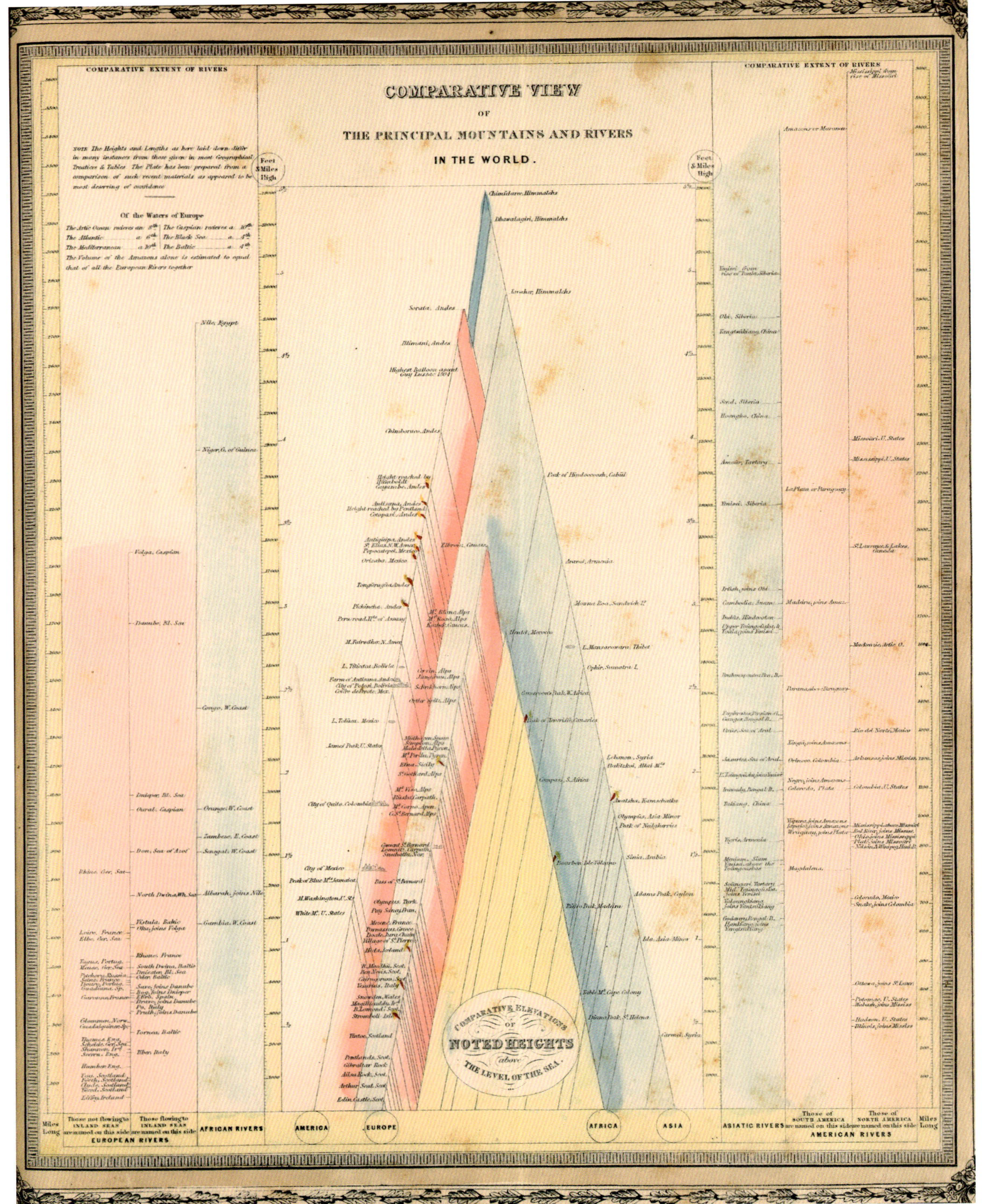

约翰·洛锡安
1848 年

世界主要山峰和河流的比较视图
高 42 厘米，宽 32 厘米
出自《人民地图集》，詹姆斯·麦克劳德出版社、弗朗西斯·奥尔家族出版社，格拉斯哥，1848 年
平版印刷

这幅画（左图）来自《人民地图集》第二版（根据大英博物馆的说法，第一版在第二版两年之前出版），是英国地理学家约翰·洛锡安最后的作品之一。

它采用了更现代的示意图来表现。

勋伯格公司
1865 年

世界主要山脉和河流图
高 27 厘米，宽 32 厘米
出自《勋伯格的标准世界地图集》，勋伯格公司，纽约；班吉·B. 罗素出版社，波士顿；R. R. 兰登出版社，芝加哥，1865 年

这个来自第二版《勋伯格的标准世界地图集》的版画（见第 141 页）以一种全新的方式进行排版：西方在左边，东方在右边，用不同的颜色勾勒出大陆的轮廓。

对河流的比较相当简略：叶尼塞河被列为第七长，尼日尔河被列为第八长；没有包括雅鲁藏布江和刚果河。图中展现了三个热气球：一边是吕萨克的热气球，靠近第一个安第斯峰顶；另一边是格林的热气球，靠近以珠穆朗玛峰为顶的喜马拉雅山脉，在 8 230 米高空；格莱舍的热气球在 6 840 米高空（后者是该版本出版两年之前才实现的高度）。

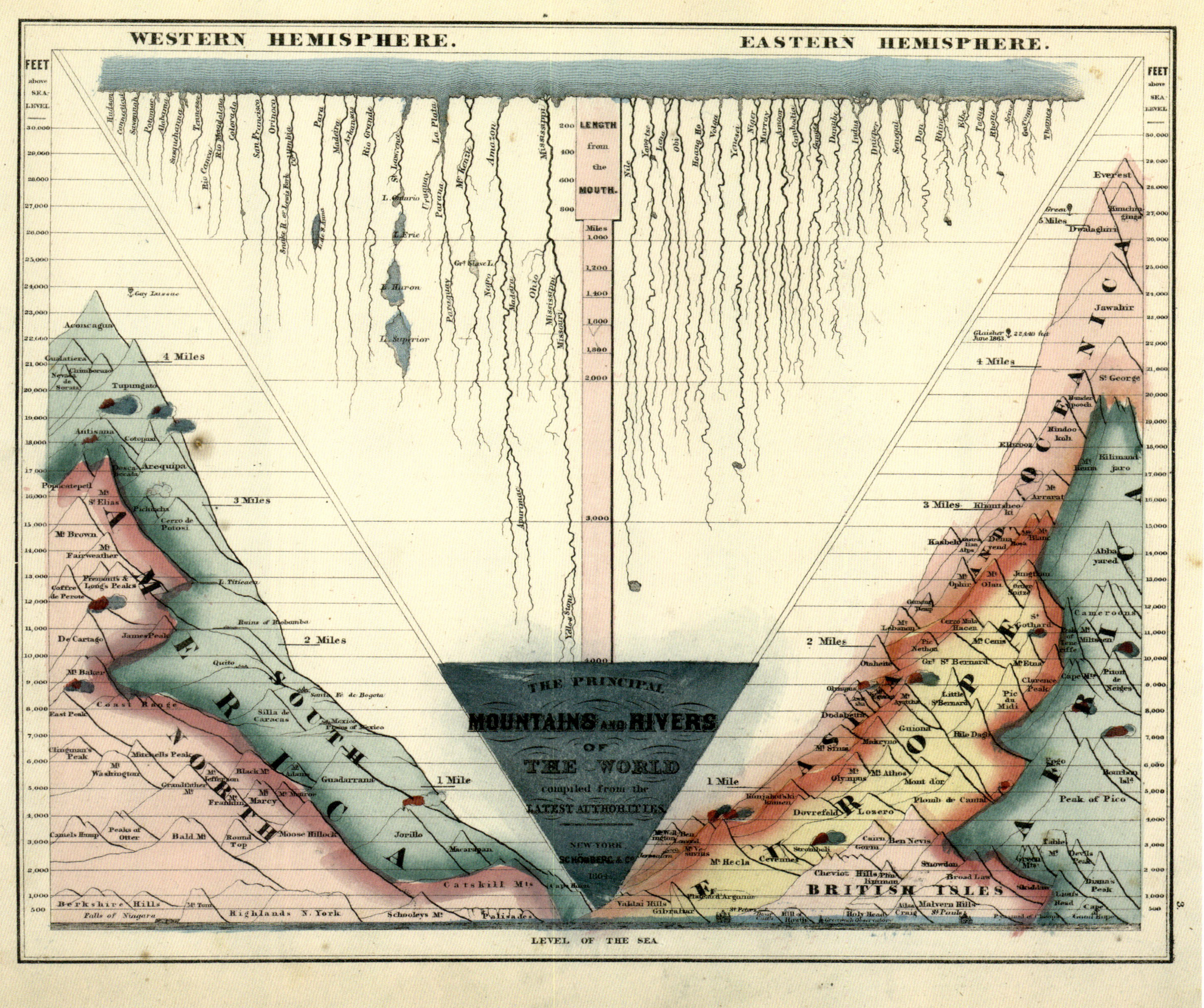
WESTERN HEMISPHERE.
EASTERN HEMISPHERE.
THE PRINCIPAL
MOUNTAINS AND RIVERS
OF
THE WORLD
compiled from the
LATEST AUTHORITIES.
NEW-YORK
SCHÖNBERG & Co.
LENGTH from the MOUTH.
LEVEL OF THE SEA
NORTH AMERICA
SOUTH AMERICA
ASIA
EUROPE
AFRICA
OCEANICA
BRITISH ISLES
Everest
Aconcagua
Chimborazo
Mt. Brown
Mt. Fairweather
Catskill Mts
4 Miles
3 Miles
2 Miles
1 Mile

威廉·休斯（1817—1876）
1885 年

西半球和东半球的群山河流

高 26 厘米，宽 34 厘米

出自《世界现代地图集》，包括 64 张彩色地图，按字母顺序列出了 7 000 个地方的纬度和经度索引，弗雷德里克·沃恩公司，伦敦，1885 年

绘画：C. J. W. 罗素

雕版：约书亚·阿彻

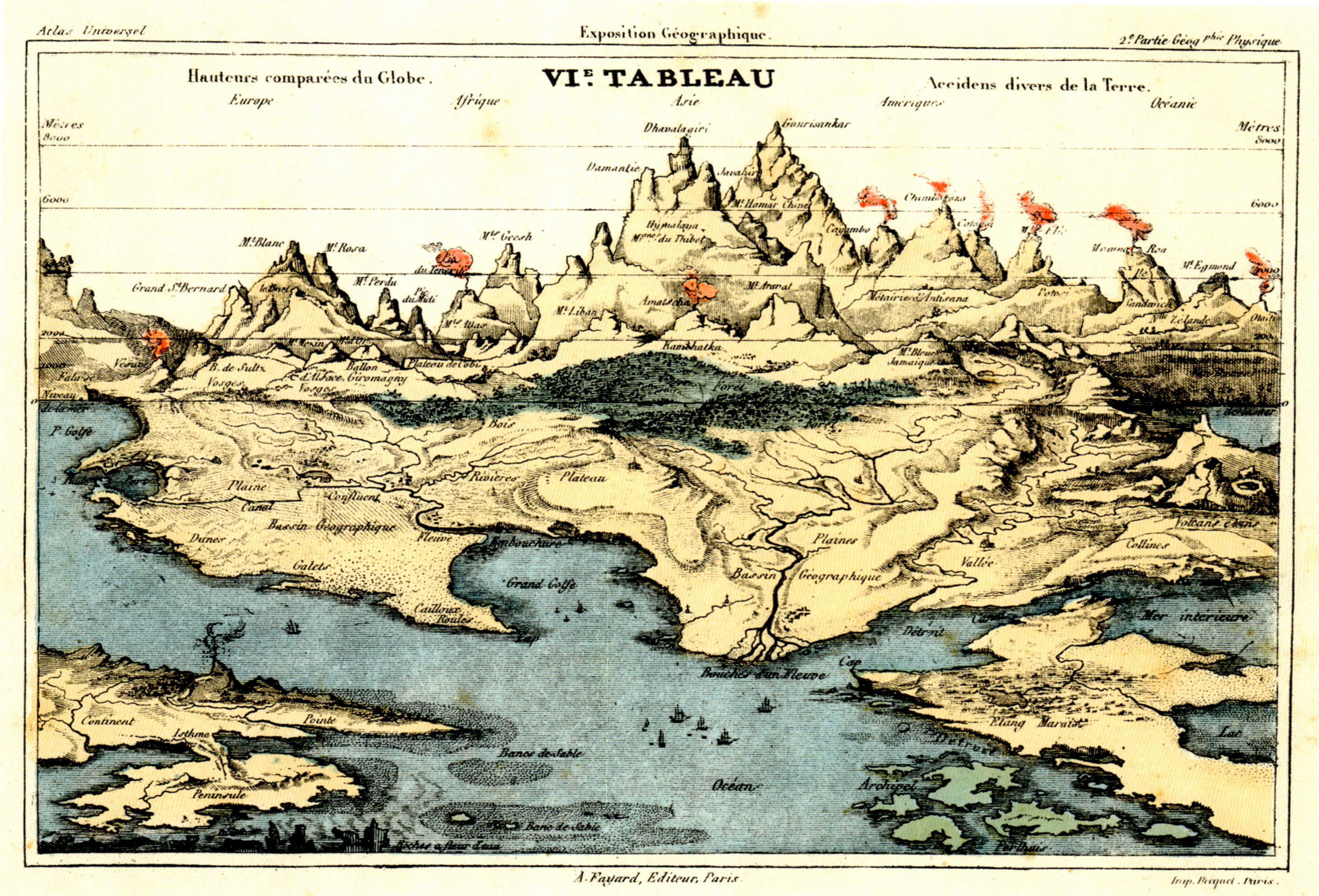

阿尔塞姆·法亚尔（弗朗索瓦·德·拉·布吕热尔）（1836–1895），
阿尔丰斯·巴拉勒
约 1877 年

地理展览表：全球地表高度对比
高 23.5 厘米，宽 31 厘米
出自《关于世界自然、政治、历史、理论、军事、工业、农业和商业地理的通用地图集》，阿尔塞姆·法亚尔出版社，巴黎，约 1877 年
钢版雕刻：雷米·豪瑟曼

弗朗索瓦·德·拉·布吕热尔似乎是阿尔塞姆·法亚尔的笔名，意味着他同时是地理学家、历史学家和出版商。这幅图指出高里尚卡山是世界上最高的山峰（此处可能有误：在整个 19 世纪一半的时间里，地理学家似乎都认为珠穆朗玛峰和高里尚卡山是同一座山）。

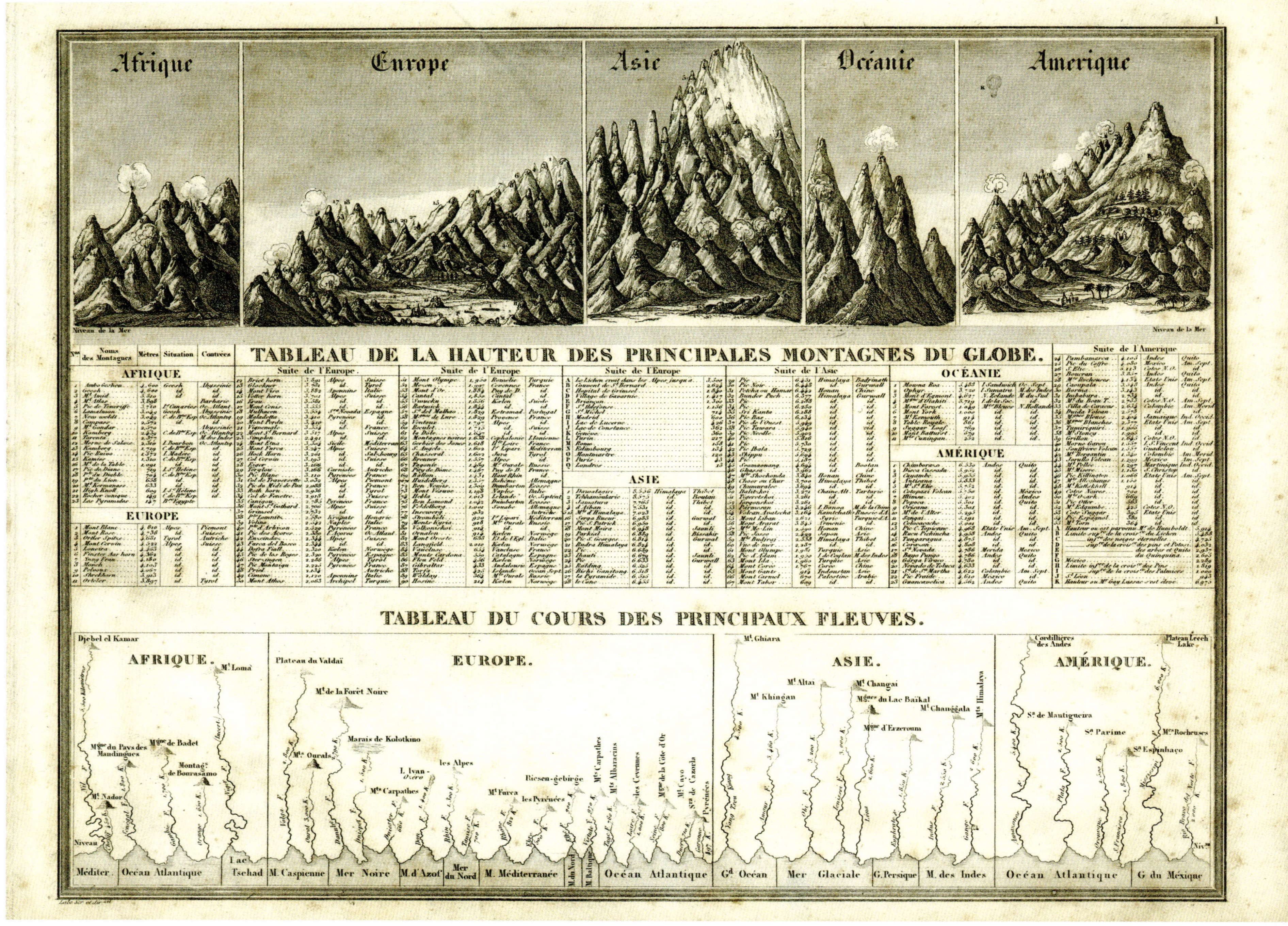

亚历山大·弗勒明（1812—1880）
1845 年

主要山脉高度表和主要河流路线表

高 26 厘米，宽 33 厘米

出自《古今地理学世界地图集》，供寄宿学校使用，J. 朗格吕梅和佩尔蒂埃出版社，巴黎，1845 年

雕版：让·丹尼斯·拉勒

第一版于 1840 年印刷。

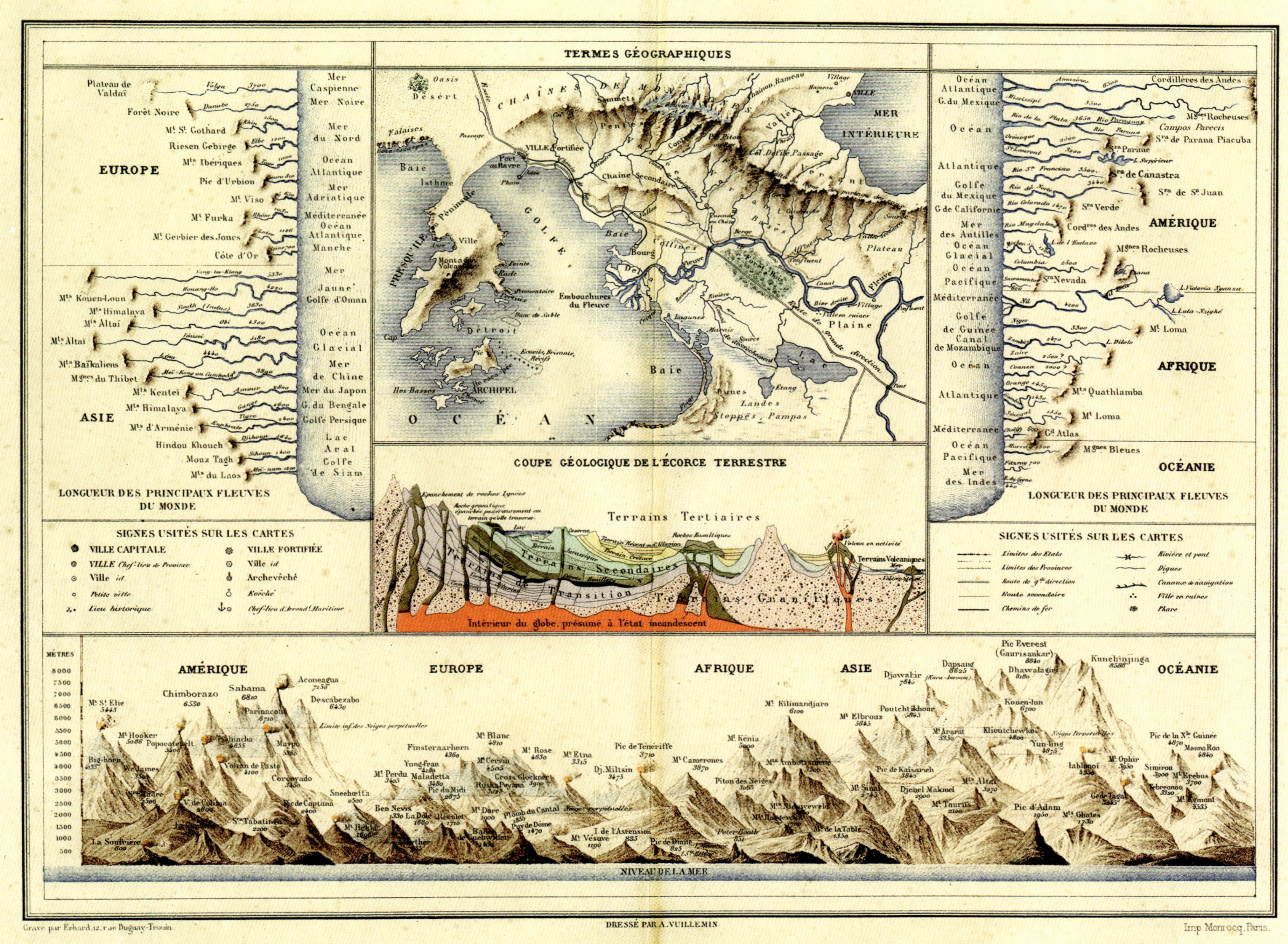

路易斯·邦纳芳，亚历山大·弗勒明（1812—1880）
1875 年

高 32 厘米，宽 42 厘米
出自《当代地理地图集》，巴黎，1875 年
绘画：亚历山大·弗勒明
雕版：埃哈德

对比较的渴望：岛屿、湖泊、瀑布和人造建筑

让－纪尧姆·巴尔比耶·都·博佳吉（1795—1848）
1846 年

主要河流长度及若干瀑布高度对比图
高 24 厘米，宽 31.8 厘米
出自《插图地图集》，迈松·巴塞出版社，巴黎，1846 年
雕版：查尔斯·史密斯

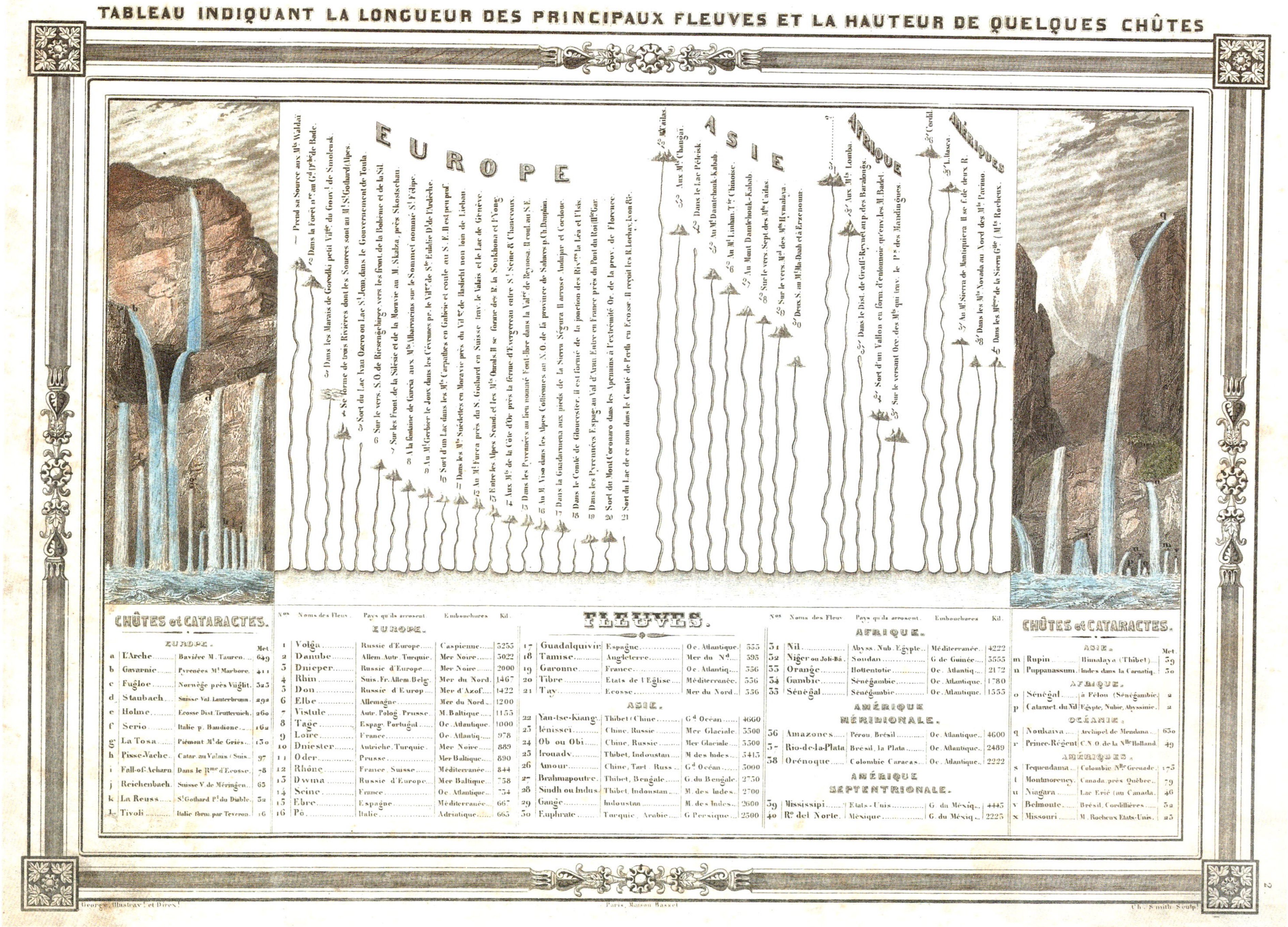

TABLEAU INDIQUANT LA LONGUEUR DES PRINCIPAUX FLEUVES ET LA HAUTEUR DE QUELQUES CHÛTES

EUROPE

ASIE

AFRIQUE

AMÉRIQUES

CHÛTES et CATARACTES.

EUROPE.

			Met.
a	L'Arche	Bavière M. Tauren.	649
b	Gavarnie	Pyrenées M! Marbore.	411
c	Fugloe	Norwège près Viiglit.	323
d	Staubach	Suisse Val. Lauterbrunn.	292
e	Holme	Ecosse Dist. Trutternich.	260
f	Serio	Italie p. Bandione.	162
g	La Tosa	Piémont M! de Griès.	130
h	Pisse-Vache	Catar. au Valais (Suis.	97
i	Fall-of-Acharn	Dans le R^me d'Ecosse.	78
j	Reichenbach	Suisse V. de Méringen.	65
k	La Reuss	S!Gothard P! du Diable.	32
l	Tivoli	Italie form. par Teveron.	16

FLEUVES.

Nos	Noms des Fleuv.	Pays qu'ils arrosent.	Embouchures	Kil.
	EUROPE.			
1	Volga	Russie d'Europe	Caspienne	3233
2	Danube	Allem. Autr. Turquie.	Mer Noire	3022
3	Dnieper	Russie d'Europe	Mer Noire	2000
4	Rhin	Suis. Fr. Allem. Belg.	Mer du Nord.	1467
5	Don	Russie d'Europ	Mer d'Azof	1422
6	Elbe	Allemagne	Mer du Nord	1200
7	Vistule	Autr. Polog. Prusse.	M. Baltique	1133
8	Tage	Espag. Portugal	Oc. Atlantique.	1000
9	Loire	France	Oc. Atlantiq.	978
10	Dniester	Autriche, Turquie.	Mer Noire	889
11	Oder	Prusse	Mer Baltique	890
12	Rhône	France, Suisse	Méditerranée	844
13	Dwina	Russie d'Europe	Mer Baltique	738
14	Seine	France	Oc. Atlantique	734
15	Ebre	Espagne	Méditerranée	667
16	Pô	Italie	Adriatique	663
17	Guadalquivir	Espagne	Oc. Atlantique.	333
18	Tamise	Angleterre	Mer du N^d.	393
19	Garonne	France	Oc. Atlantiq.	336
20	Tibre	Etats de l'Eglise	Méditerranée.	336
21	Tay	Ecosse	Mer du Nord.	336
	ASIE.			
22	Yan-tse-Kiang.	Thibet (Chine	G^d Océan	4660
23	Iénisseï	Chine, Russie	Mer Glaciale.	3500
24	Ob ou Obi	Chine, Russie	Mer Glaciale	3300
25	Irouadv	Thibet, Indoustan	M des Indes	3413
26	Amour	Chine, Tart. Russ.	G^d Océan	3000
27	Brahmapoutre.	Thibet, Bengale	G. du Bengale.	2730
28	Sindh ou Indus.	Thibet, Indoustan	M. des Indes.	2700
29	Gange	Indoustan	M. des Indes.	2600
30	Euphrate	Turquie, Arabie	G Persique	2300
	AFRIQUE.			
31	Nil	Abyss. Nub. Egypte.	Méditerranée.	4222
32	Niger ou Joli-Bâ.	Soudan	G de Guinée	3333
33	Orange	Hottentotie	Oc. Atlantiq.	2172
34	Gambie	Sénégambie	Oc. Atlantique.	1780
35	Sénégal	Sénégambie	Oc. Atlantique.	1333
	AMÉRIQUE MÉRIDIONALE.			
36	Amazones	Pérou, Brésil	Oc. Atlantique.	4600
37	Rio-de-la-Plata	Brésil, la Plata	Oc. Atlantique.	2489
38	Orénoque	Colombie Caracas.	Oc. Atlantique.	2222
	AMÉRIQUE SEPTENTRIONALE.			
39	Mississipi	Etats-Unis	G. du Méxiq.	4443
40	R^o del Norte.	Méxique	G. du Méxiq.	2223

CHÛTES et CATARACTES.

			Met.
	ASIE.		
m	Rupin	Himalaya (Thibet)	39
n	Puppanassum.	Indes dans la Carnatiq.	30
	AFRIQUE.		
o	Sénégal	à Félou (Sénégambie.	2
p	Cataract. du Nil	Egypte, Nubie, Abyssinie.	2
	OCÉANIE.		
q	Noukaiva	Archipel de Mendana	630
r	Prince-Régent	C. N. O. de la N^lle Holland.	49
	AMÉRIQUES.		
s	Tequendama	Colombie N^lle Grenade.	173
t	Montmorency.	Canada près Québec.	79
u	Niagara	Lac Erié (au Canada.	46
v	Belmonte	Brésil, Cordillières	32
x	Missouri	M. Rocheux Etats-Unis.	23

查尔斯·史密斯父子
1836 年

世界主要瀑布比较图
高 37 厘米，宽 52 厘米
查尔斯·史密斯出版社，伦敦，1836 年

WATERFALLS.

Waterfalls *have ever been regarded among the most interesting and beautiful of the works of nature. They are most numerous among wild and rocky mountains upon which much rain falls or snow melts. This is particularly the case in the northern parts of the American continent where rapids and other waterfalls abound.* **Rapids** *are occasioned by such a slope in the bed of a river as causes the water to rush down in that particular part with great force and swiftness.* **Cataracts** *occur when the level on which the water runs terminates suddenly by a steep descent, as a ledge or mass of rock: over this edge the water is precipitated almost perpendicularly, with amazing impetuosity and grandeur. When these falls occur in a more gentle form they are called* **Cascades**.

詹姆斯·雷诺兹
1846 年

瀑布图
版本信息未知
雕版：约翰·艾姆斯利

WESTERN HEMISPHERE
WATERFALLS.
EASTERN HEMISPHERE
Vertical and Horizontal Scale.
500
1000
1500 feet.
ATHABASCA LAKE
Chapala L.
Lake Aylmer
GREAT SALT L.
LAKE SUPERIOR
GREAT SLAVE LAKE
L. Pelly
Macdougall
L. Garry
Red Lake
L. St George
Turtle L.
Red Cedar L.
Whitewater L.
Pike L.
Thunder L.
St Martins L.
L. Clearwater
Abbitibbe L.
GREAT BEAR LAKE
LAKE HURON
LAKE MICHIGAN
Leech L.
Rum L.
L. of the 1000 I.
LAKE ONTARIO
Lake Simcoe
Nipissing L.
L. St Clair
Niagara
LAKE ERIE
South Indian L.
Mistassinnie Lake
Little Mistassinnie L.
Lake Wollaston
Wimipigoos L.
Deer Lake
Temiscaming Lake
Chekagleorash
Meshikimau Lake
Lesser Slave Lake
Lake Manitoba
Clearwater Lake
L. Cayman
Lake Cedar
L. Pontchartrain
L. St John
Lake Moosehead
L. St Francis
L. Managua
Guanacache L.
Lake Champlain
Doobaunt L.
L. St George
L. Zapatosa
Lake Uros
L. Silverio
Lake of the Woods
L. Youta
Scale of English Miles
100
200
300
400
LAKE BALKASH
Lake Van
ARAL SEA
Lake Paltee
Neusiedler L.
L. Ochrida
L. Issyk
L. Sivan
LAKE TCHAD
Al Sibkah L.
Lake Dembea
Urumia Lake
L. Koko Nor
CASPIAN SEA
Lake Zurrah
Lake Enara
Dead Sea
ONEGA LAKE
LAKE BAIKAL
Lough Neagh
L. Doubinsk
L. Ilmen
LAKE LADOGA
Loch Ness
Loch Awe
L. Fyne
Lake Tchudsk
L. Bielo
L. of Como
Platten See
SEA OF AZOV
L. Mask
L. Corrib
Lake Zaizan
Po-yang L.
Manasarowar L.
L. Rewan
BLACK SEA
Lake Ordro
Lake Garda
L. Wener
L. Taihou
Lake Lüm
L. Wetter
MARMARA SEA
L. of Constance
L. Hong-tse
L. of Geneva
Colano L.
Nando Kando L.
Loch Lomond
L. Bienne
L. Maggiore
L. Neufchatel
L. Topolais
Note. The recently discovered African lakes (Victoria & Albert Nyanzas, &c.) have not been included in this representation, as their dimensions are not yet ascertained.
WESTERN HEMISPHERE.
LAKES.
EASTERN HEMISPHERE.
58

威廉·麦肯齐
约 1860 年

瀑布和湖泊图
威廉·麦肯齐出版社，伦敦，约 1860 年
绘画：C. J. W. 罗素
雕版：约书亚·阿彻

右下角的注释指出，当时最新发现的非洲湖泊（维多利亚湖、艾伯特湖等）没有被包括在内，因为它们的大小“仍然不确定”。

在 25 年后的 1885 年，同样的版画出现在威廉·休斯（1817—1876）编辑、伦敦弗雷德里克·沃恩公司出版的《世界现代地图集》中（见下图）。这些版本之间只有几个不同之处：非洲湖泊外观上的不同和对乍得湖的重大修改。

威廉·休斯（1817—1876）
1885 年

瀑布和湖泊图①
出自《世界现代地图集》，包括 64 张彩色地图，按字母顺序列出了 7 000 个地方的纬度和经度索引，弗雷德里克·沃恩公司，伦敦，1885 年
绘画：C. J. W. 罗素
雕版：约书亚·阿彻

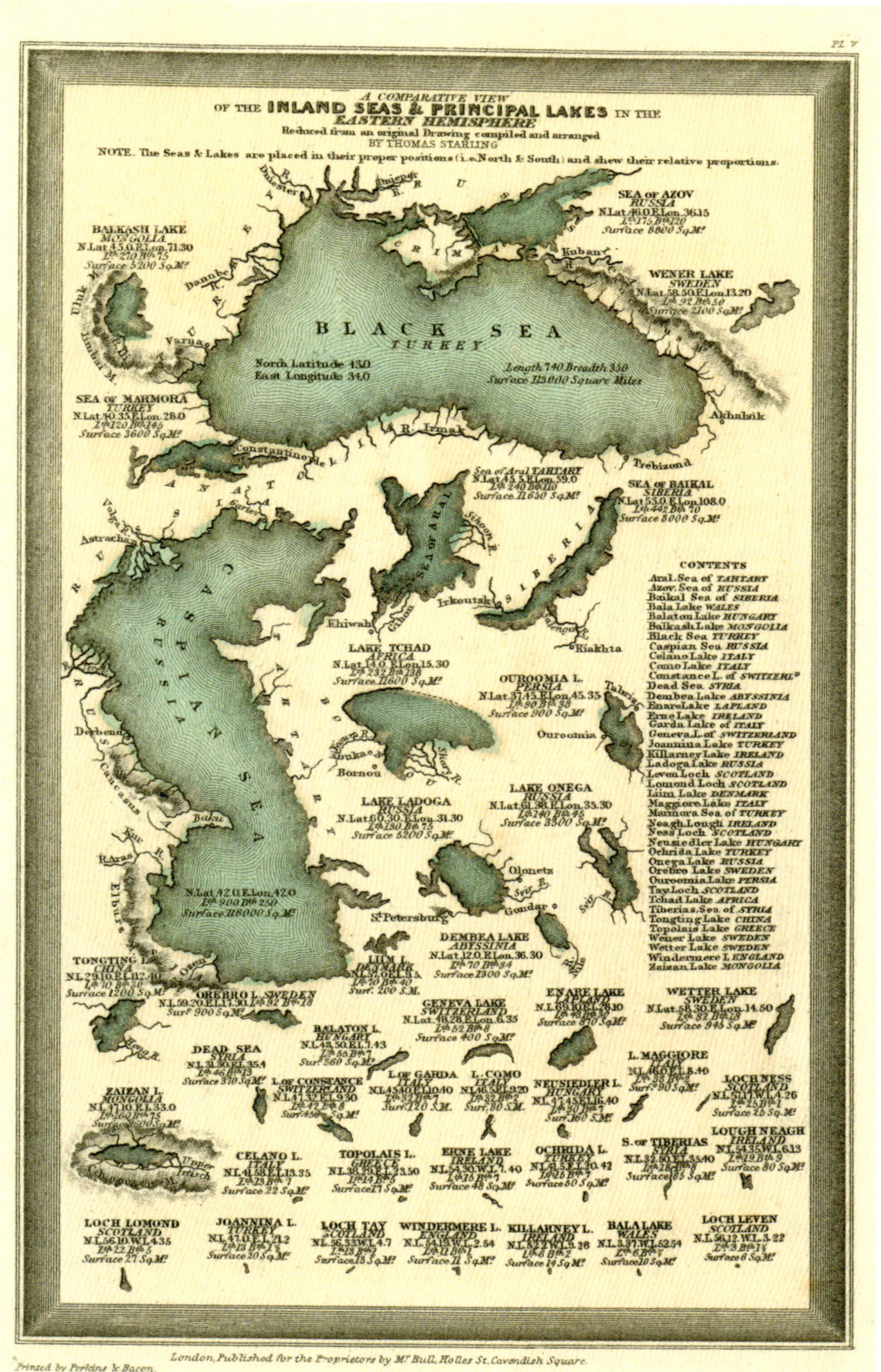

托马斯·斯塔林
1833 年

东半球主要湖泊的比较视图②
高 16.2 厘米，宽 10.2 厘米
出自《地理年鉴》，布尔出版社，伦敦，1833 年
钢版雕刻，手工着色

① 黑海不是胡泊，原图错误。
② 同上。

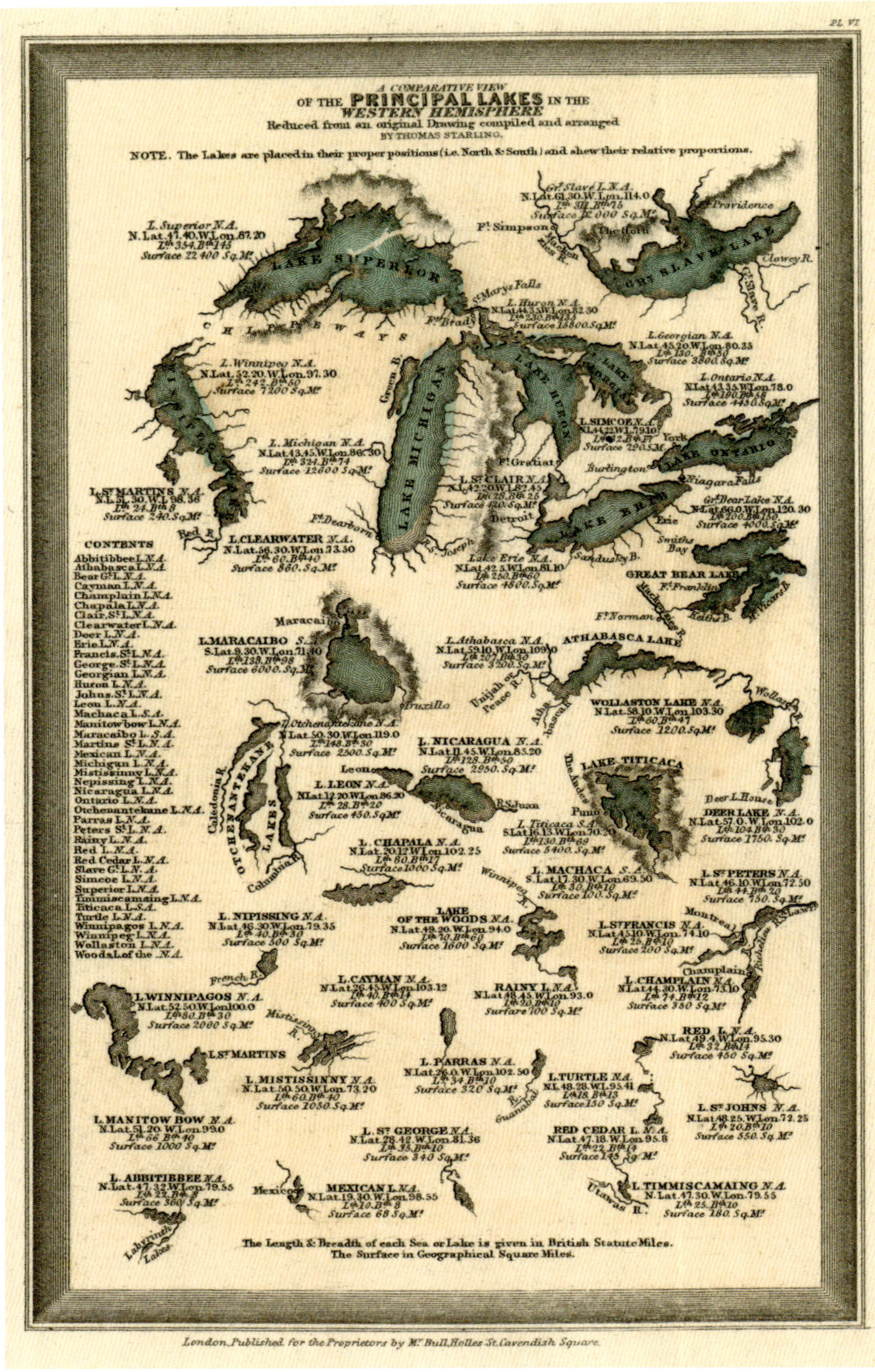

托马斯·斯塔林
1833 年

西半球主要湖泊的比较视图

高 16.2 厘米，宽 10.2 厘米
出自《地理年鉴》，布尔出版社，伦敦，1833 年
钢版雕刻，手工着色

乔治·伍尔沃斯·科尔顿（1827—1901），
约瑟夫·赫钦斯·科尔顿
1865 年

湖泊和岛屿的相对大小

高 33 厘米，宽 40 厘米
出自《通用地图集》，包含 180 幅钢版地图和平面图，约瑟夫·赫钦斯·科尔顿公司，纽约，1865 年

这幅版画的第一版（见第 155 页）出版于 1855 年。它是一本世界上最大的湖泊和岛屿的选集，按半球分组，以相同的比例绘制。令人惊讶的是，这些岛屿与周围的海洋水体分离开来，各岛屿几乎彼此粘在一起。

这幅画有一些奇怪之处：虽然有爪哇岛，但新几内亚岛、婆罗洲和苏门答腊岛都不见了。黑海被描绘成一个湖（实际上黑海是海）。图中绘出了一些咸水湖，如犹他州的大盐湖和加利福尼亚州的莫诺湖，但是几个大型非洲湖泊都消失了：马拉维湖（亦称尼亚萨湖）的长条形状是可以辨认的；但是两个更大的湖，维多利亚湖和坦噶尼喀湖没有被描绘出来。

COMPARATIVE SIZE of LAKES & ISLANDS
LAKES IN THE WESTERN HEMISPHERE
LAKES IN THE EASTERN HEMISPHERE
ISLANDS IN THE WESTERN HEMISPHERE
ISLANDS IN THE EASTERN HEMISPHERE
LAKE SUPERIOR
LAKE MICHIGAN
LAKE HURON
BLACK SEA
CASPIAN SEA
SEA OF ARAL
LAKE BAIKAL
CUBA
NEW FOUNDLAND
ICELAND
ENGLAND
IRELAND
JAVA
VAN DIEMEN LAND
ST. DOMINGO
PUBLISHED BY J.H.COLTON — Nº 172 WILLIAM Sᵀ NEW YORK.
SCALE OF MILES

约翰 · 塔利斯（1817—1876），R. 蒙哥马利 · 马丁（? —1868）1850 年

西半球主要瀑布、岛屿、湖泊、河流和山脉的比较景观

出自《插图版世界地图集》，R. 蒙哥马利 · 马丁和约翰 · 塔利斯，约翰 · 塔利斯公司，伦敦，1850 年

绘画和雕版：约翰 · 拉普金

约翰 · 塔利斯公司于 1838—1854 年在伦敦出版了各种各样的地图和地图集，主要出版物包括 1850 年的《插图版世界地图集》，其中就包括这幅版画。主要的雕刻师是约翰·拉普金，他的“装饰性”风格地图由约翰 · 塔利斯公司出版，标志着 19 世纪英国装饰性制图的落幕。

大多数约翰 · 塔利斯公司的版画原本是黑白的，图书馆要求上色画家“最终完成”地图集是 19 世纪相当普遍的现象。

图中最高点是索拉塔雪山，阿空加瓜山排名第三，位于钦博拉索山前面。

该图也是最早展示南极洲埃里伯斯火山和恐怖山的地图之一，当时它们才被发现 9 年（现在分别是南极洲的第六和第八高峰）。

落基山脉开始得到更好的描绘。

哥伦比亚的塔甘达玛瀑布被标注成世界最高的瀑布。它只有 132 米高，与后来发现的安赫尔瀑布（高 979 米，位于委内瑞拉）、图格拉瀑布（高 948 米，位于南非）和三姐妹瀑布（高 914 米，位于秘鲁）等更高的瀑布相比，显得不值一提。

请注意，此处岛屿的插图并不包括格陵兰岛或加拿大北极群岛。当时，这些地区还没有被完全探索，许多地理学家认为它们构成了一个整体，可能与一个大陆相连。同样令人惊讶的还有新西兰与西半球相连。

约翰 · 塔利斯（1817—1876），
R. 蒙哥马利 · 马丁（？—1868）
1851 年

东半球主要瀑布、岛屿、湖泊、河流和山脉的比较景观

高 37 厘米，宽 25 厘米

出自《世界地理、政治、商业和统计的近代史插图地图集》，R. 蒙哥马利 · 马丁和约翰 · 塔利斯，约翰 · 塔利斯和弗雷德里克 · 塔利斯出版社，伦敦和纽约，1851 年

绘画和雕版：约翰 · 拉普金

在这幅图中，加瓦尼瀑布仍然被认为是世界上最高的瀑布。

兴都库什山和科巴巴山在这里分别排名第三和第四，严格意义上讲它们是山脉（位于阿富汗），而不是山峰。非洲的湖泊仍然很少。

约翰 · 塔利斯（1817—1876），R. 蒙哥马利 · 马丁（？ —1868）
1851 年

西半球（右）与东半球（左）主要瀑布、岛屿、湖泊、河流和山峰对比图
高 36 厘米，宽 26 厘米
出自《世界地理、政治、商业和统计的近代史插图地图集》，R. 蒙哥马利 · 马丁和约翰 · 塔利斯，约翰和弗雷德里克 · 塔利斯出版社，伦敦和纽约，1851 年
绘画和雕版：约翰 · 拉普金

1850 年，伦敦和纽约的印刷出版公司买下了许多约翰 · 塔利斯的地图版权，并继续出版他绘制的世界地图集，直到 19 世纪 50 年代中期。

1850 年以后，许多出版物仍然刊登约翰 · 塔利斯的版画。这里展示的是一些手工上色的版本。虽然塔利斯在每个半球使用了统一的比例尺，但从一个半球到另一个半球比例尺是不同的。协调各大陆尺度和统一全球尺度的问题，在这里由于对两个半球采用不同的表现方式而有所弱化。其实，这个问题贯穿整个 19 世纪，制图师通过努力发明出各种各样的图形解决方案，虽没能完全解决，但至少弱化了这个问题。

康斯坦 · 德斯雅尔丁
1855 年

从北纬 10° 到南纬 10°，地球表面河流和湖泊发展过程比较图，以英里为单位
高 53 厘米，宽 69 厘米
单独出版的版画，约瑟夫 · 伯曼出版社，维也纳，1855 年
雕版：L. 福斯特

这幅版画同年在慕尼黑发布，是德语版本。早期的两幅版画大约在 1830 年和 1842 年用法语在维也纳出版。这是一个非常复杂的版本，结合了河流、内海和湖泊。各大洲的小地图解释了每个大洲所用的颜色编码。

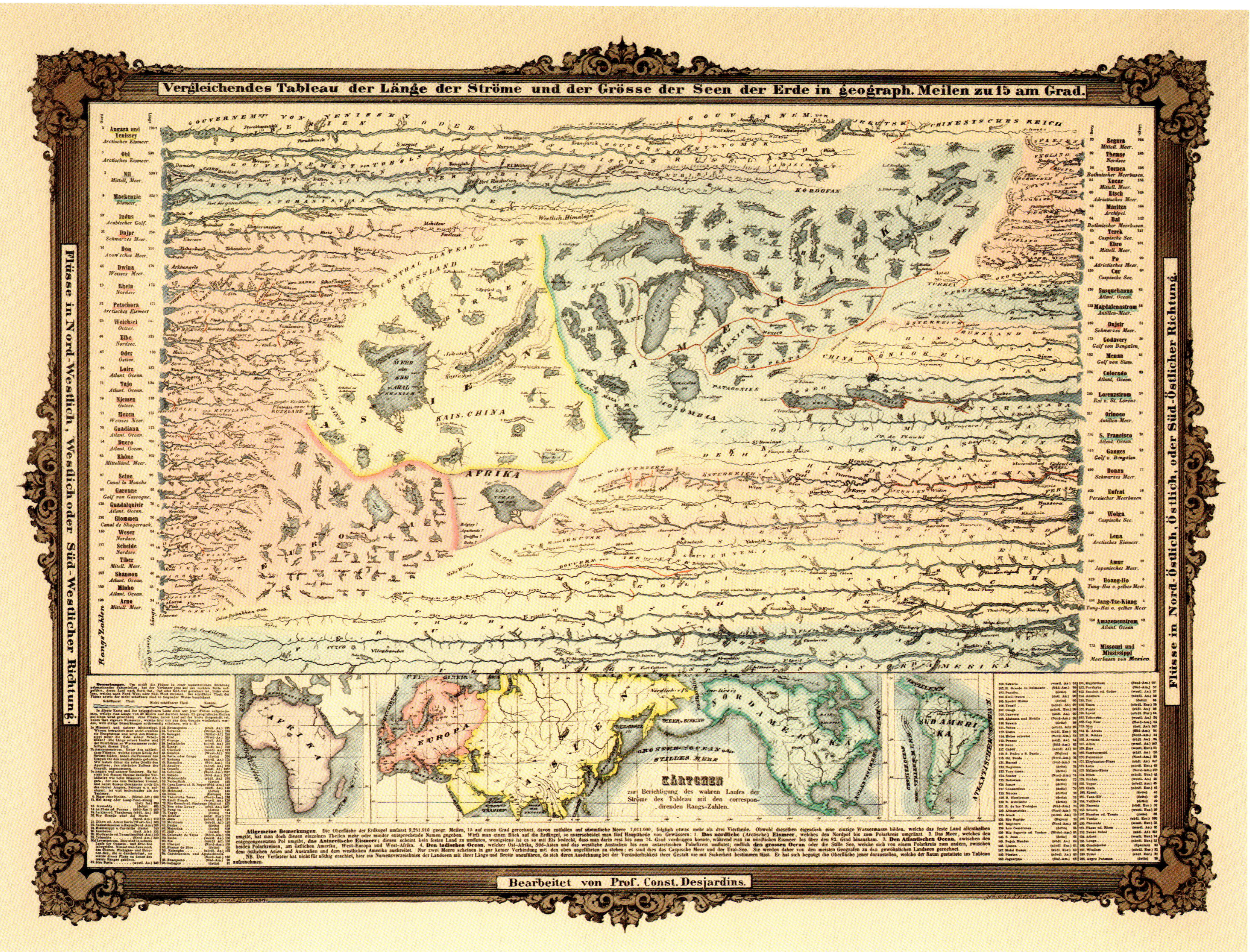
Vergleichendes Tableau der Länge der Ströme und der Grösse der Seen der Erde in geograph. Meilen zu 15 am Grad.
Flüsse in Nord-Westlich, Westlich oder Süd-Westlicher Richtung.
Flüsse in Nord-Östlich, Östlich, oder Süd-Östlicher Richtung.
AFRIKA
EUROPA
KÄRTCHEN
zur Berichtigung des wahren Laufes der Ströme des Tableau mit den correspondirenden Rangs-Zahlen.
Bearbeitet von Prof. Const. Desjardins.

Angara ou Herkniaia
Tengouska
Bratzkoi
Yenissei
YENISSEISK
Kranojarsk
Minussinsk
Surgut
Narym
Ket
GOUVERNEMENT v. TOM
Dongolah
El Mekheyer
Shendy
Halfaie
Sennaar
OBER NUBIEN
Bahr el Azrak ou Rivière
Bahr el Abiad ou Fleuve
Fort Resolution
Riv. Esclave (Slave
R. Elans ou Athabasca
R. Unjigah ou de la paix
Fort Simpson
THIBET
Indus ou Singhe-tchu ou Sind N.E.
Sind Sud-Ouest
Westlich Himalaja
Mohilew
Dnipr ou Borysthene
Smolensk
Rogatschay
CENTRAL PLATEAU von
RUSSLAND
SIBIRIEN
L. Tchelighoff
L. Piatinskoe
L. Damidowo
L. Kyzylgak
L. Alakou
Baikal Geb.
Irkutsk
L. de BAIKAL
Schnee Geb.
Kultuskoi
Selinghinsk
MEER
oder
SEE
v. ARAL
KAIS. CHINA
L. Khou-Khou-Noor
L. Dourghen-Noor
Isse Kout
Boston-Noor
Northlined
L. des Indiens
Chesead
Sault St. Marie
NEU
BRI
TANT:
MICHIGAN
MEXIC
GUATE MALA
PERU
MARACAIBO
364
Gibraltar
COLOMBIA
PATAGON.
L. TITICACA
Himalaja

Rang.
33 Segura Mittell. Meer.
39 Themse Nordsee
54 Tornea Bothnischer Meerbu
54 Xucar Mittell. Meer.
60 Etsch Adriatisches Meer
64 Maritza Archipel.
64 Dal Bothnischer Meerbu
65 Terek Caspische See.
92 Ebro Mittell. Meer.
94 Po Adriatisches Meer
135 Cur Caspische See.
136 Susquehanna Atlant. Ocean.
153 Magdalenastrom Antillen-Meer.
160 Dnjstr Schwarzes Meer.
175 Godavery Golf von Bengalen
192 Menan Golf von Siam.
224 Colorado Atlant. Ocean.
240 Lorenzstrom Bai v. St. Lorenz
317 Orinoco Antillen-Meer.
310 S. Francisco Atlant. Ocean.
340 Ganges Golf v. Bengalen
CHINESISCHES REICH
JRKUTSK
Jrkutsk
Balagansk
Angara
L. Baikal
Werkhneoudinsk
Selengha
Büsk
Gondar
ABISINIEN
KORDOFAN
SPANIEN
Murcia
ENGLAND
Reading
London
RUSSL.
Tornea
SCHWEDEN
SPANIEN
Alcira
VENET.
Verona
LOMBARD.
Phillippopel
TÜRKEY
Adrianopel
Falun
SCHWEDEN
CAUCASIEN
RUSSLAND
Saragossa
Tortosa
SPANIEN
Mantua
SARD.
Turin
LOMB.
VEN.
Parma
L. Abbitibbe ou Antibes
L. St. Jean
L. des Mittassings
L. d'Eau Claire
L. Rouge
L. DU GRAND OURS
L. Nitcheguon
Lac Camapuscan
L. Caledonian
L. Wollaston
L. DE L'ESCLAVE
BRITANNIEN
AMERIKA
L. ATHAPESCOW ou ATHABASCA
L. Yath-kyed
L. Moulin Sutton
Apiokocumish
Champlain
Pointed
Pontchartrain
L. Flambeau
Moose Head
Macaco
MEXICO
Bebedero
Andalgala
PLATA
Andes
Astal
Erzerum
TURKEY
GEORGIEN
Tiflis
Silian
PERSIEN
VEREINIGTE STATEN
York
Harisburg
Baltimore
Washington
Norfolk
Cordileras
COLOMBIA
Neiva
Sta Fé de Bogota
Socorro
Moupox
ÖSTERREICH
Niedahonski
Mohilew
RUSSLAND
Bender
HINDOSTAN
Nassuck
Nadair
Bhür
Rajahmundri
Sungumur
CHINA
KÖNIGREICH
SIAM
Siam
Saymmay
L. Grande
S. Juan
OBER CANADA
York
Kingston
Johnstown
Montréal
Trois Rivières
Quebec
LAC ONTARIO
LAC ERIE
Charlotteville
Rochester
Buffalo
Niagara
Cleveland
Erie
UNTER CANADA
COLOMBIA
S. Rafael
Cayeara
Nye'e Guiana
BRASILIEN
Sta de Piauhi
Campo do Baixo

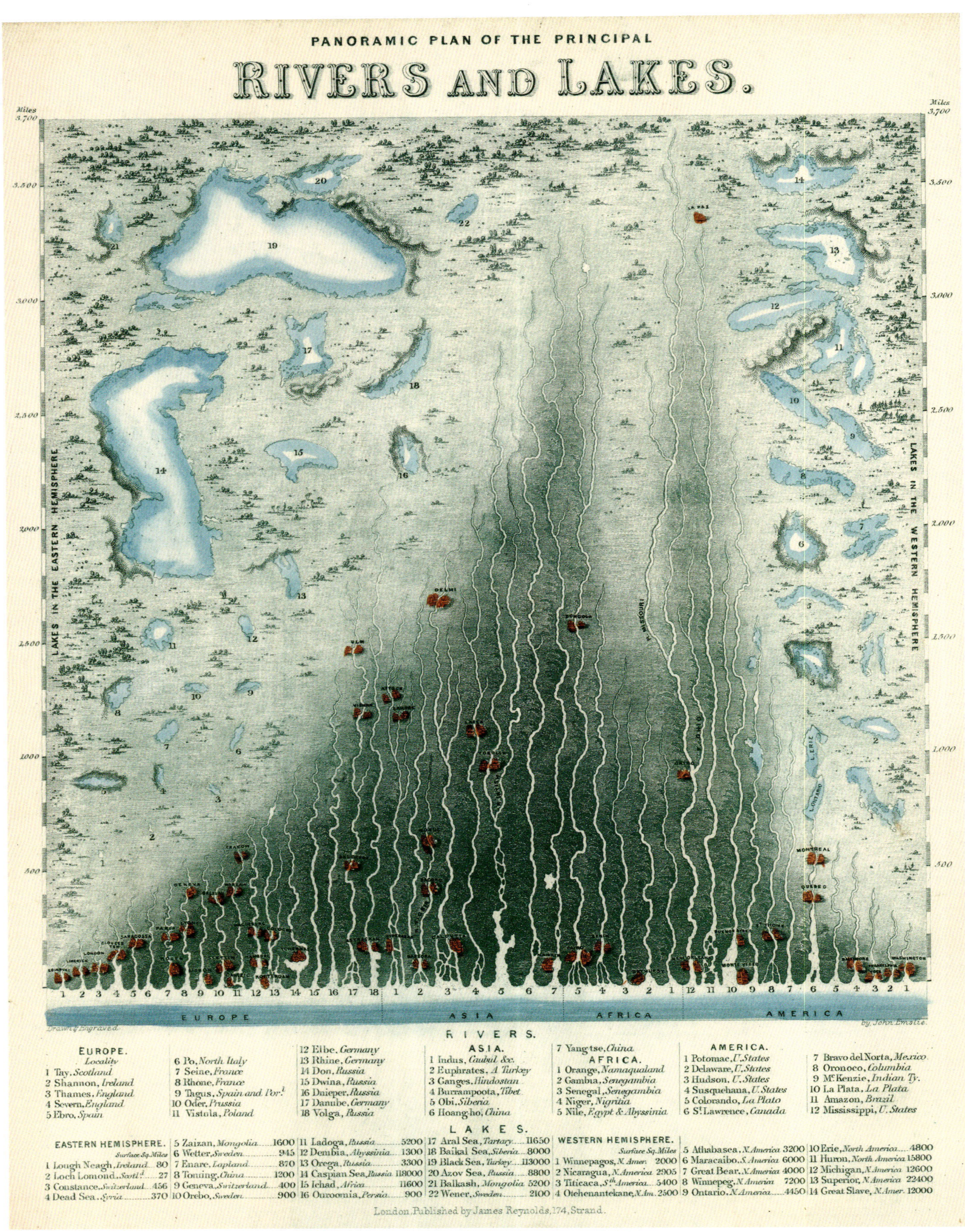

詹姆斯·雷诺兹
1851 年

河流与湖泊
高 28.6 厘米，宽 22.8 厘米
出自《地质、历史、自然地理图表集》，詹姆斯·雷诺兹出版社，伦敦，1851 年
雕版：约翰·艾姆斯利

查尔斯 · V. 莫宁
受阿里斯蒂德 · 米歇尔 · 佩罗启发
1835 年

世界主要纪念建筑的高度比较图
高 43.6 厘米，宽 58.4 厘米
出自《经典地图集》，查尔斯 · V. 莫宁出版社，巴黎、里昂，1835 年
雕版：爱德华 · 霍克亚

这幅画以佩罗于 1826 年发布的第一版为基础。

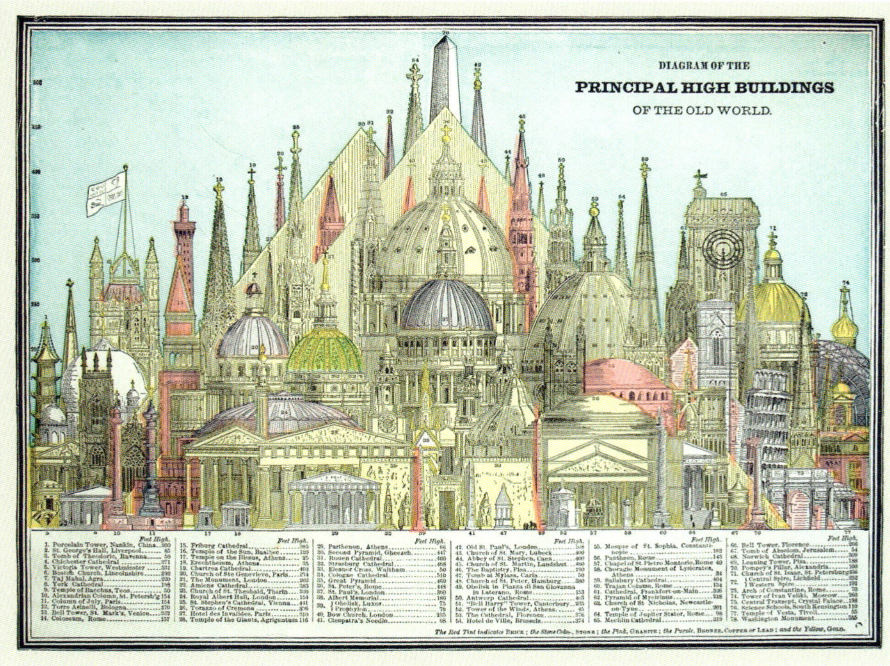

乔治 · F · 克拉姆（1842—1928）
1884 年

旧世界主要高建筑的图表
高 30 厘米，宽 35.6 厘米
出自《克拉姆无与伦比的世界家庭地图集》，
乔治 F. 克拉姆公司，芝加哥，1884 年
平版印刷

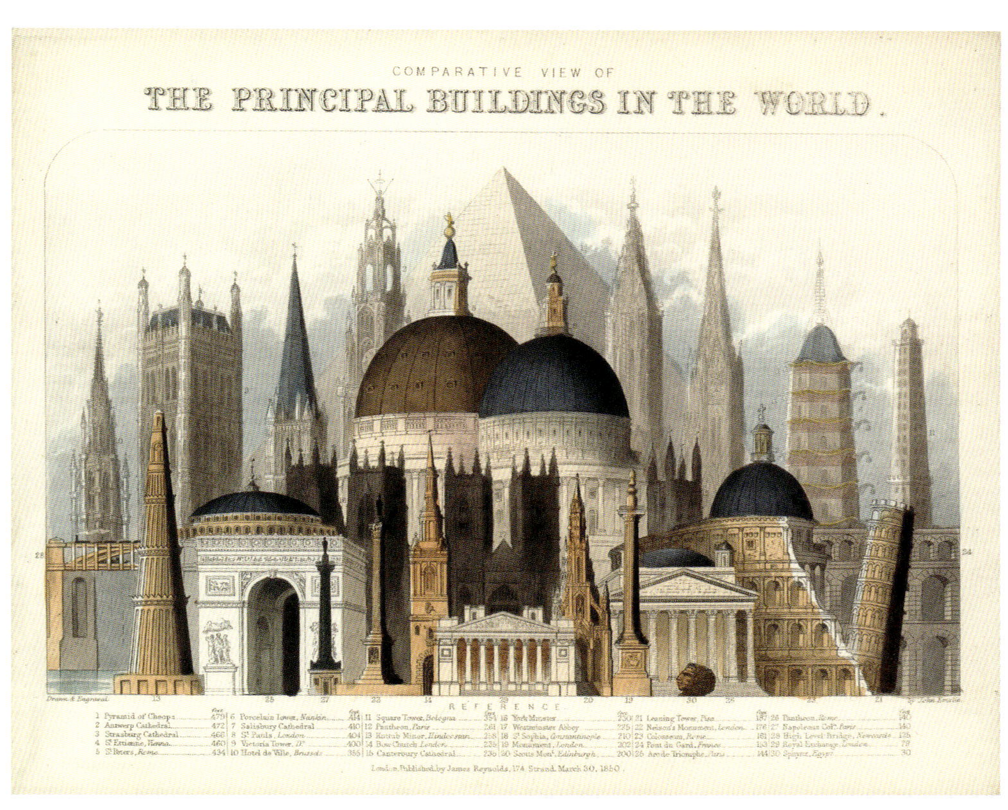

詹姆斯 · 雷诺兹
1850—1851 年

世界主要建筑比较视图
高 23 厘米，宽 29 厘米
出自《地质、历史、自然地理图表集》，詹姆斯 · 雷
诺兹出版社，伦敦，1850—1851 年
绘画与雕版：约翰 · 艾姆斯利

大比例尺标准

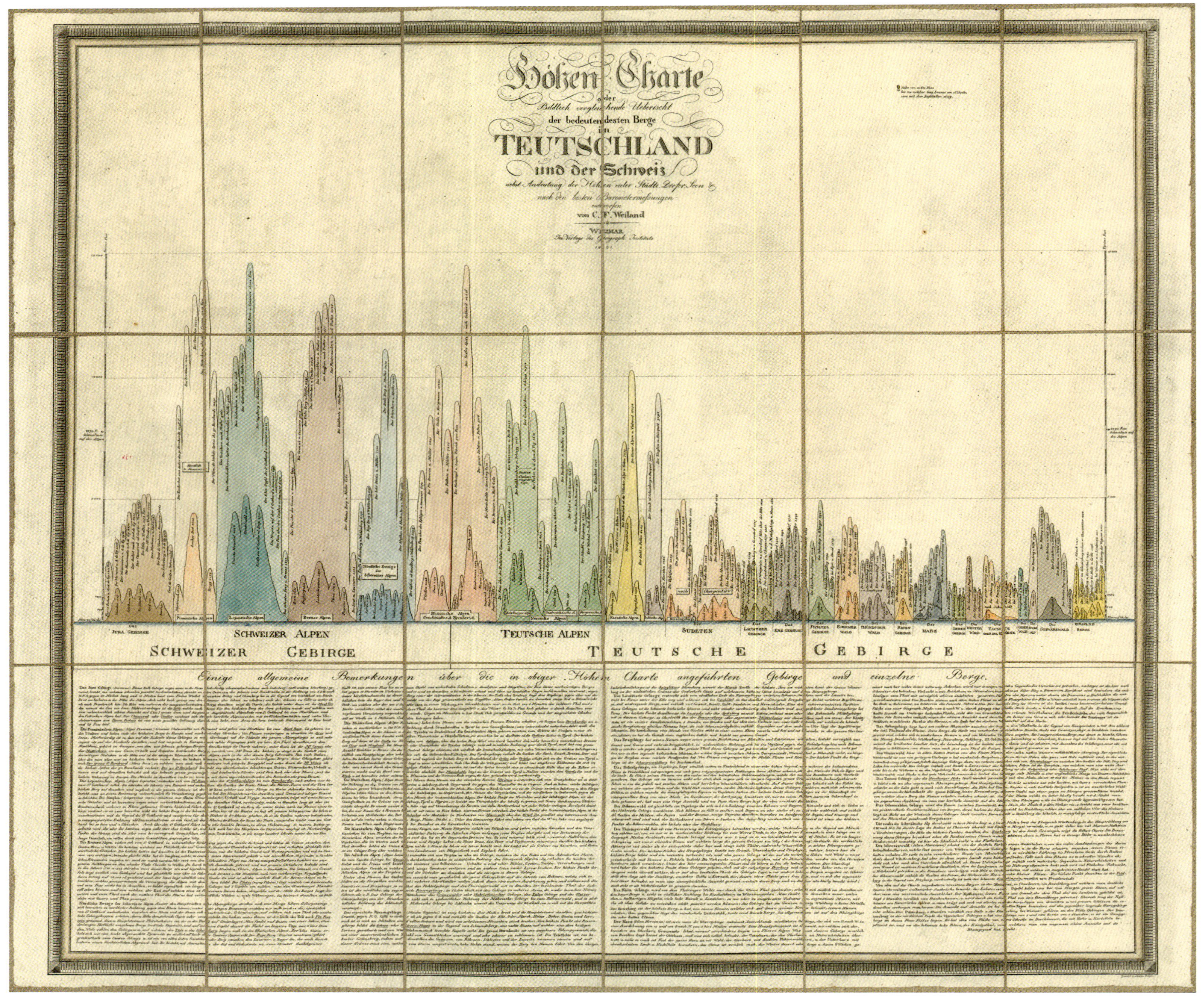

卡尔·斐迪南·维兰德（1782—1847）
1821 年

德国和瑞士主要山脉高度比较图

高 54 厘米，宽 61 厘米

单独出版的版画，共有十八个部分

地理学院出版社，1821 年

这幅由维兰德绘制的画是区域山脉图的早期范例，主要表现德国和瑞士的山区。海拔高度数据不断丰富，首先体现在欧洲山峰的相关数据上，这意味着在 1820 年以后，大比例尺的图画数量大大增加，主题也随之缩小为不同国家、地区，甚至某些山脉。

约翰·理查森·奥尔德乔（1805—1886）
1824

葡萄牙各省不同地点的海拔高度

高度由工程师兼上校巴拉奥·德斯韦奇（即威廉·路德维希·冯·埃斯韦奇）按比例排列，高 51 厘米，宽 53 厘米

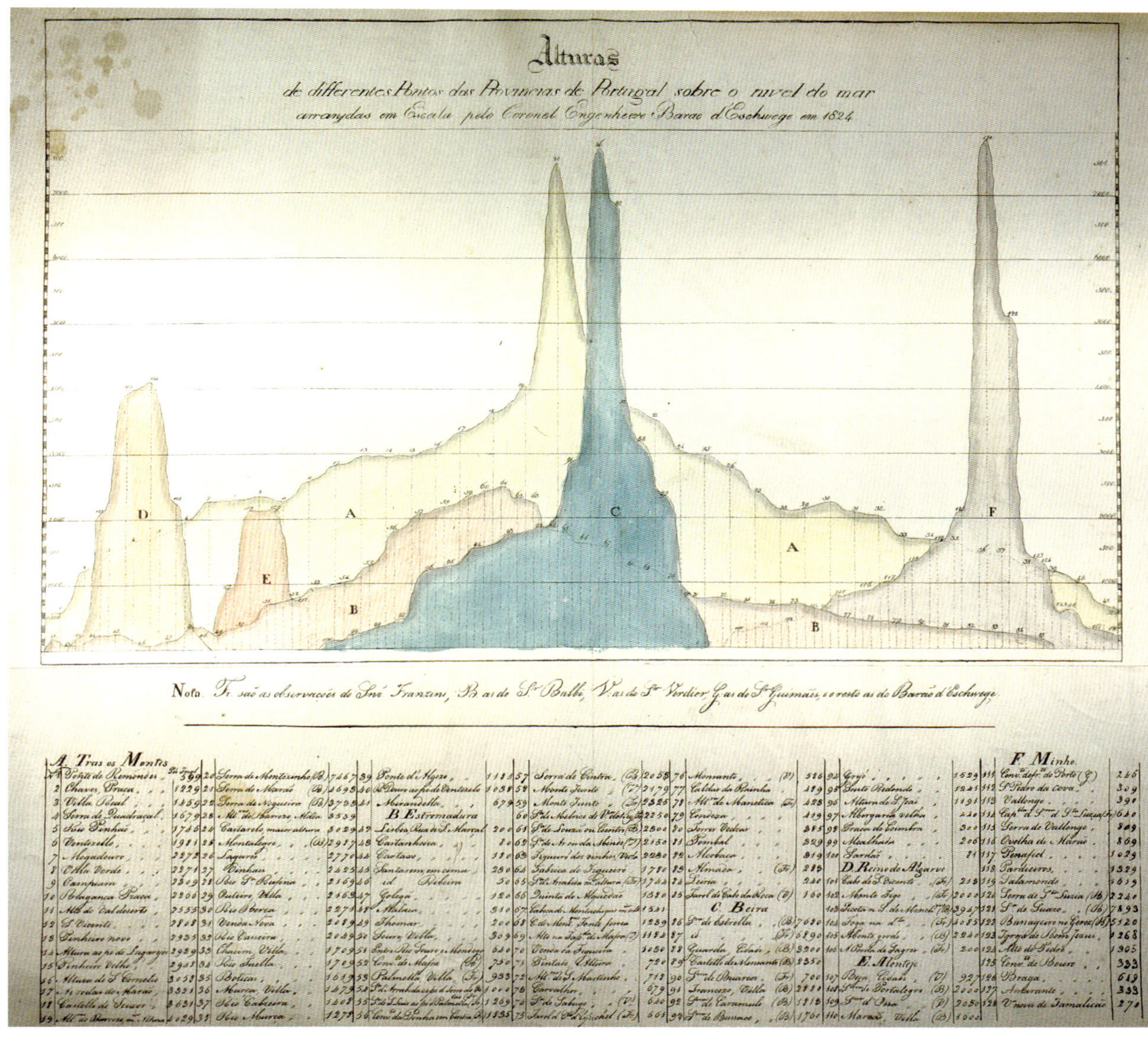

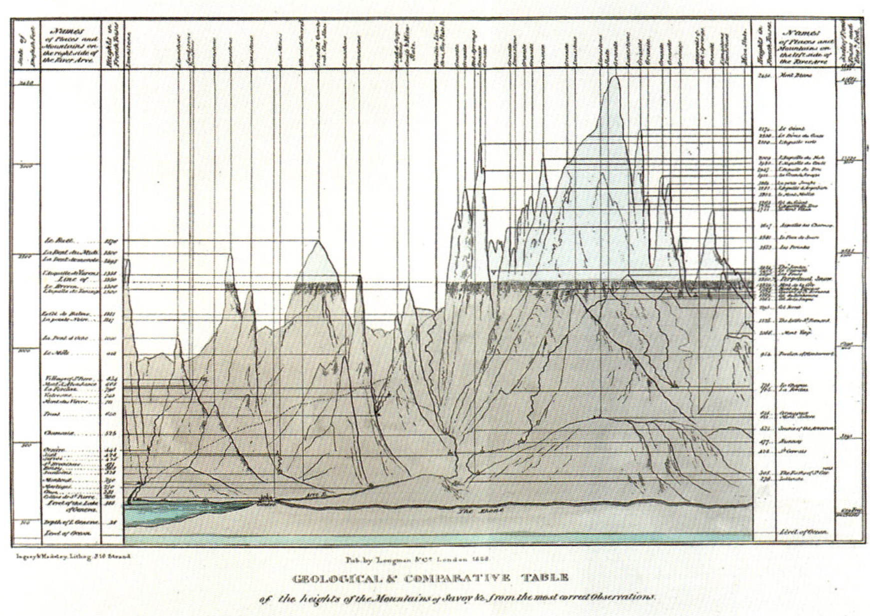

约翰·理查森·奥尔德乔（1805—1886）
1828 年

萨瓦山脉的地质和比较高度表，基于最准确的观测数据

高 17 厘米，宽 19.5 厘米

出自《1827 年 8 月 8 日和 9 日攀登勃朗峰的故事》，朗曼公司，伦敦，1828 年

平版印刷

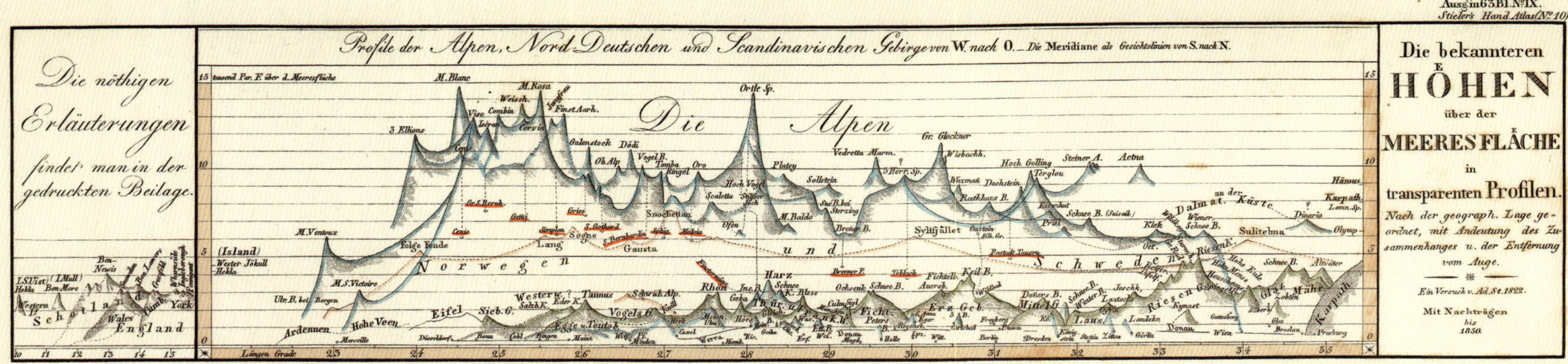

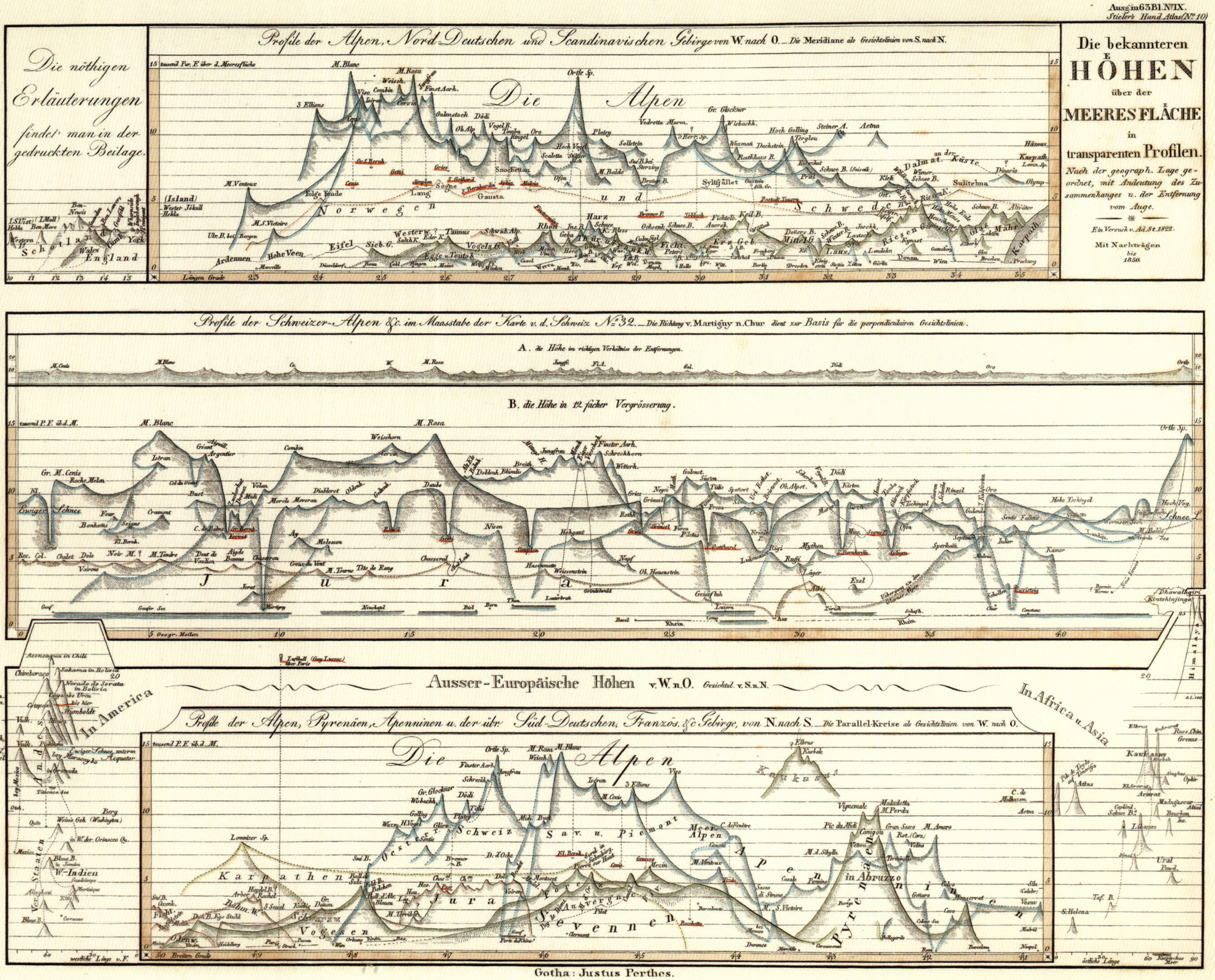

Profile der Schweizer-Alpen &c. im Maasstabe der Karte v. d. Schweiz № 32. _ Die Richtung v. Martigny n. Chur dient zur Basis für die perpendiculairen Gesichtslinien.

A. die Höhe im richtigen Verhältniss der Entfernungen.

B. die Höhe in 12 facher Vergrösserung.

Ausser-Europäische Höhen v. W. n. O. Gesichtsl. v. S. n. N.

In America

In Africa u. Asia

Profile der Alpen, Pyrenäen, Apenninen u. der übr. Süd-Deutschen, Französ. &c Gebirge, von N. nach S. _ Die Parallel-Kreise als Gesichtslinien von W. nach O.

Die Alpen

Gotha: Justus Perthes.

阿道夫 · 斯蒂勒（1775—1836）
1850 年

著名海拔高度的透明轮廓图

高 37 厘米，宽 45 厘米

出自《斯蒂勒的手工地图集》，尤斯图斯·佩尔特斯出版社，哥达，1850 年

雕版：F.v. 斯图皮纳杰，海因里希 · 伯格豪斯，J.C. 巴尔

这幅图是斯蒂勒在 1822 年创作的，并在 1823 年到 1861 年间经过几次修改，列出的山脉数量增加了，特别是非洲和亚洲的山脉（见下面 1850 年和 1861 年的版本）。

这是“科学风格”地图（指图中提供大量数据，与“图画风格”相对）的典型代表。

左页图上：瑞士阿尔卑斯山脉的轮廓，前方是挪威和瑞典的山脉（叠加图）。左边的插图是英国山脉的对比图。

左页图中：瑞士阿尔卑斯山的侧面（A）以不同的角度放大 12 倍，（B）汝拉山脉的叠加图。

左页图下：欧洲山峰按山脉（阿尔卑斯山脉、比利牛斯山脉、塞文山脉、亚平宁山脉、喀尔巴阡山脉等）分类，并与美洲（左）、亚洲和非洲（右）的最高峰相比较。

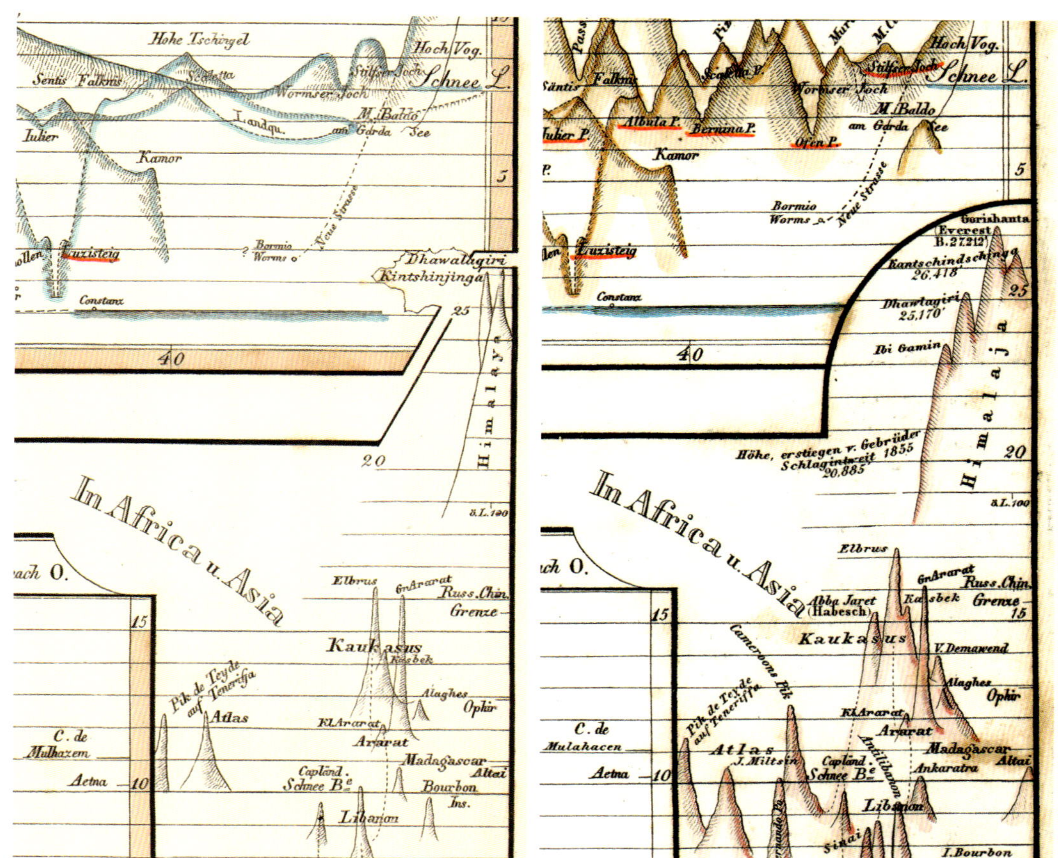

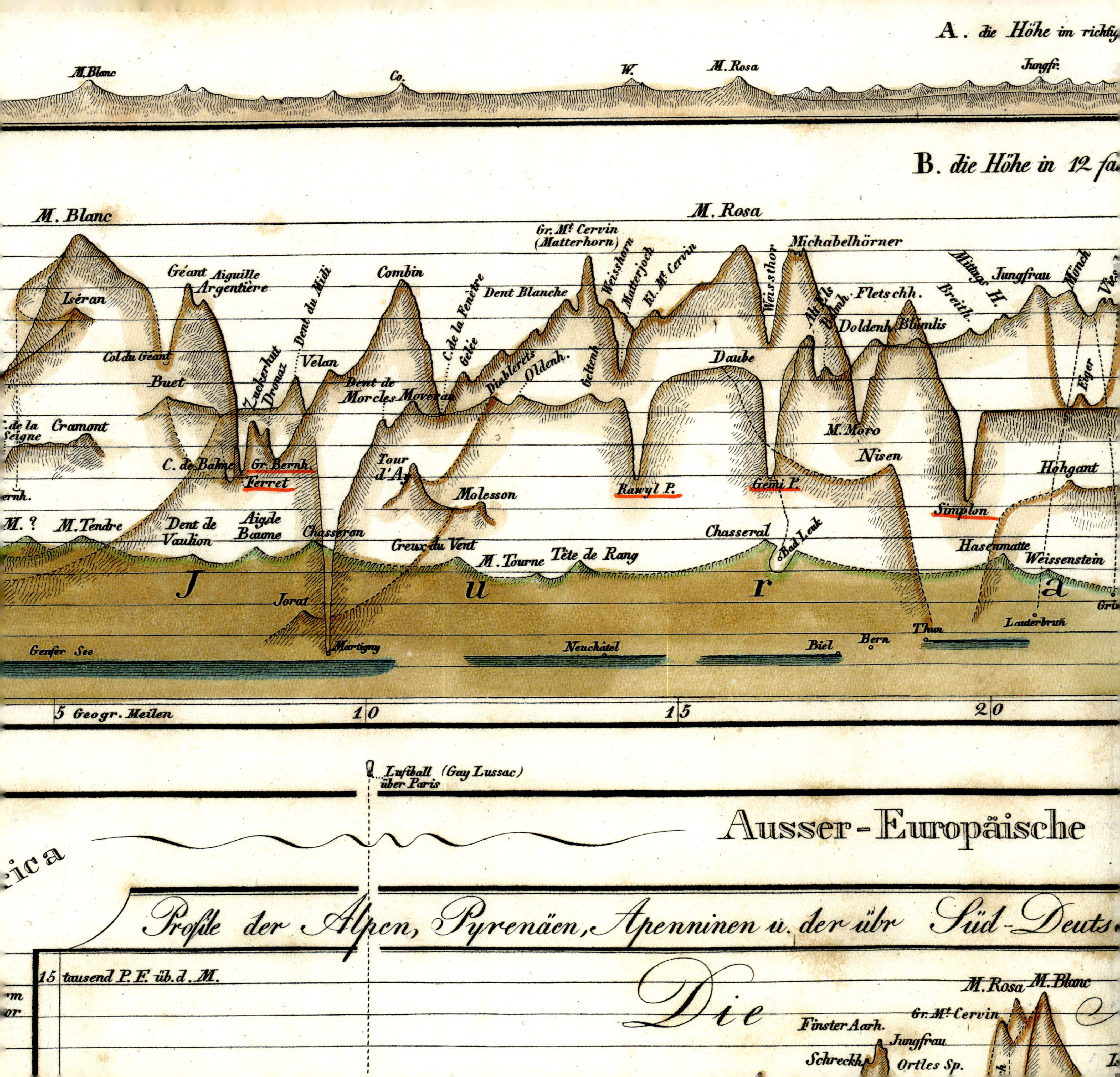

A. die Höhe im richtig

M. Blanc
Co.
W.
M. Rosa
Jungfr.

B. die Höhe in 12 fa

M. Blanc
M. Rosa
Gr. Mt Cervin (Matterhorn)
Iséran
Géant
Aiguille Argentière
Dent du Midi
Combin
C. de la Fenêtre
Dent Blanche
Weisshorn
Matterjoch
Kl. Mt Cervin
Weissthor
Michabelhörner
Alt Els
Balmh.
Fletschh.
Breith.
Mittags H.
Jungfrau
Mönch
Col du Géant
Zuckerhut
Dronaz
Velan
Gelée
Diablerets
Oldenh.
Geltenh.
Daube
Doldenh.
Blümlis
Buet
Dent de Morcles
Moveran
Eiger
C. de la Seigne
Cramont
M. Moro
C. de Balme
Gr. Bernh.
Ferret
Tour d'Aï
Molesson
Rawyl P.
Gemi P.
Nisen
Hohgant
Simplon
M. ?
M. Tendre
Dent de Vaulion
Aig de Baume
Chasseron
Creux du Vent
M. Tourne
Tête de Rang
Chasseral
Bad Leuk
Hasenmatte
Weissenstein
J u r a
Jorat
Genfer See
Martigny
Neuchâtel
Biel
Bern
Thun
Lauterbrun

5 Geogr. Meilen 10 15 20

Luftball (Gay Lussac) über Paris

rica

Ausser-Europäische

Profile der Alpen, Pyrenäen, Apenninen u. der übr Süd-Deuts

15 tausend P. F. üb. d. M.

Die

M. Rosa
M. Blanc
Gr. Mt Cervin
Finster Aarh.
Jungfrau
Schreckh.
Ortles Sp.

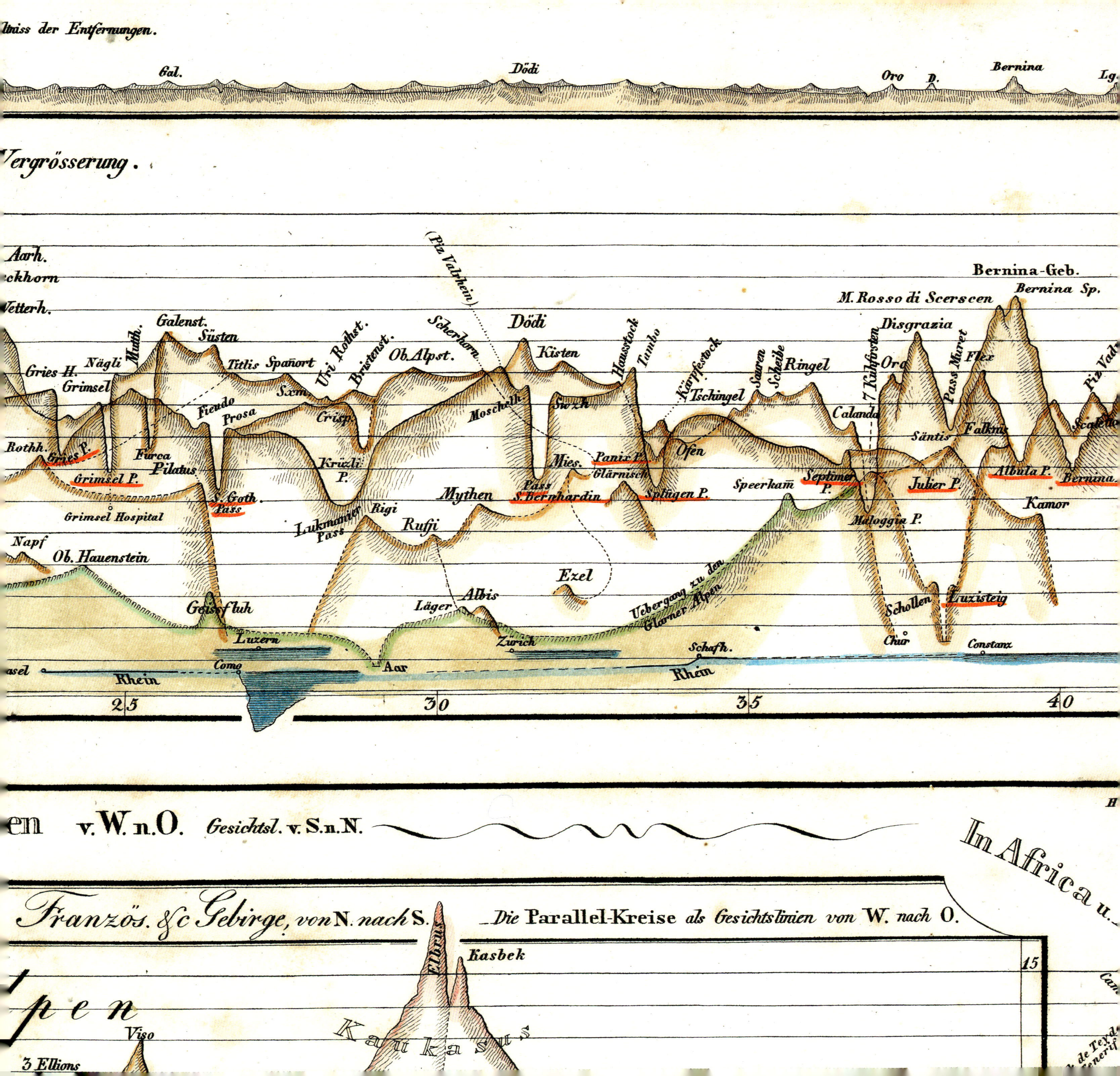

ltniss der Entfernungen.

Gal. Dödi Oro D. Bernina Lg.

Vergrösserung.

Aarh.
ckhorn
Vetterh.
(Piz Valrhein)
Bernina-Geb.
Bernina Sp.
M. Rosso di Scerscen
Disgrazia
Galenst. Süsten Dödi
Gries H. Nägli Muth. Titlis Spañort Uri Rothst. Bristenst. Ob. Alpst. Scherhorn Kisten Hausstock Tambo Kärpfestock Sauren Scheibe Ringel 7 Kuhfirsten Oro Pass Muret Flex Piz Vad
Grimsel Fieudo Prosa Scm. Crisp. Moscheln Surzh Tschingel Calanda Säntis Falknis Scaletta
Rothh. Gries P. Furca Pilatus Krüzli P. Mies. Panix P. Glärnisch Ofen Septimer P. Julier P. Albula P. Bernina
Grimsel P. S. Goth. Pass Pass S. Bernhardin Mythen Splügen P. Speerkam Maloggia P. Kamor
Grimsel Hospital Lukmanier Pass Rigi Rufsi
Napf Ob. Hauenstein Ezel
Geissfluh Läger Albis Uebergang zu den Glarner Alpen Schollen Luzisteig
Luzern Zürich Chur Constanz
asel Como Aar Schafh.
Rhein Rhein
25 30 35 40

en v. W. n. O. Gesichtsl. v. S. n. N.

In Africa u.

Französ. &c Gebirge, von N. nach S. Die Parallel-Kreise als Gesichtslinien von W. nach O.

Elbrus Kasbek 15
pen Kaukasus
Viso
3 Ellions

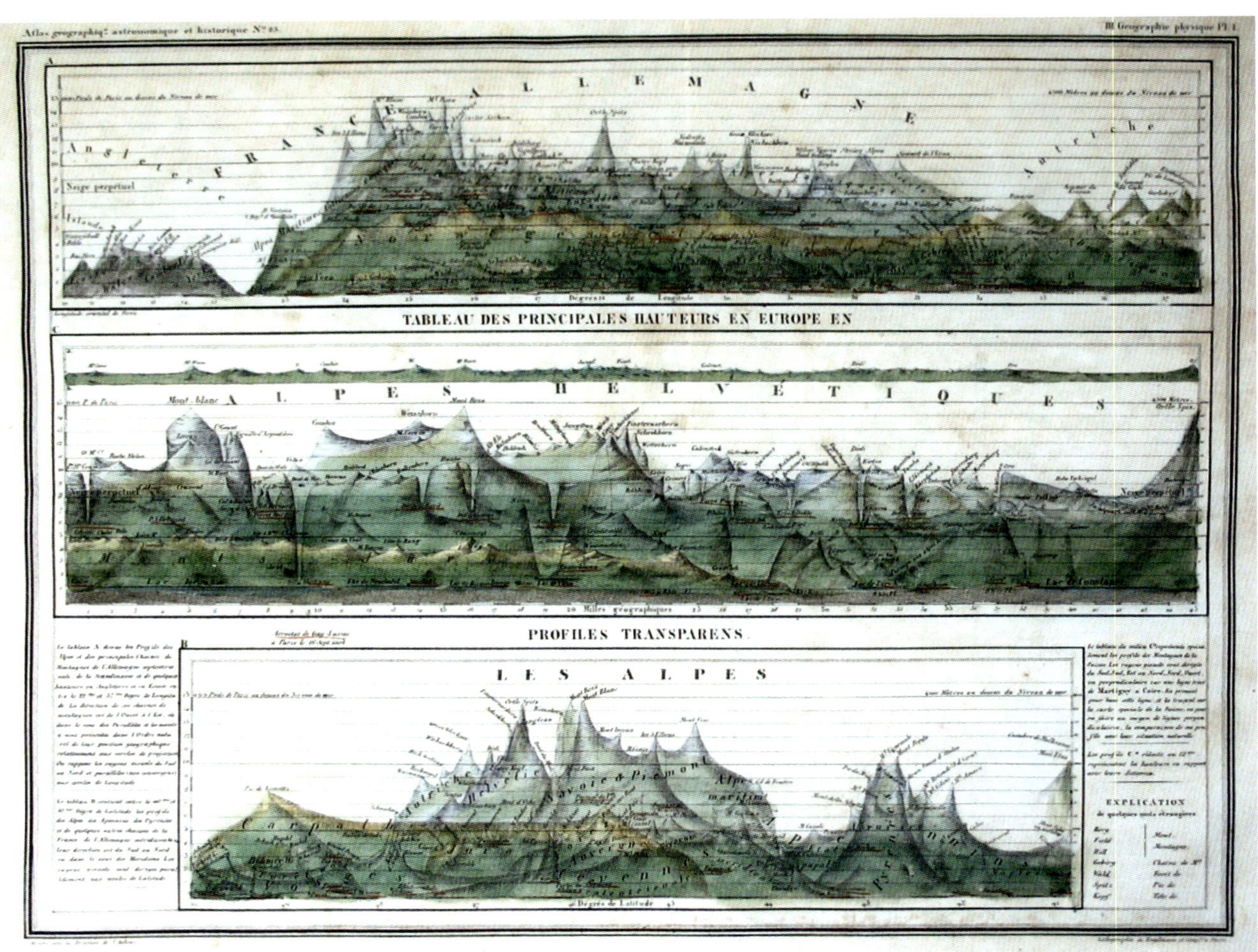

约翰·格奥尔格·赫克（1795—？），
戈德弗鲁瓦·昂热尔曼（1788—1839）
1834 年

欧洲主要高度的透明轮廓表

高 30 厘米，宽 43 厘米

出自《地理、天文和历史地图集》，用于研究古代史、中世纪史和现代史，用于阅读最新的游记，约翰·格奥尔格·赫克，昂热尔曼公司，伦敦、米卢斯、巴黎，1834 年

第一版于 1830 年出版。

法语版是由斯蒂勒绘画的彩色版本。

特劳戈特·布罗姆（1802—1866）
1851 年

隆起的地壳

高 23 厘米，宽 29 厘米

出自《自然地图集》，共四十二版，带解释性文字（洪堡《宇宙》所附地图集），克赖斯·赫夫曼出版社，斯图加特，1851 年

绘画：特劳戈特·布罗姆

雕版：E. 温克尔曼

叠加的轮廓以不同的颜色显示；欧洲为棕色，亚洲为绿色，非洲为蓝色，澳洲为粉色，美洲为黄色。

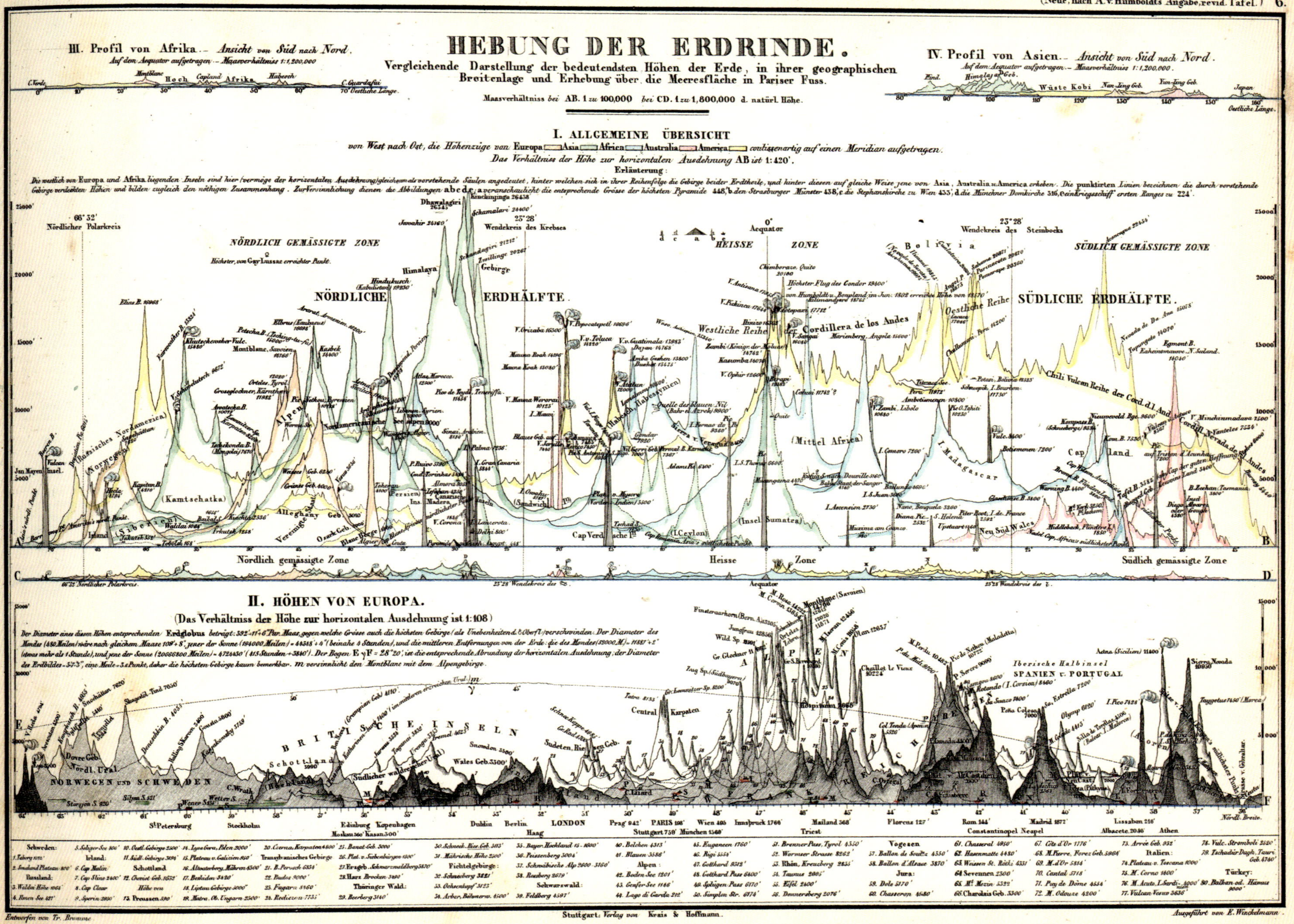
(Neue, nach A. v. Humboldts Angabe, revid. Tafel.) 6.
HEBUNG DER ERDRINDE.
Vergleichende Darstellung der bedeutendsten Höhen der Erde, in ihrer geographischen Breitenlage und Erhebung über die Meeresfläche in Pariser Fuss.
III. Profil von Afrika. – Ansicht von Süd nach Nord.
IV. Profil von Asien. – Ansicht von Süd nach Nord.
I. ALLGEMEINE ÜBERSICHT
Nördlicher Polarkreis
NÖRDLICH GEMÄSSIGTE ZONE
NÖRDLICHE ERDHÄLFTE.
Wendekreis des Krebses
HEISSE ZONE
Aequator
Wendekreis des Steinbocks
SÜDLICH GEMÄSSIGTE ZONE
SÜDLICHE ERDHÄLFTE.
Himalaya Gebirge
Westliche Reihe der Cordillera de los Andes
Oestliche Reihe
Chili Vulcan Reihe der Cord. d. l. Andes
Nördlich gemässigte Zone
Heisse Zone
Südlich gemässigte Zone
II. HÖHEN VON EUROPA.
(Das Verhältniss der Höhe zur horizontalen Ausdehnung ist 1:108)
NORWEGEN UND SCHWEDEN
BRITISCHE INSELN
SPANIEN u. PORTUGAL
St. Petersburg
Stockholm
Edinburg
Kopenhagen
Dublin
Berlin
LONDON
Prag
PARIS
Wien
München
Innsbruck
Mailand
Triest
Florenz
Rom
Constantinopel
Neapel
Madrid
Lissabon
Athen
Entworfen von Tr. Bromme.
Stuttgart: Verlag von Krais & Hoffmann.
Ausgeführt von E. Winckelmann.

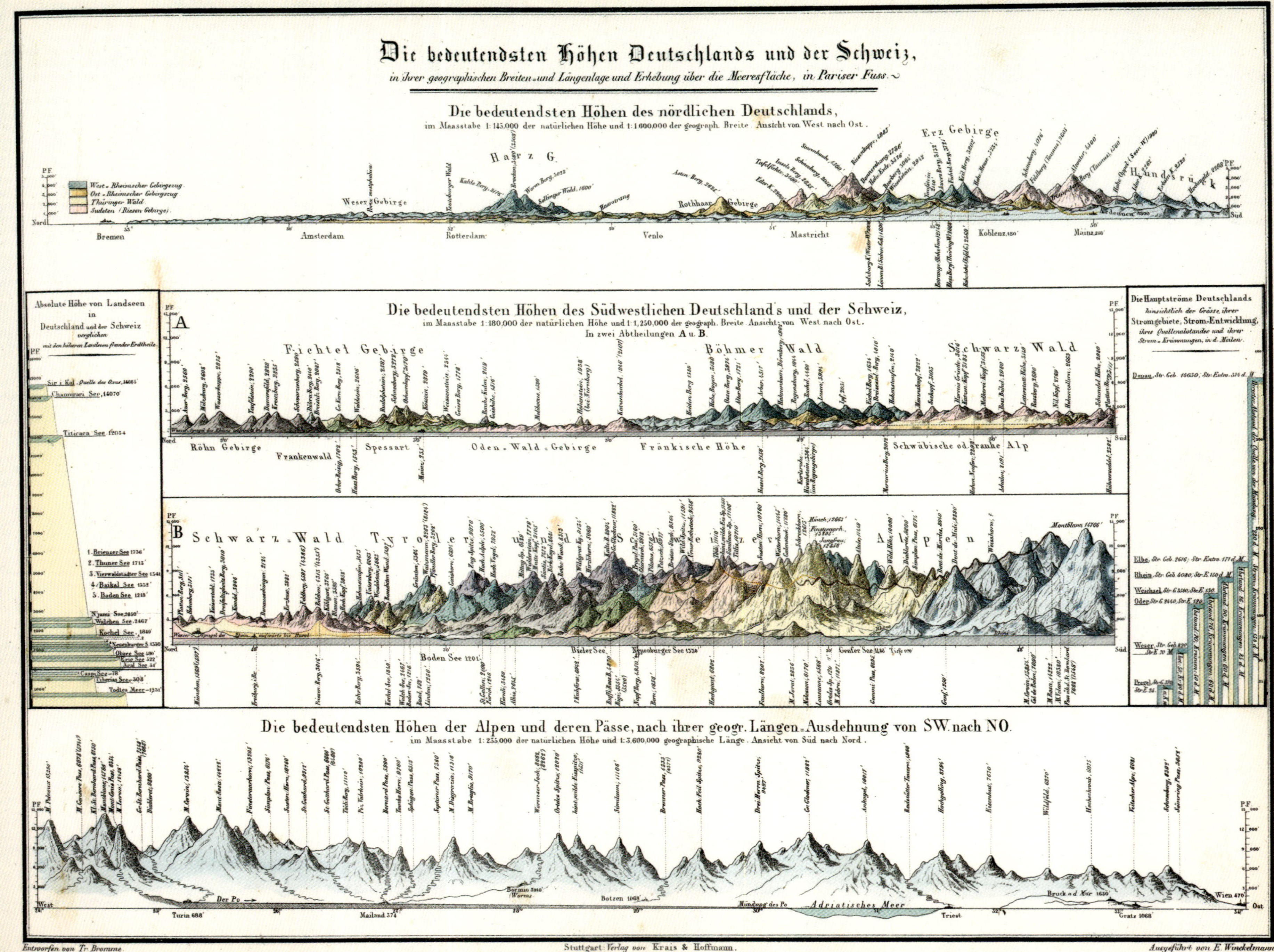
24
Die bedeutendsten Höhen Deutschlands und der Schweiz,
in ihrer geographischen Breiten- und Längenlage und Erhebung über die Meeresfläche, in Pariser Fuss.
Die bedeutendsten Höhen des nördlichen Deutschlands,
im Maasstabe 1:145,000 der natürlichen Höhe und 1:1,600,000 der geograph. Breite. Ansicht von West nach Ost.
Die bedeutendsten Höhen des Südwestlichen Deutschland's und der Schweiz,
im Maasstabe 1:180,000 der natürlichen Höhe und 1:1,250,000 der geograph. Breite. Ansicht von West nach Ost.
In zwei Abtheilungen A u. B.
Absolute Höhe von Landseen in Deutschland und der Schweiz
Die Hauptströme Deutschlands
Die bedeutendsten Höhen der Alpen und deren Pässe, nach ihrer geogr. Längen-Ausdehnung von SW. nach NO.
im Maasstabe 1:255,000 der natürlichen Höhe und 1:3,600,000 geographische Länge. Ansicht von Süd nach Nord.
Entworfen von Tr. Bromme
Stuttgart. Verlag von Krais & Hoffmann.
Ausgeführt von E. Winckelmann

特劳戈特·布罗姆

1851 年

德国和瑞士的最高海拔图

高 23 厘米，宽 29 厘米

出自《自然地图集》，共四十二版，带解释性文字（洪堡《宇宙》所附地图集），克赖斯·赫夫曼出版社，斯图加特，1851 年

绘画：特劳戈特·布罗姆

雕版：E. 温克尔曼

左上方是最高湖泊的海拔。

希波吕托斯・马勒古（1825—1901）
1897 年

按省份划分的法国主要海拔高度比较图
高 19 厘米，宽 62 厘米
库尔蒙印刷厂，巴黎

希波吕托斯・马勒古是勒普伊恩－韦莱当地一个受过教育的人，他多次研究地形和海拔问题。

他从自己故乡省份——法国上卢瓦尔省开始描绘（下图），然后在 1897 年创作了一幅总图。马勒古构思出一个棋盘，上面有 87 个方格，从上卢瓦尔省到上萨瓦省，把法国各省份按照最高点来排列。

每个省份都配有一幅小插图，标明其主要高度和城市。唯一没有遵循这个分类顺序的是科西嘉岛，它仍然在右下角，是它在法国地图上的一贯位置。

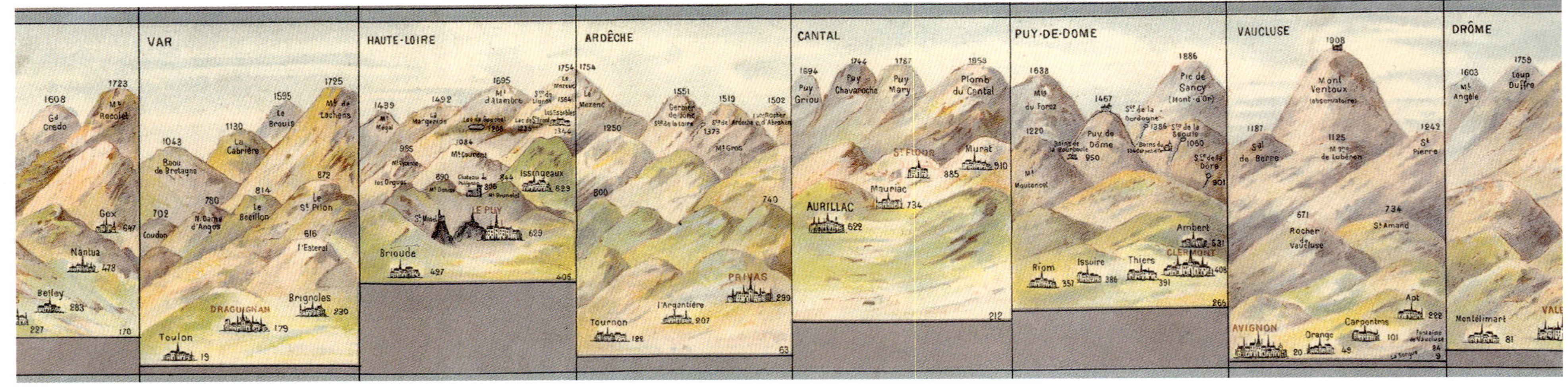

CARTE COMPARATIVE DES PRINCIPALES ALTITUDES DE LA FRANCE PAR DEPARTEMENT.
LOIRE INFÉRIEURE
CHARENTE INFÉRIEURE
GIRONDE
SEINE
INDRE-ET-LOIRE
SEINE-ET-OISE
SOMME
MAINE-ET-LOIRE
PAS-DE-CALAIS
SEINE ET-MARNE
LANDES
OISE
VIENNE
ILE-ET-VILAINE
EURE
SEINE INFÉRIEURE
LOIR-ET-CHER
DEUX-SÈVRES
NORD
LOIRET
LOT-ET-GARONNE
MARNE
VENDÉE
AISNE
EURE-ET-LOIRE
MORBIHAN
SARTHE
CÔTES-DU-NORD
MANCHE
CALVADOS
AUBE
CHARENTE
FINISTÈRE
GERS
MAYENNE
ORNE
MEUSE
INDRE
DORDOGNE
TARN-ET-GARONNE
ARDENNES
CHER
HAUTE-MARNE
YONNE
CÔTE-D'OR
MEURTHE-ET-MOSELLE
HAUTE-VIENNE
LOT
NIÈVRE
SAONE-ET-LOIRE
CREUSE
RHÔNE
CORRÈZE
HÉRAULT
HAUTE-SAONE
BELFORT
TARN
GARD
VOSGES
AVEYRON
DOUBS
JURA
ALLIER
LOIRE
LOZÈRE
AIN
VAR
HAUTE-LOIRE
ARDÈCHE
CANTAL
PUY-DE-DOME
VAUCLUSE
DRÔME
AUDE
BASSES PYRENÉES
PYRENÉES ORIENTALES
ALPES-MARITIMES
ARIÈGE
HAUTE-GARONNE
HAUTES-PYRÉNÉES
BASSES-ALPES
SAVOIE
ISÈRE
HAUTES ALPES
Hte SAVOIE
CORSE

约翰·汤姆森
1832 年

苏格兰主要山脉高度的比较视图，以格兰扁山脉为典型代表

高 51 厘米，宽 68 厘米

出自《苏格兰地图集》，包括每个郡的地图，其比例尺之大足以展示苏格兰的特色和重要地点、郡的边界……附有苏格兰地理回忆录、河流长度和山峰高度的比较视图，以及一个方便定位的索引；约翰·汤姆森出版社，爱丁堡；约翰·卡明出版社，都柏林；鲍德温和克拉多克出版社，伦敦；1832 年

绘画：D. 麦肯齐

雕版：W. H. 利萨尔斯

VIEW OF THE GRAMPIAN MOUNTAINS, BEING A SPECIMEN OF THE FORMATION OF THAT RANGE.
Drawn by D. M'Kenzie S.A.
Eng'd by W. H. Lizars.
A COMPARATIVE VIEW OF THE HEIGHTS OF THE PRINCIPAL MOUNTAINS OF SCOTLAND.
Published by John Thomson Edinburgh, 1831.

6
7
8
9
10
11
12
13
14
15
16
17

18
19
20
21
22
23
24
25
26
27

约翰·汤姆森
1832年

苏格兰主要河流长度的比较视图

高46厘米，宽65厘米

出自《苏格兰地图集》，包括每个郡的地图，其比例尺之大足以展示苏格兰的特色和重要地点、郡的边界……附有苏格兰地理回忆录、河流长度和山峰高度的比较视图，以及一个方便定位的索引；约翰·汤姆森出版社，爱丁堡；约翰·卡明出版社，都柏林；鲍德温和克拉多克出版社，伦敦；1832年

绘画：D. 麦肯齐

雕版：W.H. 利萨尔斯

图中给了该国主要瀑布两个特写镜头：克莱德河上最高的科拉·林恩瀑布；福耶斯河上的福耶斯瀑布，流入尼斯湖，高63米（今天的测量数据为50米）。

COMPARATIVE VIEW OF THE HEIGHT OF THE FALL OF FOYERS AND CORRA LINN.
CORRA LINN
82 Feet.
FALL OF FOYERS
207 Feet.
Drawn by W.H. Lizars
TAY
110 Miles.
CLYDE
100 Miles.
FORTH
90 Miles.
TWEED
85 Miles.
SPEY
85 Miles.
DEE
80 Miles.
DON
60 Miles.
NITH
60 Miles.
ANNAN
40 Miles.
S.ESK
40 Miles.
TEVIOT
35 Miles.
ISLA
35 Miles.
EARN
35 Miles.
N.ESK
30 Miles.
ESK
30 Miles.
TEITH
30 Miles.
GARRY
25 Miles.
AYR
25 Miles.
Engd by W.H. Lizars
A COMPARATIVE VIEW OF THE LENGTHS OF THE PRINCIPAL RIVERS OF SCOTLAND.
Published by John Thomson Edinburgh. 1851.

FALL OF FOY
207 Feet.

亚伯·雨果（1798—1855），查尔斯·V. 莫宁
1835 年

法国主要山脉和海平面以上一些引人注目的地方的比较图
高 17.5 厘米，宽 27 厘米
出自《风景如画法兰西》，对法国各省份及其当时殖民地的地形学、统计学的优美描绘，附有关语言的注释、统计信息、法国全国统计数据，卷一，亚伯·雨果，德卢瓦出版社，巴黎，1835 年
绘画：莫宁
雕版：兰博兹

亚伯·雨果是维克多·雨果的哥哥。他是法兰西帝国的伯爵，也是军官和散文家。这幅画是他的《风景如画法兰西》中的插图，这本书作为最早的旅游指南之一，是当时非常成功的作品。

托马斯·穆勒（1784—1851）
1837 年

主要山丘比较视图
高 25 厘米，宽 21 厘米
出自《巴克莱的全面通用英语词典》，G. 弗丘出版社，伦敦，1841—1848 年

詹姆斯·雷诺兹
1852 年

不列颠群岛要闻
单独出版的版画
高 25 厘米，宽 21 厘米
出自《巴克莱的全面通用英语词典》，G. 弗丘出版社，伦敦，1841—1848 年
雕版：约翰·艾姆斯利

奥古斯丁·科达齐（1793—1859 年）
1840 年

南美洲山脉理想化地图集，以平方西班牙里[①]为单位

出自《委内瑞拉共和国的自然和政治地图集》，由其作者奥古斯丁·科达齐献给1830 年制宪会议，蒂埃里出版社，巴黎、加拉加斯，1840 年

平版印刷

第一本南美洲的地图集，也是最早使用平版印刷的地图集之一。它比北美洲第一个使用平版印刷的例子（由塞缪尔·奥古斯都·米切尔创作）早了 6 年。

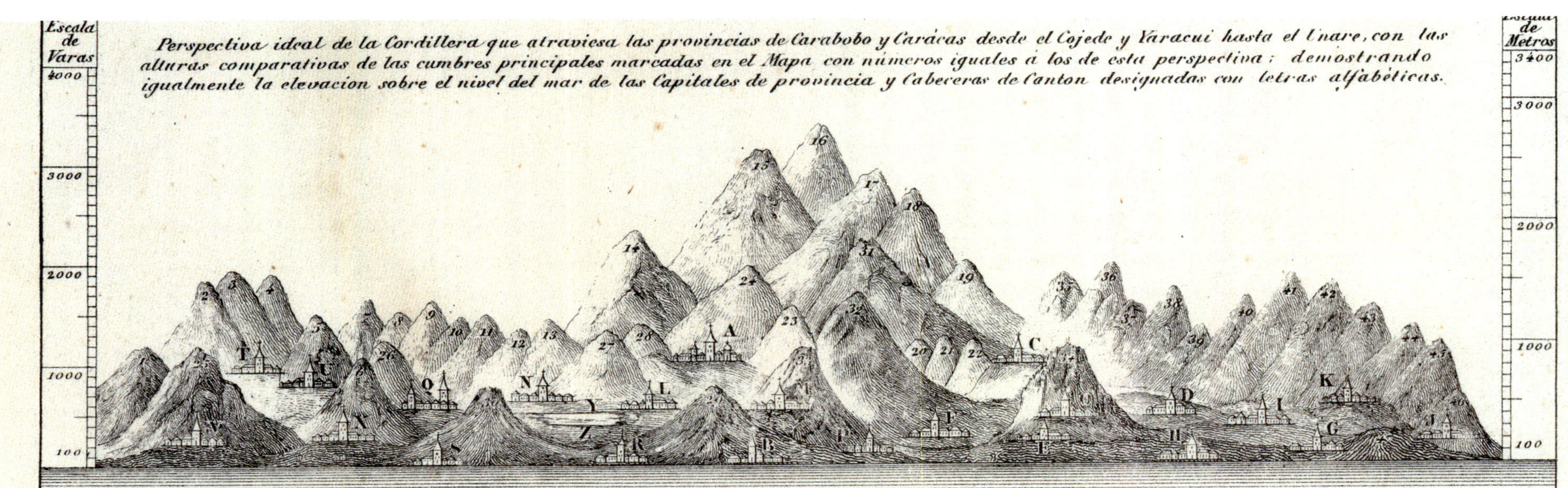

① 西班牙里，西班牙的长度单位，1 西班牙里相当于 5 572.70 米。

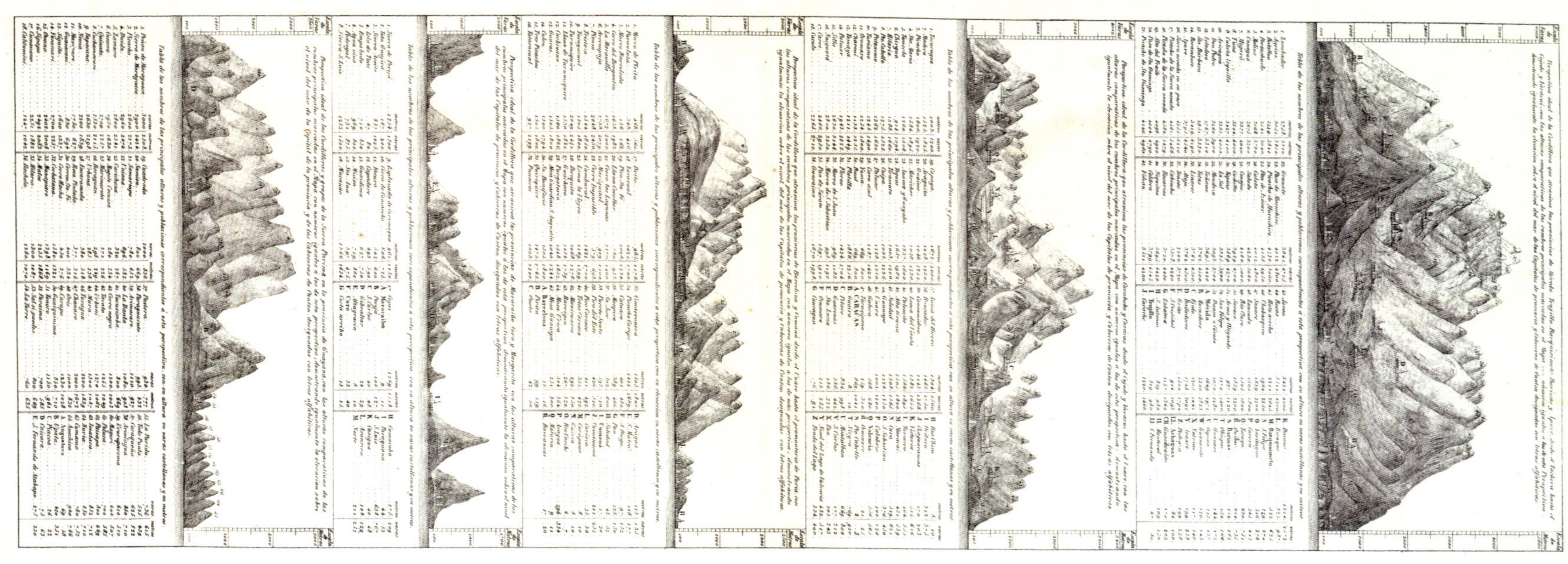

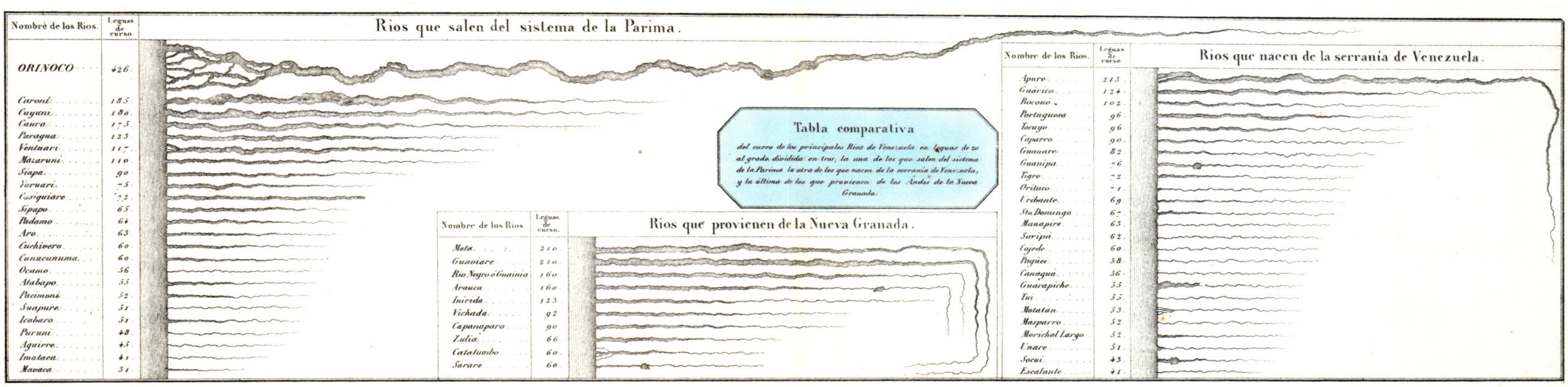

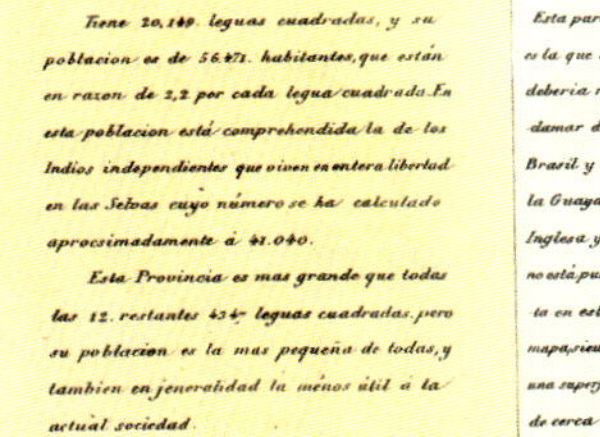

TABLA COMPARATIVA

de la extension de cada Provincia en leguas cuadradas de 20 al grado ecuatorial, con la poblacion absoluta y relativa de las mismas.

马里亚诺 · 费利佩 · 帕兹 · 索尔丹（1821—1886）
1865 年

秘鲁海拔高度比较概况图

高 52 厘米，宽 65 厘米

出自《秘鲁地理地图集》，由秘鲁政府出版，当时的总统是解放者拉蒙 · 卡斯提拉元帅和马里亚诺 · 费利佩 · 帕兹 · 索尔丹先生，奥古斯托 · 迪朗出版社，巴黎，1865 年

印刷公司：A. 莱内和 J. 阿瓦尔印刷公司，巴黎圣佩尔街 19 号

黑色及深褐色平版图

雕版：F. 德拉马尔，莫洛克

秘鲁的第一本地图集。

同年在巴黎出版了两个西班牙文版本和一个法语版本。

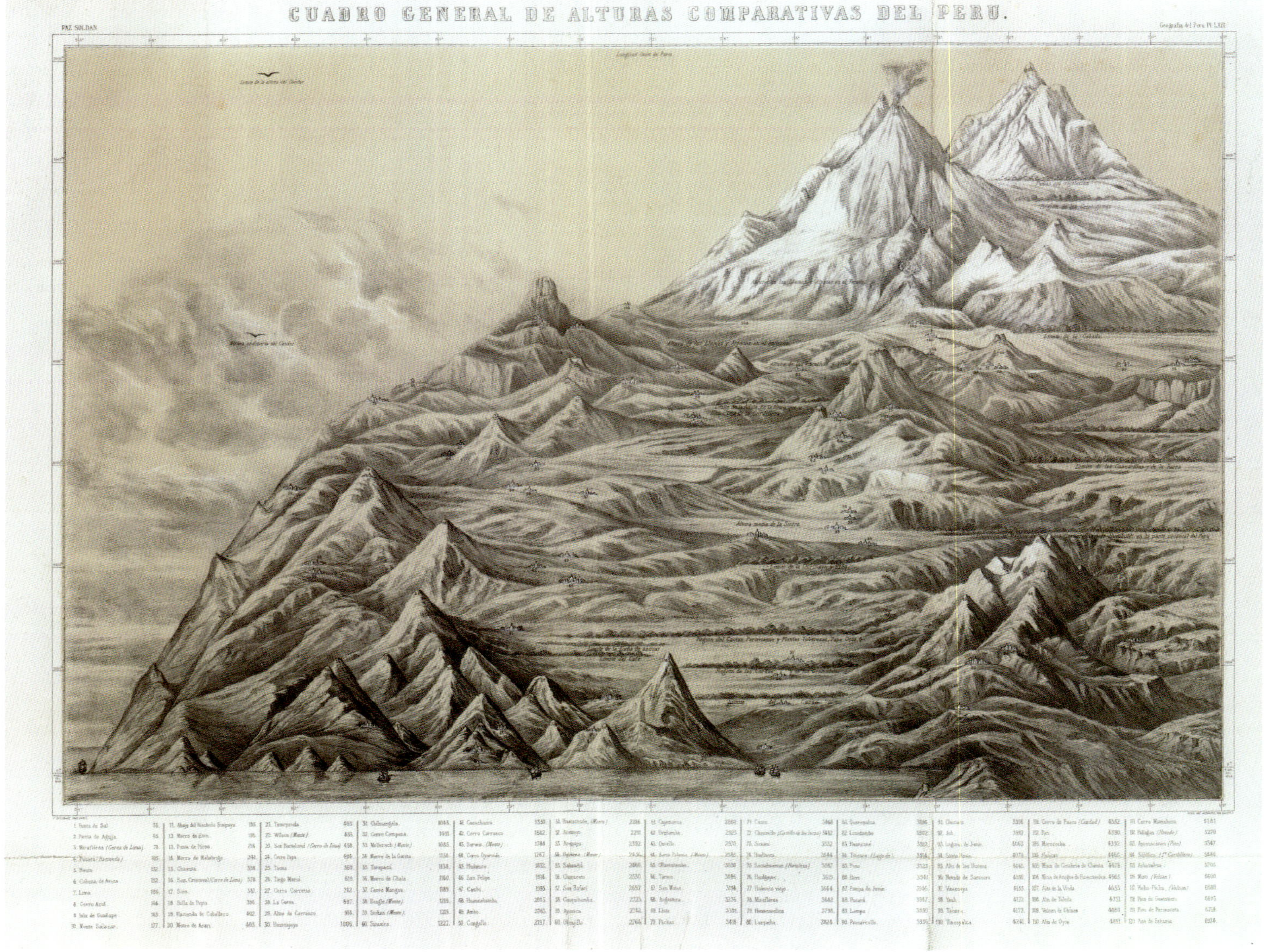

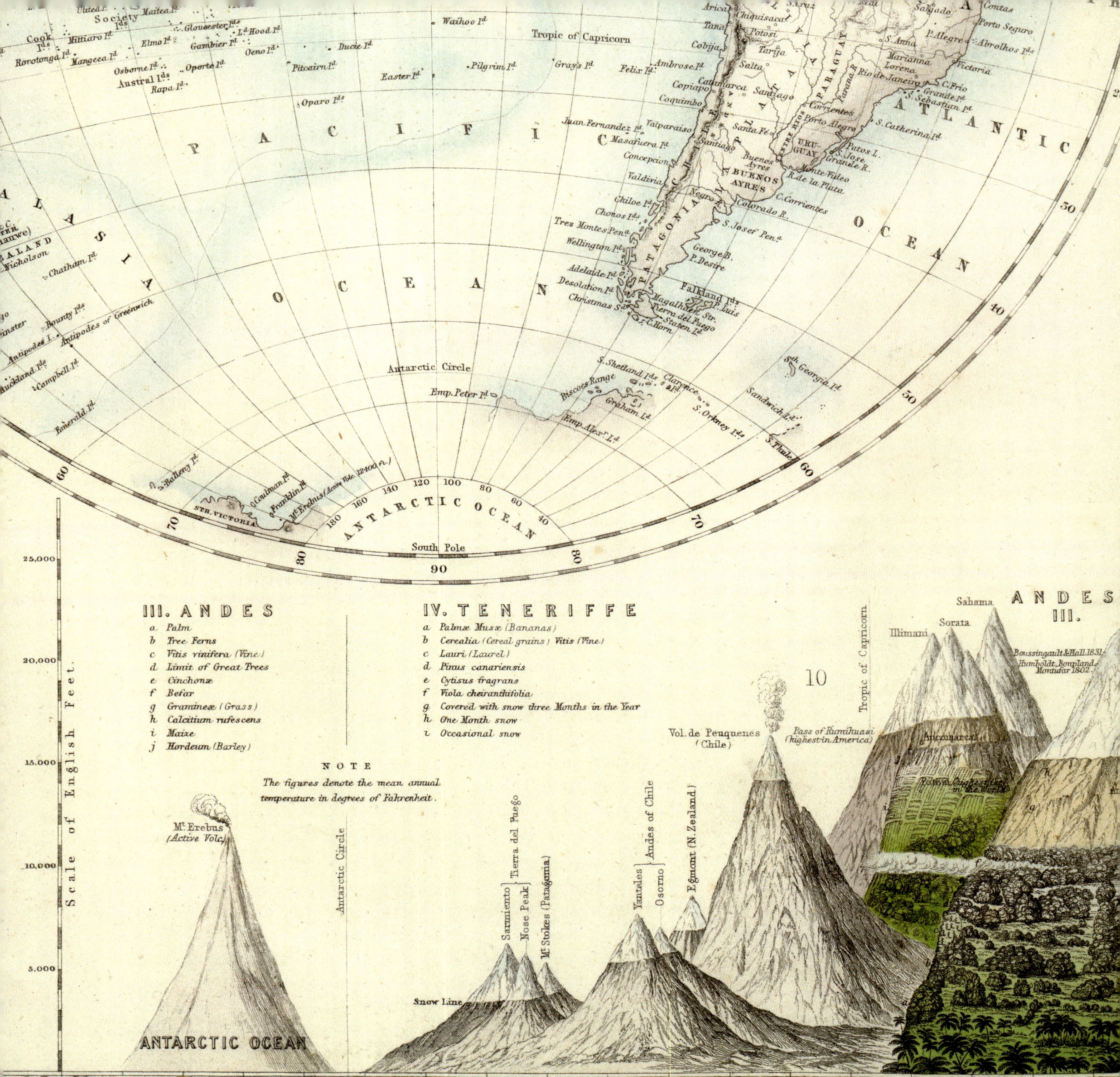

Tropic of Capricorn
P A C I F I C
O C E A N
A T L A N T I C
O C E A N
ANTARCTIC OCEAN
Antarctic Circle
South Pole
Society Ids
Cook Ids
Rarotonga Id
Mangeea Id
Mittiaro Id
Elmo Id
Gloucester Ids
Gambier Id
Ld Hood Id
Oeno Id
Osborne Id
Austral Ids
Rapa Id
Oparo Id
Oparo Ids
Pitcairn Id
Ducie Id
Easter Id
Waihoo Id
Pilgrim Id
Gray's Id
Felix Id
Ambrose Id
Juan Fernandez Id
Masafuera Id
Chatham Id
Bounty Ids
Antipodes I.
Antipodes of Greenwich
Auckland Ids
Campbell Id
Emerald Id
Balleny Id
Coulman Id
Franklin Id
Mt Erebus (Active Volc. 12400 ft.)
STH. VICTORIA
Emp. Peter Id
Biscoes Range
S. Shetland Ids
Clarence Id
Graham Id
Emp. Alexr Id
S. Orkney Ids
S. Thule
Sandwich Ld
Sth Georgia Id
Falkland Ids
Staten Id
C. Horn
Christmas Sd
Desolation Id
Adelaide Id
Wellington Id
Tres Montes Pena
Chonos Ids
Chiloe Id
Valdivia
Concepcion
Valparaiso
Santiago
Coquimbo
Copiapo
Catamarca
Cobija
Arica
Tarija
Salta
Santiago
Santa Fe
Corrientes
Porto Alegre
Patos I.
S. Jose
Rio Grande
Monte Video
R. de la Plata
BUENOS AYRES
Colorado R.
C. Corrientes
Negro R.
S. Josef Pen.
George B.
P. Desire
PATAGONIA
PARAGUAY
URUGUAY
Rio de Janeiro
C. Frio
S. Sebastian Id
S. Catherina Id
Victoria
Abrolhos Ids
Porto Seguro
Contas
Salvador
Trinidad
Chuquisaca
Potosi
Tacna
30
40
50
60
70
80
90
100
120
140
160
180
Scale of English Feet
25,000
20,000
15,000
10,000
5,000
III. ANDES
a Palm
b Tree Ferns
c Vitis vinifera (Vine)
d Limit of Great Trees
e Cinchonæ
f Befar
g Gramineæ (Grass)
h Calcitium rufescens
i Maize
j Hordeum (Barley)
IV. TENERIFFE
a Palmæ Musæ (Bananas)
b Cerealia (Cereal grains) Vitis (Vine)
c Lauri (Laurel)
d Pinus canariensis
e Cytisus fragrans
f Viola cheiranthifolia
g Covered with snow three Months in the Year
h One Month snow
i Occasional snow
NOTE
The figures denote the mean annual temperature in degrees of Fahrenheit.
Mt Erebus (Active Volc.)
ANTARCTIC OCEAN
Antarctic Circle
Snow Line
Sarmiento
Nose Peak
Tierra del Fuego
Mt Stokes (Patagonia)
Yanteles
Osorno
Andes of Chile
Egmont (N. Zealand)
Vol. de Penquenes (Chile)
Tropic of Capricorn
10
Pass of Rumihuasi (highest in America)
Illimani
Sorata
Sahama
ANDES III.
Boussingault & Hall 1831.
Humboldt, Bompland, Montufar 1802.
Antisana

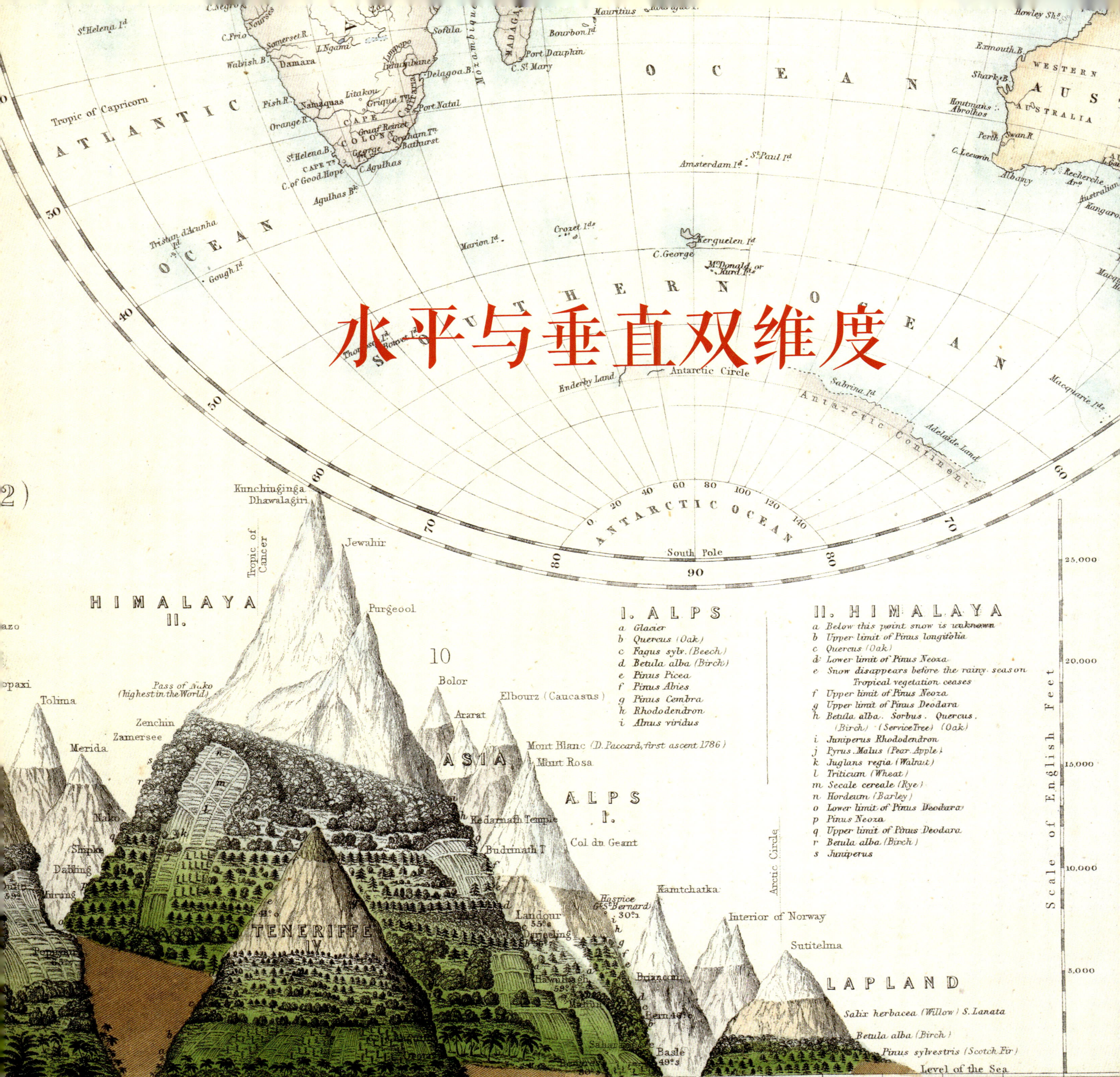

水平与垂直双维度
ATLANTIC OCEAN
Tropic of Capricorn
SOUTHERN OCEAN
OCEAN
Antarctic Circle
Antarctic Continent
ANTARCTIC OCEAN
South Pole
WESTERN AUSTRALIA
Amsterdam Id.
St. Paul Id.
Kerguelen Id.
C. George
Crozet Ids.
Marion Id.
Tristan d'Acunha Id.
Gough Id.
Enderby Land
Sabrina Id.
Adelaide Land
Macquarie Ids.
C. of Good Hope
Agulhas Bk.
C. Agulhas
Port Natal
Delagoa B.
Sofala
Mozambique
Bourbon Id.
Mauritius
Port Dauphin
C. St. Mary
St. Helena Id.
St. Helena B.
Walvish B.
Damara
Namaquas
Orange R.
Fish R.
Somerset R.
L. Ngami
CAPE COLONY
Graaf Reinet
Graham Tn.
Bathurst
George
Exmouth B.
Shark B.
Houtmans Abrolhos
Perth
Swan R.
C. Leeuwin
Albany
Recherche Arc.
Australian
HIMALAYA II.
Kunchinginga
Dhawalagiri
Jewahir
Purgeool
Tropic of Cancer
Pass of Nako (highest in the World)
Tolima
Zenchin
Zamersee
Merida
Nako
Shipke
Dabling
Bolor
Elbourz (Caucasus)
Ararat
ASIA
Mont Blanc (D. Paccard, first ascent 1786)
Mont Rosa
ALPS I.
Kedarnath Temple
Budrinath T.
Col du Geant
TENERIFFE IV.
Landour
Hospice Gt. St. Bernard
Kamtchatka
Arctic Circle
Interior of Norway
Sulitelma
LAPLAND
Brienz
Bern
Basle
Salix herbacea (Willow) S. Lanata
Betula alba (Birch)
Pinus sylvestris (Scotch Fir)
Level of the Sea
I. ALPS
a Glacier
b Quercus (Oak)
c Fagus sylv. (Beech)
d Betula alba (Birch)
e Pinus Picea
f Pinus Abies
g Pinus Cembra
h Rhododendron
i Alnus viridus
II. HIMALAYA
a Below this point snow is unknown
b Upper limit of Pinus longifolia
c Quercus (Oak)
d Lower limit of Pinus Neoza
e Snow disappears before the rainy season
Tropical vegetation ceases
f Upper limit of Pinus Neoza
g Upper limit of Pinus Deodara
h Betula alba. Sorbus. Quercus. (Birch) (Service Tree) (Oak)
i Juniperus Rhododendron
j Pyrus Malus (Pear Apple)
k Juglans regia (Walnut)
l Triticum (Wheat)
m Secale cereale (Rye)
n Hordeum (Barley)
o Lower limit of Pinus Deodara
p Pinus Neoza
q Upper limit of Pinus Deodara
r Betula alba (Birch)
s Juniperus
Scale of English Feet
25,000
20,000
15,000
10,000
5,000

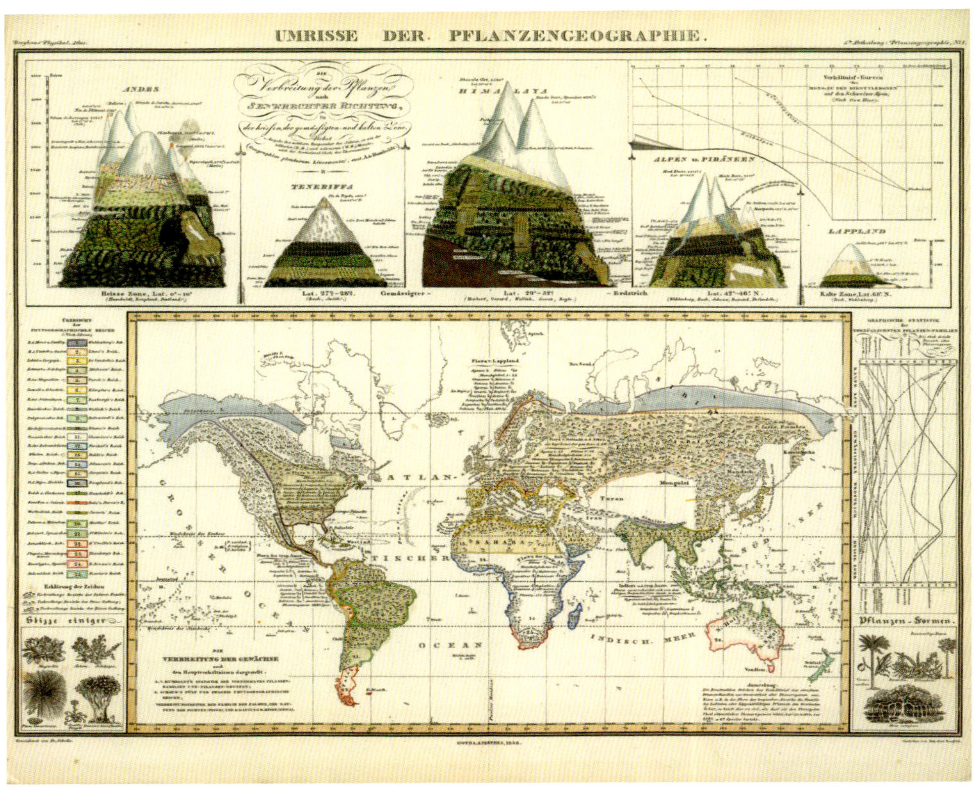

海因里希 · 伯格豪斯（1797—1884 年）
1838 年

植物地理学概况

高 34 厘米，宽 44 厘米

出自《自然地图集》，尤斯图斯 · 佩尔特斯出版社，哥达，1838 年（第一版 1838—1848 年）

雕版：约翰 · 卡尔 · 奥斯菲尔德

伯格豪斯的《自然地图集》开创了这一种类的先河。这本书是献给洪堡的，在很大程度上也是基于洪堡在旅行中收集的测量数据绘制的。该版画详细描述了植物地理学，包括植被区域分布的世界地图，以及洪堡发明的植被剖面图。

这幅图主要集中在五个地区：安第斯山脉、特内里费山脉、喜马拉雅山脉、阿尔卑斯山脉和比利牛斯山脉、拉普兰山脉（现在的萨米地区）。第 195 页的版画（出版于 1852 年）是第一版的相应放大图。与 1838 年的版本相比，可以较清楚地显示估计高度的变化情况：萨哈马峰在新版本中消失了，取而代之的是伊伊马尼雪山和索拉塔雪山的更高的山峰。亚洲的情况正好相反：第一版最高的山峰在后续版本中消失了（即 Kantschain Dschunga，现在的干城章嘉峰）。

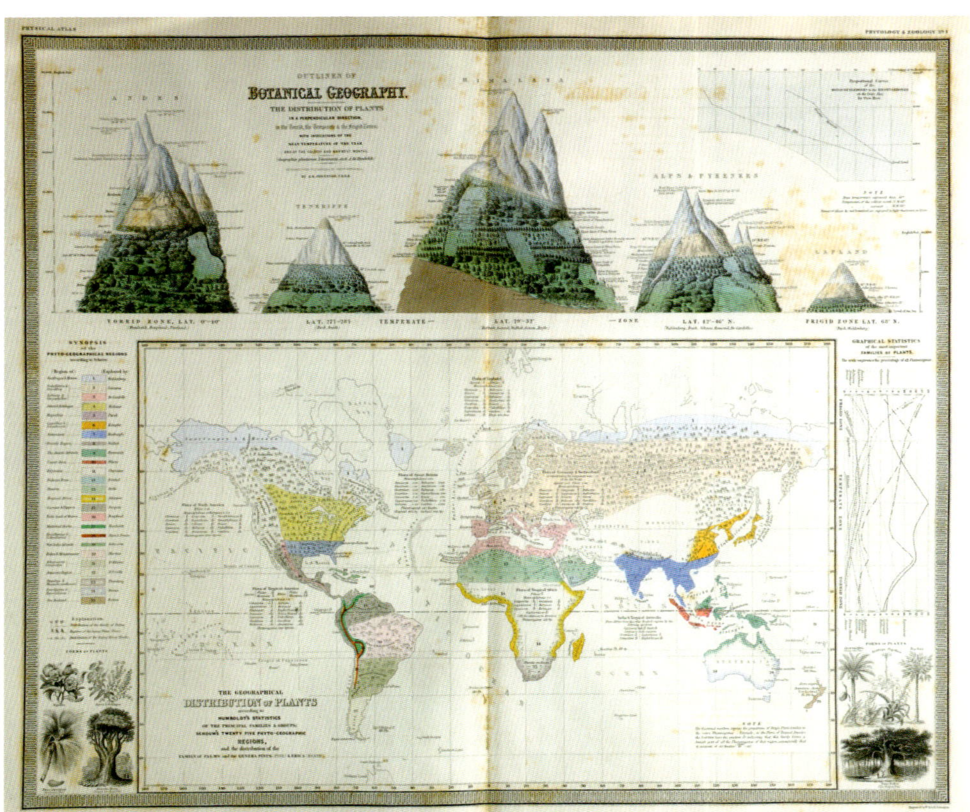

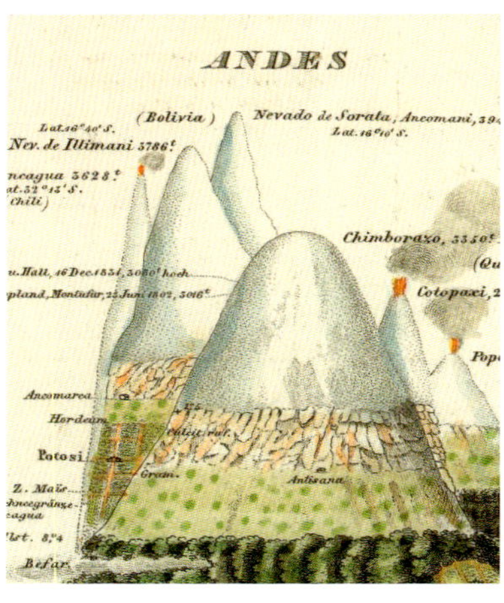

亚历山大 · 基思 · 约翰斯顿（1804—1871）
1848 年

植物地理学纲要和植物的地理学分布

高 47 厘米，宽 55.5 厘米

出自《约翰斯顿自然地图集》，描绘自然现象地理学分布的加注系列地图，爱丁堡，1848 年

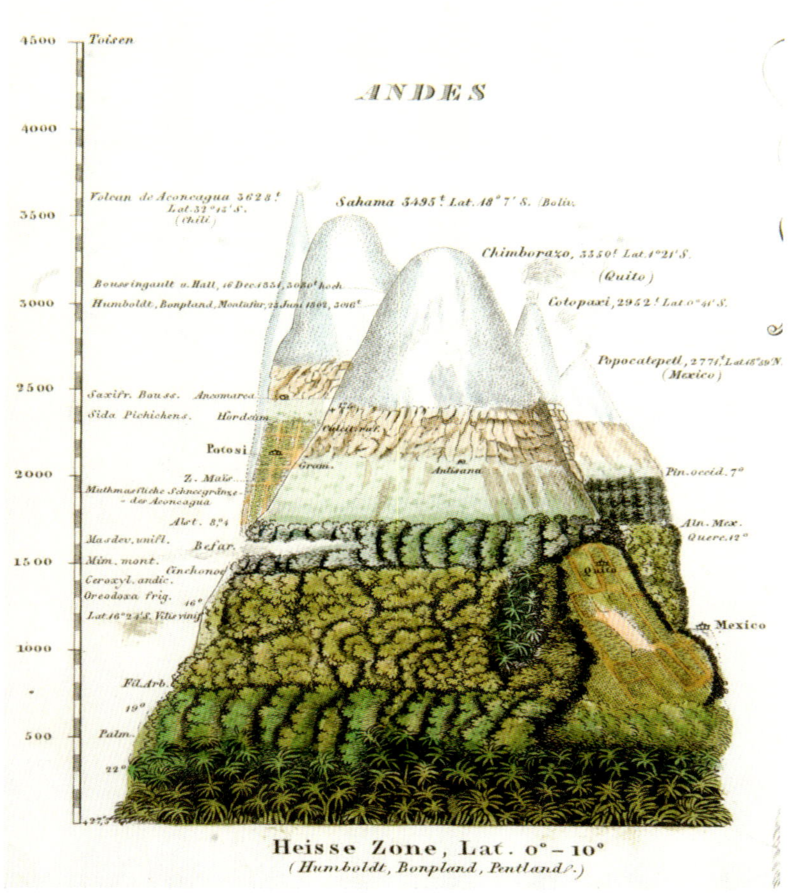
Toisen
ANDES
Chimborazo
Cotopaxi
Popocatepetl
Potosi
Quito
Mexico
Heisse Zone, Lat. 0°–10°
(Humboldt, Bonpland, Pentland.)

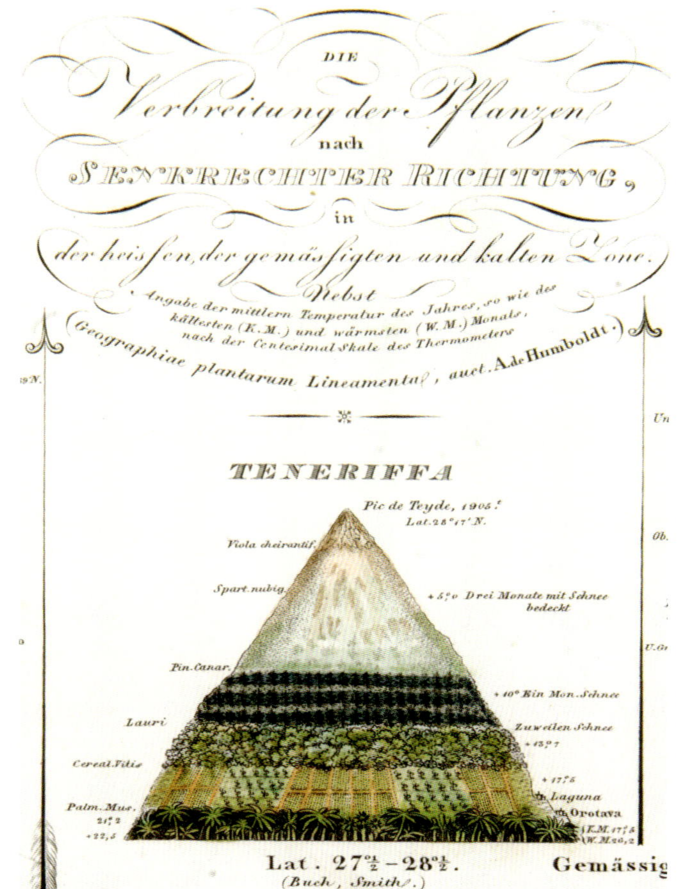
DIE
Verbreitung der Pflanzen
nach
SENKRECHTER RICHTUNG,
in
der heissen, der gemässigten und kalten Zone.
Nebst
Angabe der mittlern Temperatur des Jahres, so wie des
kältesten (K.M.) und wärmsten (W.M.) Monats,
nach der Centesimal-Skale des Thermometers
(Geographiae plantarum Lineamenta, auct. A. de Humboldt.)
TENERIFFA
Pic de Teyde
Laguna
Orotava
Lat. 27½–28½.
(Buch, Smith.)
Gemässig

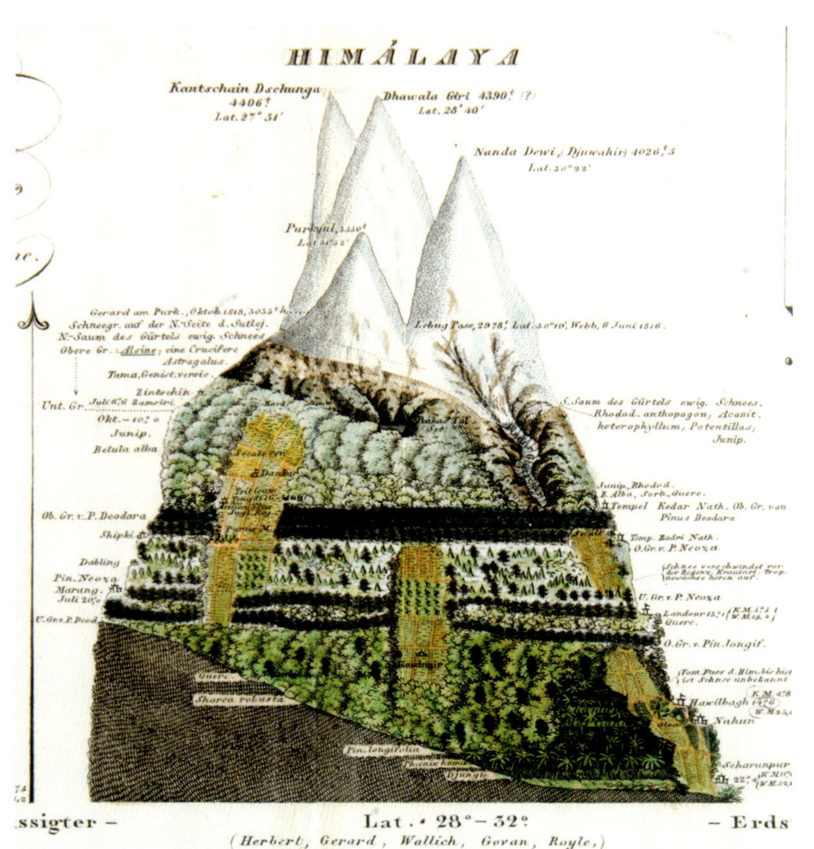
HIMÁLAYA
Lat. 28°–32°
(Herbert, Gerard, Wallich, Goran, Royle,
R. Strachey, Jos. Hooker.)
ssigter –
– Erds

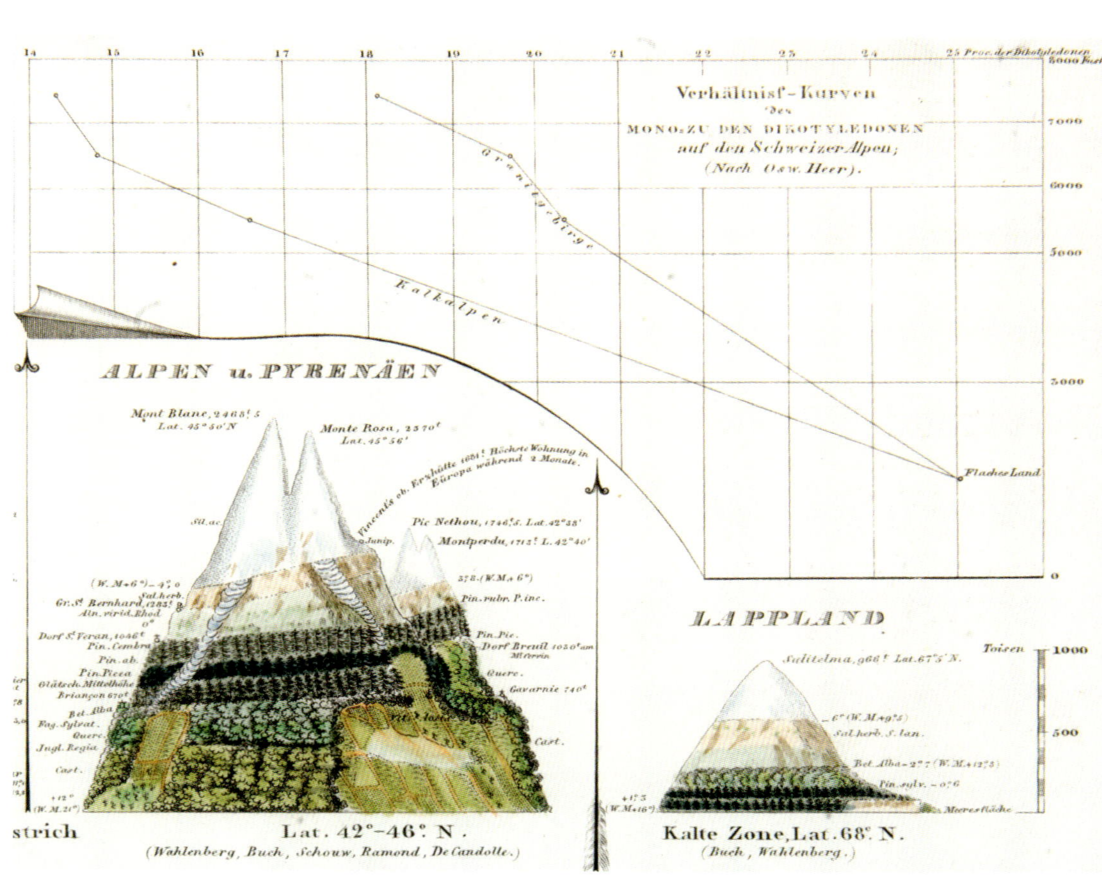
Verhältniss-Kurven
der
MONO- ZU DEN DIKOTYLEDONEN
auf den Schweizer Alpen;
(Nach Osw. Heer).
ALPEN u. PYRENÄEN
Mont Blanc
Monte Rosa
strich
Lat. 42°–46° N.
(Wahlenberg, Buch, Schouw, Ramond, De Candolle.)
LAPPLAND
Kalte Zone, Lat. 68° N.
(Buch, Wahlenberg.)

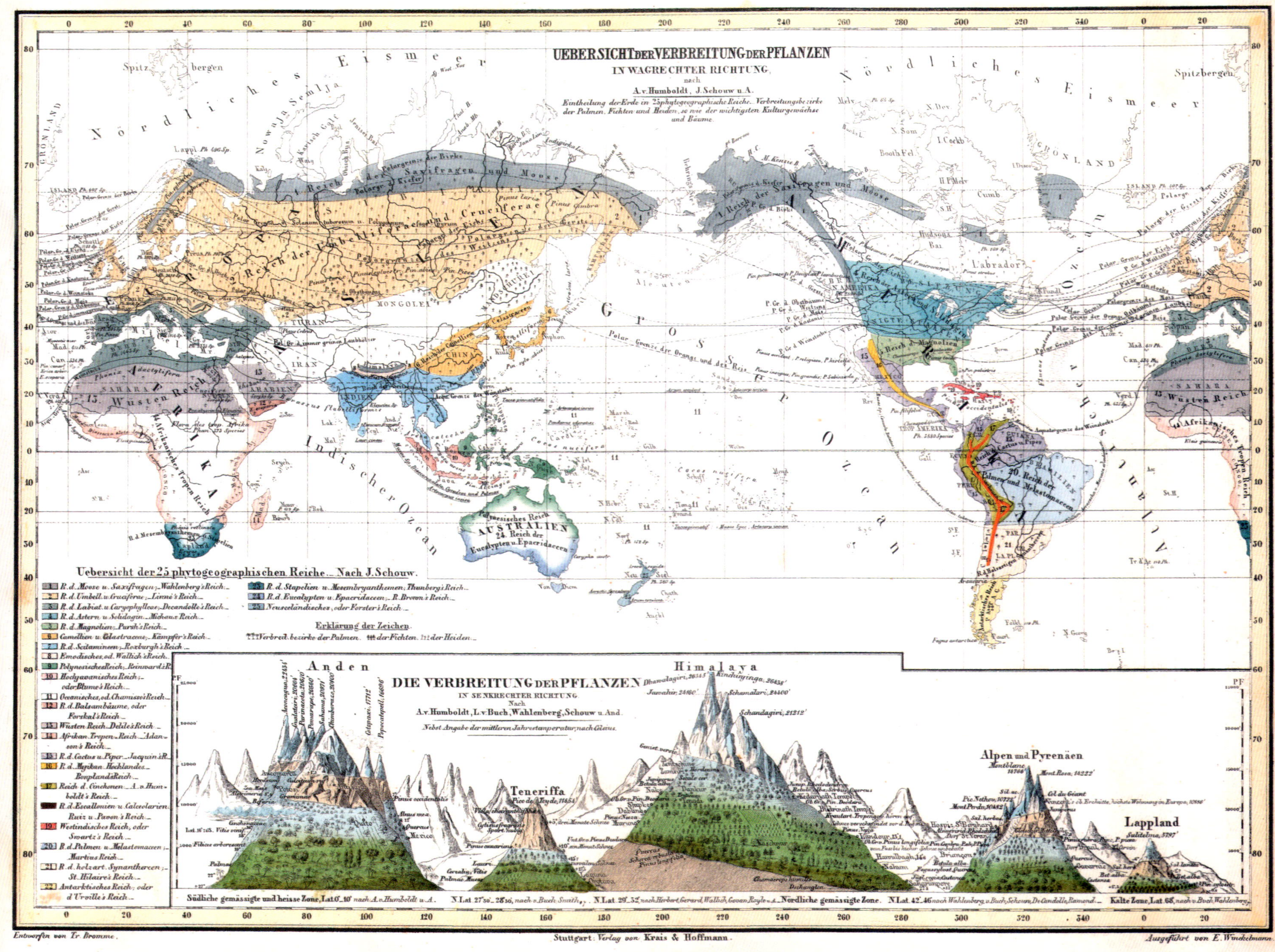

特劳戈特·布罗姆（1802—1866）
1854 年

植物传播概况图

高 28 厘米，宽 34 厘米

出自洪堡《宇宙》所附地图集，克赖斯·赫夫曼出版社，斯图加特，1854 年

雕版：E·温克尔曼

海因里希·伯格豪斯（1797—1884 年）
1845 年

北半球等温曲线图

高 31 厘米，宽 40 厘米

出自《自然地图集》，尤斯图斯·佩尔特斯出版社，哥达，1845 年

雕版：J. C. 巴尔，卡尔·维尔汉姆·科尔贝，F. 舍勒

这幅画来自《伯格豪斯地图集》的第一卷，自出版以来它就被誉为严谨的科学学术著作。这幅画的底部以类似于佩罗作品的精细点的形式描绘了世界的主要山峰。

三年后出版的亚历山大·基思·约翰斯顿的《约翰斯顿自然地图集》就是以这位著名的德国地理学家所做的工作为基础。

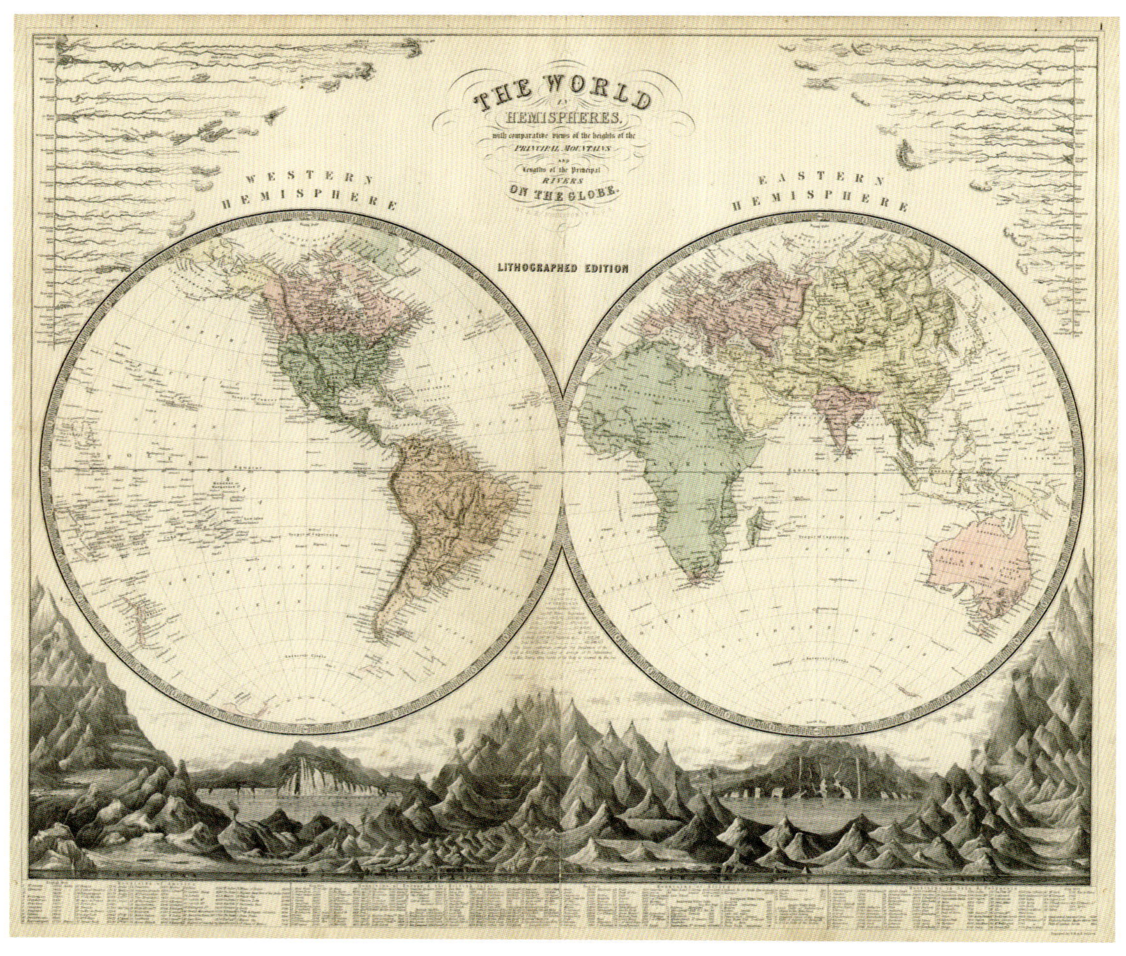

亚历山大·基思·约翰斯顿（1804—1871）
1849 年

西半球和东半球上主要山脉高度和主要河流长度的比较视图
高 55 厘米，宽 63 厘米
出自《约翰斯顿的国家历史、商业和政治地理地图集》，爱丁堡，伦敦，威廉·布莱克伍德出版社，1849 年
雕版：亚历山大·基思·约翰斯顿

这张 1849 年的地图是用山脉、河流填满半球周围空白区域的最早例子之一。

世界地图通常是地图集的第一幅版画，紧随卷首图。它是“当前”知识范围的证明。19 世纪期间，空白在地图上逐渐消失。未知的只剩下某些大陆上的某些小区域，世界已经基本“完整”。

山高图和世界地图的联系提醒我们，到那时，探险变成了垂直维度上的。新的边疆是由山峰、地球大气层和海洋深处组成的。

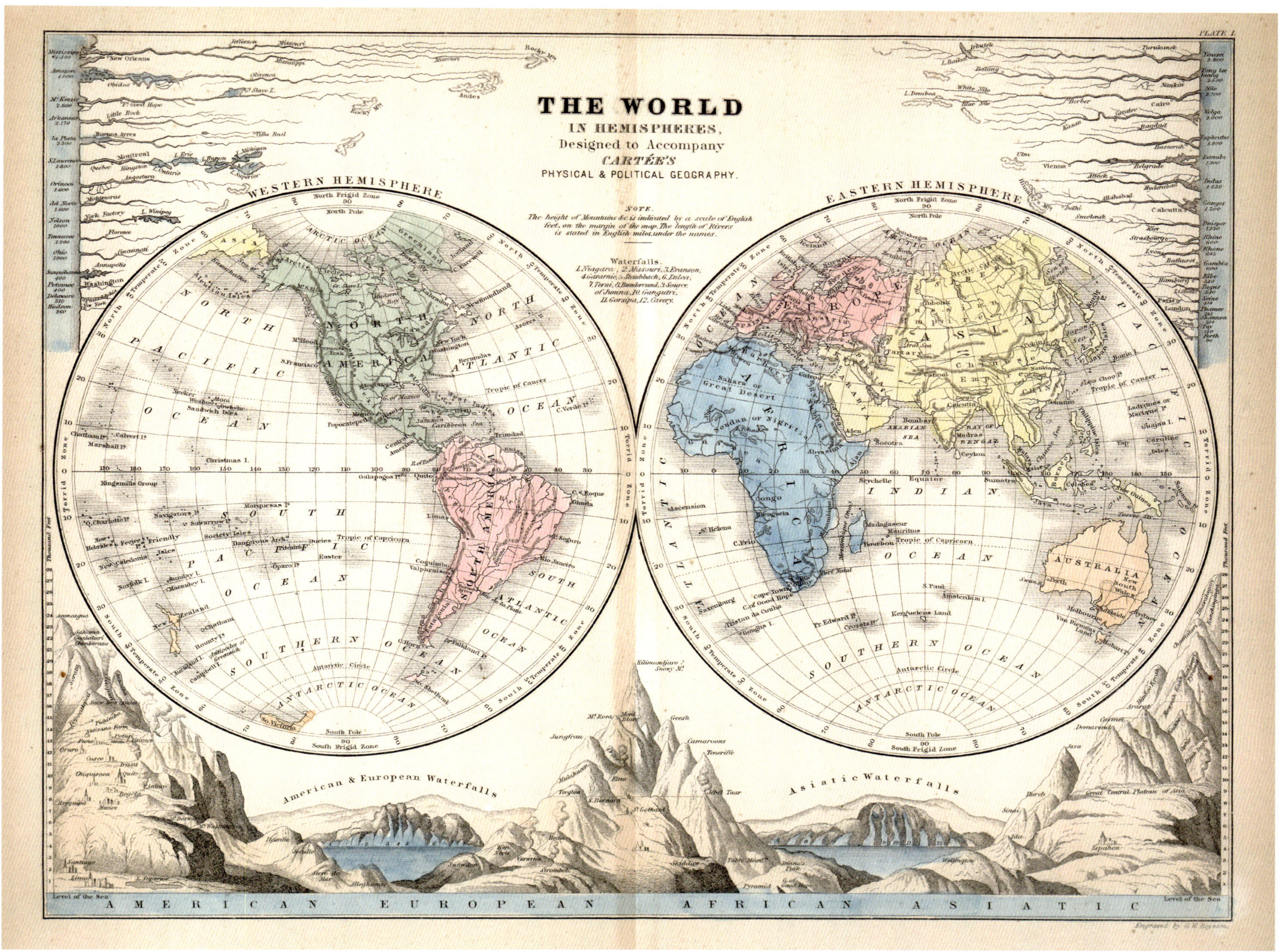

科尼利厄斯·S·卡尔代（1806—1885）
1856 年

两个半球，一个世界

高 25 厘米，宽 31 厘米

出自《学校自然地理地图集》，希克林、斯旺和布朗出版社，波士顿，1856 年

雕版：G. W. 博因顿，亚历山大·基思·约翰斯顿，米尔纳，彼得曼

阿奇博尔德 · 富拉顿公司
1872 年

西半球和东半球主要山脉高度和主要河流盆地深度的对比

高 42 厘米，宽 53 厘米

出自《现代地理学皇家插图地图集》，阿奇博尔德 · 富拉顿公司，伦敦、爱丁堡，1872 年

雕版：G.H. 斯旺斯顿，彼得曼，巴塞洛缪，麦克纳布，约翰逊

第一版于 1864 年出版

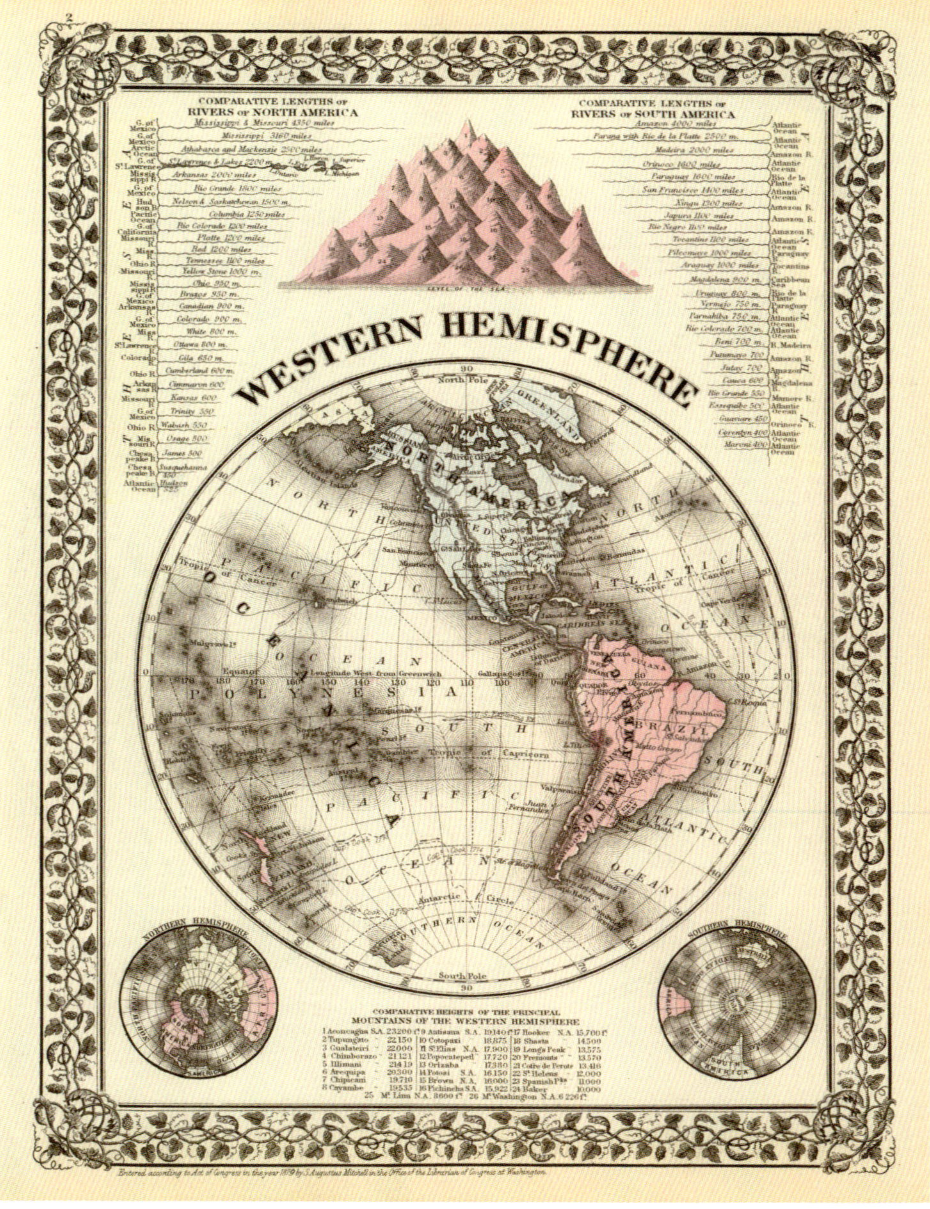

塞缪尔 · 奥古斯都 · 米切尔
1880 年

“东半球”和“西半球”
高 37 厘米，宽 26 厘米
出自《米切尔的新通用地图集》，塞缪尔 · 奥古斯都 · 米切尔出版社，1880 年

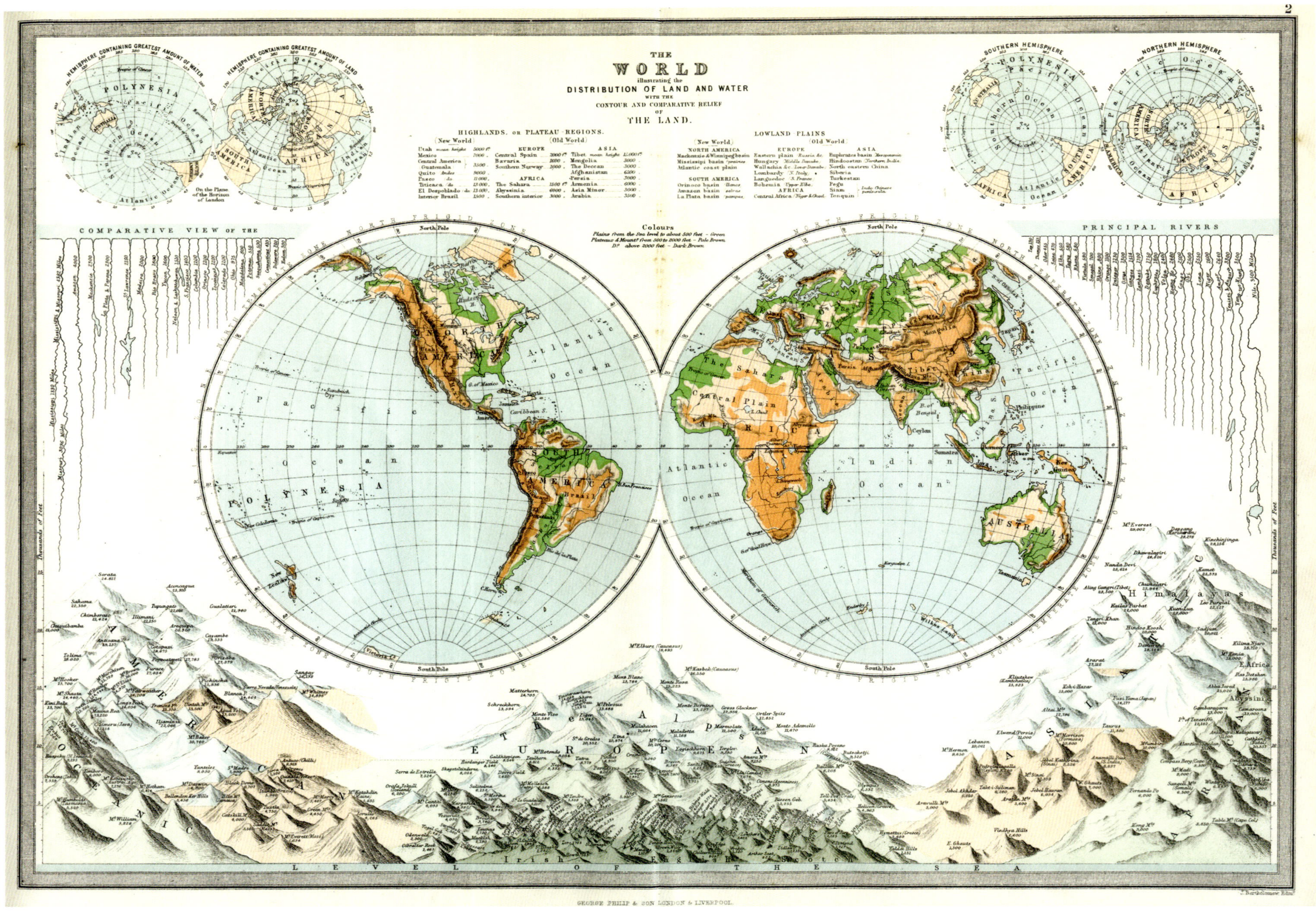

约翰·巴塞洛缪（1831—1893），乔治·菲利普（1800—1882）
1881 年

世界陆地和水体分布图：陆地轮廓及地势高低对比
高 31.5 厘米，宽 43 厘米
出自《菲利普的便携世界通用地图集》，
乔治·菲利普公司，伦敦和利物浦，1881 年
平版印刷

虽然分层设色法不是约翰·巴塞洛缪发明的，但他普及了这种方法（颜色标准为从绿色到棕色，然后是黄色、绿色、棕色、白色）。1878 年，他在巴黎世界博览会上首次展示了使用这种方法绘制的地图。有趣的是，地图上更有表现力、更精确的地形表现反而促使了 20 世纪初山高图的衰落。

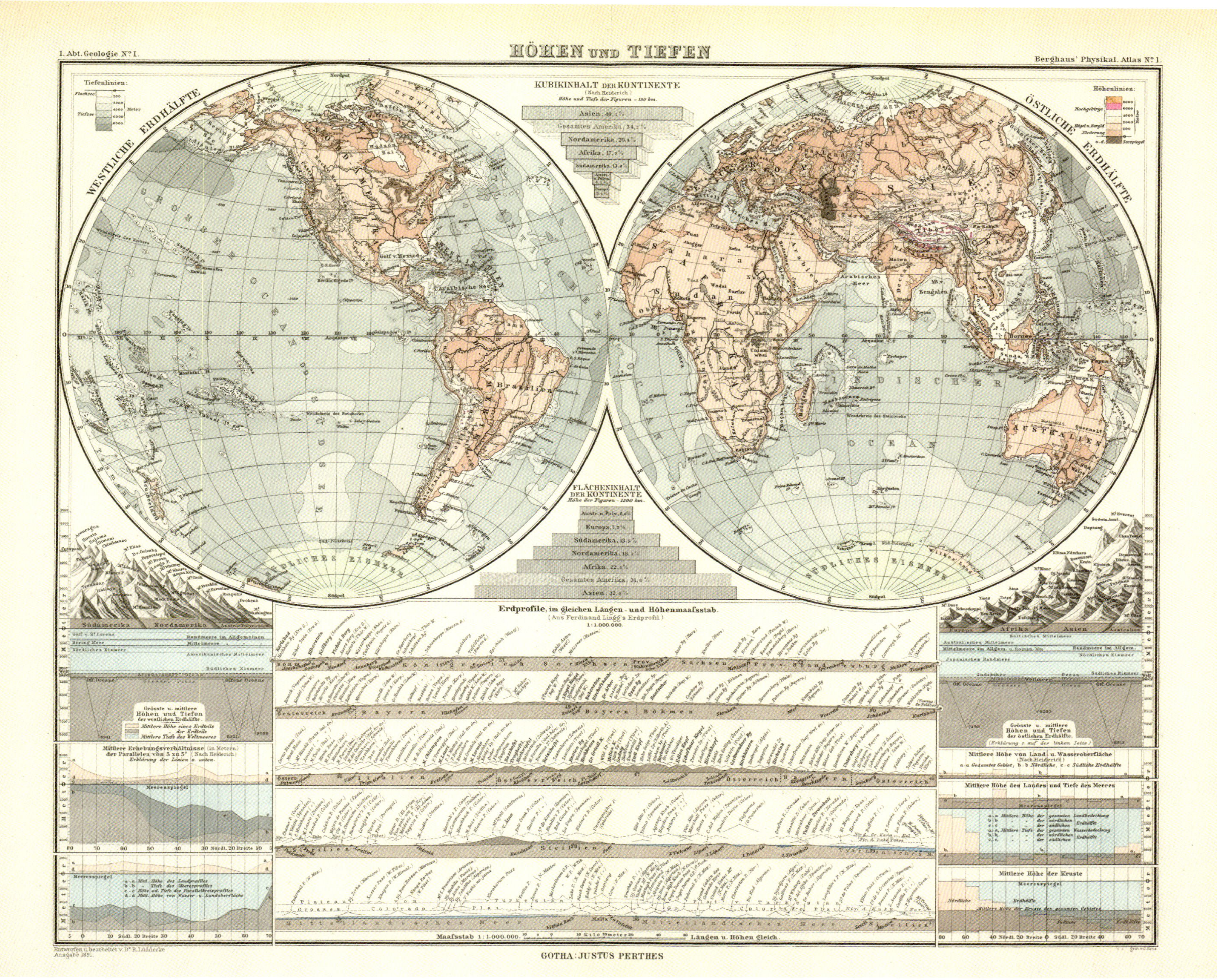

赫尔曼 · 伯格豪斯（1828—1890），理查德 · 吕德克（1859—1898）
1892 年

高度和深度

高 35 厘米，宽 41 厘米

出自《伯格豪斯的自然地图集》，尤斯图斯 · 佩尔特斯出版社，哥达，1892 年

雕版：O. 赫斯

平版印刷

索引

查尔斯·史密斯
1828 年

全球自然秩序

高 56 厘米，宽 124 厘米
由德语版《动物王国的自然等级和家族概览》翻译而来，约翰·伯恩哈德·威伯兰德、费迪南德·奥古斯特·马克斯·弗朗茨·冯·里特根
查尔斯·史密斯出版社，1828 年

这幅不同寻常的图表（见第 206—207 页）结合展示了信息可视化的几种方法。

世界山脉的高度或多或少是以史密斯山高图的方式展示的。山脉上覆盖着一系列的线，代表纬度。跨越纬度线的是粗细不同的直线，这些直线显示出地球上不同纬度的动植物分布情况。

雪线也得到体现。中轴线上列出了从 0 到 2 700 英尺（822.96 米）的高度标尺。整个效果是相当惊人的，不像我们之前看到的任何版画。

史密斯将德国科学家约翰·伯恩哈德·威伯兰德（Johann Bernhard Wilbrand）和费迪南德·奥古斯特·马克斯·弗朗茨·冯·里特根（Ferdinand August Max Franz von Ritgen）在 1828 年出版的《动物王国的自然等级和家族概览》（*Ubersicht des thierreich nach naturlichen Abstufungen und Familien*）作为自己图表的信息来源。史密斯的图表还附带翻译了威伯兰德和冯·里特根的书，并取名为《全球自然秩序》（*Picture of Organized Nature, in its Spreading over the Earth*），于 1828 年由查尔斯出版社出版。

Hymalaya Mts. in Asia
by Crawford 24,964 F.
by Webb 26,462 F.
The Andes or Cordilleras Range in North America
Atlas
Mount. in the Pacific Ocean
African Mountains
African Mountains
European Mountains
Zamia (Palm Fern)
Aurantia (Orange)
Ellisiae
Guttiferae
Fuci et ulvae (Sea Weed)
Crustaceae (Shell Fish)
Balaena (Whale)
Trichecus (Walrus)
20°
10°
PICTURE OF ORGANIZED NATURE
TRANSLATED FROM THE GERMAN

The Andes or Cordilleras Range in South America
Mountains in the Pacific Ocean
AS EXTENDING OVER THE EARTH.
MITH & SON, 172, STRAND, 1828.

伊朗－土耳其
19 世纪

高 17.5 厘米，宽 21 厘米
一张神秘的图表，标题分别为阿拉伯语和波斯语

我们能通过它识别出世界上最高的山脉，了解山脉和海底的故事吗?

我们唯一可以确定的是图中上半部分是阿尔卑斯山，下半部分是地中海。

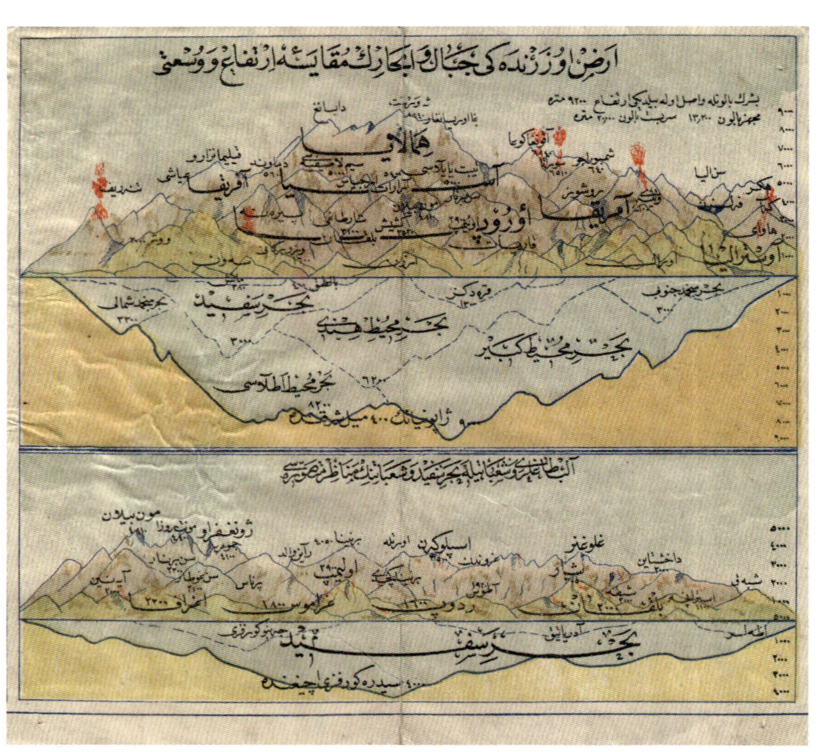

致谢

我们要特别感谢大卫・拉姆齐（David Rumsey），是他授权让我们免费使用这些极为丰富和珍贵的收藏。

我们也感谢他对收藏的版画所做的细致笔记，我们从中获得了很大的灵感。

这种无条件地支持是很难得的，所以我们想在这里通过介绍“制图学协会”及其创始人来庆祝我们的合作。大卫・拉姆齐最初是耶鲁大学人文研究协会（Yale Research Associates in the Arts，也称普尔萨，由一群从事电子技术工作的艺术家组成）的创始成员，也是总部在旧金山的美国东方人文协会（American Society for Eastern Arts）的副会长。大卫・拉姆齐与慈善家查尔斯・菲尼（Charles Feeney）及其公司美国泛大西洋投资集团（General Atlantic）密切合作，在房地产和金融领域开创了自己的事业。自 1995 年以来，他一直担任两家公司的总裁，一家是他在旧金山创立的数字出版公司“制图学协会”，另一家是为在线图像库提供手机应用软件的卢娜成像公司（Luna Imaging）。

自 1980 年开始，大卫・拉姆齐收集了超过 15 万份藏品，他是美国最大的私人地图收藏家。他的藏品大多都是 18 世纪和 19 世纪的地图。世界各地区的地图都被收录其中，但美国地图在整个收藏中占比最大。

1995 年，大卫・拉姆齐决定将他的藏品向公众开放，并创建了一个网站：www.davidrumsey.com。

现在，“大卫・拉姆齐的历史地图收藏”中有 3 万多张地图可以在网上免费查阅。网站提供了高分辨率的数字版本，让浏览者有机会仔细查看细节。这个网站速度快，效率高，包含了所有需要的导航工具，并且每个月都会进行更新。

大卫・拉姆齐获得了众多荣誉，受到国际上最负盛名的大学的一致赞赏。自 2009 年以来，他不断将自己收集的实体和数字地图捐赠给斯坦福大学。